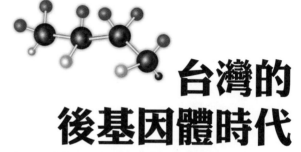

台灣的
後基因體時代
新科技的典範轉移與挑戰

Post- Genomic Taiwan
Shifting Paradigms and Challenges

蔡友月、潘美玲、陳宗文——主編

台灣後基因時代之本土 STS/ELSI 的反省與論述

台大醫學院醫學教育暨生醫倫理學科暨研究所教授

台大醫院醫學研究部主治醫師

台灣大學生醫倫理中心主任

科技部人文司醫學教育學門召集人

蔡甫昌

二十世紀末至二十一世紀初的基因科技發展，大大改變了現代醫療對於疾病的診斷、治療及預防，也改變人們對於自我、家庭、族群的理解、想像與認同，並帶給人類社會於倫理學、法律學、人類學、社會學、政治學等各領域莫大的衝擊。由美國主導、於 1990 年代啟動的 Human Genome Project，歷經十多年、花費 30 億美元，終於在 2003 年完成第一個人類基因圖普定序的初稿。而自 2005 年發展出來的新型定序技術稱為「次世代定序」（next-generation sequencing, NGS），可以在短時間內對大量基因做讀取與比對，進行「全表現子體定序」（whole exome sequencing, WES）或「全基因體定序」（whole genome sequencing, WGS），只需要幾天的時間就可完成，費用也降至約三千美元，預估不久後將降至一千美元以下，個人若想要對自身的基因進行「全基因體定序」，將會越來越便利。而 2012 年發明的 CRISPR/Cas9 基因編輯技術，更讓科學家用便宜又精準的工具及方法，於實驗室內隨心所欲地切割編輯基因。過去數十年來在小說電影裡所想像描繪的情節，例如 1931 年赫胥黎《美麗新世界》（Brave New World），都市的人們在出生前已被設計、決定其階級能力；或 1997 年電影《千鈞一髮》(GATTACA) 中，人們可以在生育前選擇下一代的特徵性狀以進行基因強化，以及 90 年代自複製羊桃莉（Dolly）問世後，生命倫理學家所熱衷討論的各種新遺傳學（new genetics）倫理挑戰，已經從對遙遠未來的想像，突然逼近到眼前。

當代基因科技的進展，除了運用於促進人類的醫藥與健康福祉外，基因轉殖技術更廣泛運用到植物與動物身上，用來改善農產、食品、畜牧、養殖業的發展，亦對於動物、植物、環境、生態帶來難以預測的風險與衝擊。隨著西方現代基因醫學的進展，台灣自 2002 年起推動「基因體醫學國家型計畫」（National Research Program for Genomic Medicine, NRPGM），執行時參考美國 Human Genome Project 模式，提撥 3-5% 經費用於「倫理、法律、社會意涵及影響（Ethical legal social implication/impact, ELSI）研究，廣邀國內人文社會、倫理法律領域學者投入 ELSI，也帶動我國相關學者對當代基因醫學進行「科技與社會」(Science, Technology and Society, STS)、「倫理、法律、社會衝擊」（ELSI）視野的分析、批判與反省；本文作者群有許多位即為當年參與「NRPGM 倫理法律社會影響組」研究的計畫主持人。

本書以後基因體時代科技典範轉移與挑戰為討論主軸，內容分為「生物學典範的轉移」、「基因科技的眾生相」、「族群、國家基因資料庫與治理」、「基因、媒體與公眾溝通」四大單元、共十四篇論文，共由 22 位作者共同完成。論文的內容，除了對於基因科技發展的西方科學與歷史背景介紹外，特別聚焦台灣本土基因醫學的發展現況及文化社會議題，例如台灣族群的遺傳學溯源、女性產前基因檢查的選擇與焦慮、台灣的疫苗治理、台灣痲瘋病的歷史與防治、客家族群基因庫研究、台灣生物資料庫發展爭議、基因檢測的研究倫理與風險溝通、原住民運動基因及社會標籤、基改食品的社會疑慮、基因醫學的媒體傳播。這些都是在台灣長久存在、並且因為新基因醫學的發展而產生豐富複雜的科技與社會面向的重要議題，十分值得讀者閱讀並思考。本書每一章最後還準備了「教學工具箱」，內容包含網站、書籍、討論問題、概念辭典，相信對於教學目的能發揮良好的輔助功效。本書三位主編蔡友月、潘美玲、陳宗文博士此次費心召集國內多位學者共同完成本著作，提出台灣後基因時代之本土 STS/ELSI 的反省與論述，除建立在地化的思考文獻並延伸其教學功能，十分值得參考，特此為序推薦。

基因體科技：社會地景的在地旅程

國立清華大學通識教育中心教授
科技部人文司社會學門召集人
林文源

　　很高興，蔡友月、潘美玲和陳宗文等多位同仁編著的《台灣的後基因體時代：新科技的典範轉移與挑戰》問世，相較於科學、政治與社會各界各自對基因科技的期盼與疑慮，這是本地學者更為全方位地由多學科、跨領域取徑，兼顧全球展望與在地爭議定位基因科技與其影響的成果。

　　作者們不但由各種面向剖析基因體科技的複雜性，也用心地在各個篇章後提出概念辭典、思考問題與參考資源，有助於讀者領略不同面向的議題與精髓。因此，這是一本相當用心，也相當有參考價值的學術與教學用書。對於這樣一本多方探索的編著，除了祝福，在此我也呼應本書的諸多論點，以三點小小的觀察，作為推薦閱讀本書的切入點。

　　其一是關於基因科技—社會的想像。如同 Jasanoff 與 Kim（2015）提議以「科技—社會想像力」（techno-social imaginaries）探索多重科技與社會交會存在的可能性競逐，所形成的現代性「夢想地景」（dream-scape）。她們說：

科技—社會想像力是一種由科技與社會實作進展所支持與達成的社會生活形式與社會秩序的共享理解所形成的，受集體信奉、經制度性穩定、公共展演視野中的可欲未來（Jasanoff and Kim 2015: 4）。[2]

---

[1] Funtowicz, O. Silvio and Jerome R. Ravetz, 1993, "Science for the Post-Normal Age." Futures 25(7): 739-755.

[2] Jasanoff, Sheila and Sang-Hyun Kim eds. 2015 *Dreamscapes of Modernity: Sociotechnical Imaginaries and the Fabrication of Power.* Chicago: The University of Chicago Press.

在此觀點中，本書由社會、人類、哲學、生物、政治經濟、傳播、法律、STS角度所檢視的在地與全球基因體科技—社會議題，不只剖析基因科技想像力所促成的現象，更由這些分析中同時看到各種學科視野提供哪些不同想像力與工具，所形成層層疊疊的基因體地景（genomic-scapes）。在這種地景意象下，讀者若可透過本書各章提供不同學科穿越在地基因體地景的路徑，交錯比對閱讀跨學科匯集的各章，更有助於鳥瞰基因體科技—社會地景的寬廣脈絡，得到更多收穫。

其二是關於基因科技的後常態科學（Post-normal Science）。雖說這些是科技—社會想像，但這不代表這些只是臆測或炒作，無論何者，都是促成現實的有意義論述與實作。因此，另一種閱讀本書的方式，可以由書名的典範意涵入手。相較於在分子生物學中被黑盒化而相對穩定的基因典範與常態科學，如本書各章所揭示的，當基因體成為具體技術、離開實驗室進入各界，而促成各種影響力或想像力時，基因科技與其想像所促成各種社會、法律、政治事實的不確定性與價值爭議已經遠超乎科技專業的範圍，因此需要納入更多學科、專業與利害關係人的互動，以重新定位知識與科技，做出更恰當的決策（Funtowicz and Ravetz 1993）。在此意義下，本書的各種分析切中基因科技典範轉移過程中的後常態科學意涵，亦即，不再只是關於基因科技的社會現象分析，而是分析基因科技—社會體制本身。本書描述、分析的場域是以台灣基因科技—社會體制本身為實驗室的各種面向，所以，除了上述各種人文社會專業外，有志於投入基因科技專業者更應當熟悉本書剖析的種種面向，深入理解的後常態基因體科技—社會體制的深度與廣度。

其三是關於擴展更多基因體科技—社會想像。台灣在地的基因科技熱潮已有數十年，早已深入擴散社會各層面，例如，在許多早餐店門口經常見到的非基因（改造）標示，而驗 DNA 也成為許多戲劇的常備橋段。因此，除了本書精采的論述，我們還可更為積極地尋找各種蛛絲馬跡，探索其在地意涵。

例如，我在訪談中醫師時，也非預期地遇到基因（林文源 2018）。[3] 一位專精於《傷寒論》的中醫師，以經方證型的基因表現取得博士學位。他認為：

　　我研究經方。我教經方嘛……這當我的論文，那我會覺得比較 stronger 一點這樣。接下來或許以後可以影響很多人繼續踩著我的腳步，再繼續研究這樣……那個傳統的（中醫現代化）研究就是脈診儀啊、聞診儀啊、舌診儀啊，其實搞了十幾年二十幾年也沒有什麼，我是覺得好像也沒有辦法讓整個研究，讓整個西醫，或者是整個科學界接受這樣。那我是覺得……看整個基因體的方向應該是……中醫診斷治療的一個出路。比較明確啦。

　　而一位擅長疑難雜症治療的醫師，認為當代生物醫療與科技能夠探究到基因層次的診斷，但若要治療，核心還是在於陰陽。他說：

　　西醫的 disease 事實上最後還是要回到中醫，我們中醫是一個整個人體的。可是西醫它不是哦，它已經把它變成，哦，就是 DNA、RNA 或是這個免疫力出了問題……抗體造成它去殺自己的壞掉的基因。那它講的很深對不對，很細……，我用一句話就帶上去，陰陽不調。你晚睡啊，你沒有按時間睡覺啊，你的基因就被破壞了，你的免疫力就失常了。那我……調回來你陰陽就好了。

　　這些線索背後當然可以牽扯出更多與基因科技交會的當代中醫科技—社會想像。期待讀者藉著本書按圖索驥，踏察在地基因體地景，繼續譜寫其想像與旅程。

---

[3] 林文源，2018，〈中醫做為方法：STS 如何向多元中醫學習？〉。《科技、醫療與社會》27：7-58。

目次

單元四 | 基因、媒體與公眾溝通──277

Genetics in Media and Public Communication

導讀

潘朵拉的盒子解碼後：
基因科技與倫理、法律和社會的交纏共構

Decoding Pandora's Black Box：
The Coproduction between Genetic Technology and Ethical, Law and Social Issues

蔡友月

一、邁向後基因體時代的台灣

2000 年潘朵拉生命密碼的人類基因序列開始解碼，歷經 DNA 重組技術突破，體細胞（somatic cell）與性細胞（germ cell）界線的模糊，基因篩檢與治療技術成長，人體疫苗與基因體開發新藥帶來的成效與風險等等，基因科技帶來新的知識與想像，無論在研究與臨床應用上，所涉及科學的複雜性遠超過工業革命。

什麼是「基因」（gene）？簡單來說，基因是一段能夠表現特殊功能的 DNA 序列，承載著遺傳本質；基因體（genome）顧名思義是基因的組合，也就是生物體內所有基因的總集合。從孟德爾的遺傳定律、達爾文演化論到基因技術的變革，科學知識與技術的突破並非一蹴可幾，必須經過長期的歷史演化；隨著基因知識典範的轉移，也開創一些新興領域，例如，基因體學、蛋白質體學、系統生物學、生物資訊學、合成生物學等等，重新挑戰我們對生命的劃界、定義與想像。1996 年 7 月 5 日第一隻複製羊桃莉誕生，桃莉是移植母羊的乳腺細胞到被摘除細胞核的卵子細胞中發育而成，由黑臉羊代理孕母產出。桃莉的誕生引發公眾對複製人議題的討論，二十一世紀隨著分子生物學驚人的發展，基因工程的進展觸及了「什

麼是生命」人類存在的論辯，也帶來倫理、法律與社會（Ethical, Legal and Social Issues, ELSI），以及科技民主治理模式的衝擊與改變。

　　普林斯頓大學分子生物學教授 Lee M. Silver（2007）在 *Remaking Eden* 一書的導言中曾對基因科技將為未來人類帶來無遠弗屆的影響，提出這樣的預言：

西元 2350 年，美國……屬於優等的人們被稱為阿法族（alpha），而次等的人被稱為埃普斯隆族（epsilon），這種新的社會階級截然不同於傳統的種族路線。這種差別來自於有些人帶有改造基因，有些人沒有。占全美人口 10％的阿法族就是帶有人工合成的基因。這些基因是在實驗室製造的；它們原本不存在人類的細胞內，直到二十一世紀生殖遺傳學家才開始將它們放進人體內。阿法族是當今遺傳階級中的基因貴族。

……在阿法族與埃普斯隆族之間仍有人通婚或發生性關係。但一般人可想而知，阿法族的父母對他們的小孩施加壓力，不允許他們如此沖淡昂貴的基因資產……在一次針對兩族聯姻的全國性調查中，社會學家赫然發現這些通婚夫妻檔竟有高達 90％的不孕率。生殖遺傳學家在檢查這些夫妻之後得到一個結論：不孕主要是因為夫妻兩人的基因構造無法相容。演化生物學家早已觀察到這種現象，他們發現來自不同族群的兩個個體，原本皆具有生殖能力，但當這兩者交配時，則會出現不孕。他們向社會學家及生殖遺傳學家提出解釋：原來阿法族與埃普斯隆族之間已開始發生物種分離（species sepration）。在這三組專家的討論下，產生下列預測：如果基因學的知識累積和技術開發依照著當前的速度前進，則在西元四千年來臨以前，阿法族和埃普斯隆族將分別形成阿法人類及埃普斯隆人類，亦即兩種完全不同的物種，無法交配與生殖，彼此之間只剩下浪漫的遐想，就像目前的人類對黑猩猩的情感一樣……

　　Silver 對「基因改造人類」充滿想像力的科學預言，讓我們看到當基因科技對

人類生命的干預與操弄日益增強，科技的進步打破「人人生而平等」的民主價值，終會建構出一個充滿種族主義優生學、階級歧視與社會不平等的未來世界。如同晚近對科學有深入反省的人文社會科學者 Bruno Latour，以「打開潘朵拉的黑盒子」來描述科學一樣，指出黑盒子裡面並不只裝著理性與秩序，只有打開並仔細檢視黑盒子才能指出混亂與不科學（Latour 1987：1-20）。面對基因科技革命性的發展，這些都不能僅僅視為科學內部的發展問題，我們必須提升到人文社會科學的層次來思考，並帶入新的理論視野與方法，才有辦法檢視盒子裡隱藏未揭露的部分，以避免基因解碼後引發的科技災難。

　　本書以《台灣的後基因體時代：新科技的典範轉移與挑戰》為名，主要有三個目的：

第一、本書凸顯「後基因體時代」的時間轉折點與重大變革。

　　1980 年代開始，基因科技創新、分子遺傳學概念的蓬勃發展，社會學家 Adele E. Clarke 等人（2010：1-44）認為，生物醫學化的過程明顯改變人們看待生命的方式，迫使人們以新的眼光理解自我與世界，這促使當代醫療從「醫療化」進入「生物醫療化」（biomedicalization）的新里程碑。

　　美國國家衛生研究院及能源部在 1990 年主導規劃人類基因體研究計畫（The Human Genome Project，簡稱 HGP），當時由多個國家成員組成的國際團隊分工進行，並於 2000 年 6 月由當時的美國總統 Bill Clinton 在公開演講中發表基因圖譜初步調查，2001 年 2 月著名的科學期刊 *Nature* 發布人類基因體定序初稿，2003 年 4 月基因定序宣布完成後，正式進入本書所謂的「後基因體時代」。隨著二十一世紀後基因體時代來臨，功能性基因與蛋白質的運作開始成為生物醫學研究的重點，也被視為是全球生物醫學競爭、搶進未來先機的關鍵。

　　1990 年代初，台灣在國家政策與制度支持下，政府重新定位生技發展的重點。行政院於 1995 年通過「加強生物技術產業推動方案」，確定有關醫、農等生物

技術產業為政府全力推展的重點。1996 年在「全國科技會議」中，確立發展基因科技作為政府的重要目標。1998 年由國家科學委員會（以下簡稱國科會）及衛生署執行整合性跨部會的「基因醫藥衛生尖端計畫」（Advanced Research in Genetic Medicine and Sanitation Plan, ARGMSP），邀集全國醫學中心與研究單位的科學家、醫師投入「基因體醫學」研究行列，強調發展有利台灣本土的項目，如：台灣常見重要疾病基因體研究等。1998 年行政院「生物技術產業策略會議」的第五次會議，建議將基因醫藥衛生尖端計畫提升成國家型計畫，透過經濟部、國科會、衛生署以及中研院，於 2000 年推動「生技製藥國家型計畫」，同年人類基因圖譜初步定序完成。政府再於 2002 年推動「基因體醫學國家型科技計畫」（National Research Program for Genomic Medicine, NRPGM），其中強調國家的目標是：以國際性人類基因定序知識為基礎，以基因體學、蛋白質體學、生物資訊為工具，期待促成基因醫藥開發，奠定製藥上游研發基礎。之後國科會將「生技製藥國家型科技計畫」與「基因體醫學國家型科技計畫」進行資源整合，規劃「生技醫藥國家型科技計畫」（National Research Program for Biopharmaceuticals, NRPB）（2011 年至 2016 年），推動以探索新藥及新醫材為主的目標導向研究。2005 年 4 月台灣政府正式宣布國家將轉型為「生醫科技島」，「生醫科技島」計畫主要包含三個子計畫：國民健康資訊基礎建設，臨床試驗與研究體系，以及建置「Taiwan Biobank」（台灣人體生物資料庫），期望台灣能成為亞洲基因體醫學及臨床研究中心。「生醫科技島」計畫在四年計畫結束後，與臨床試驗和研究體系轉交由衛福部繼續執行，國民健康資訊基礎建設則暫時終止。

　　面對「後基因體時代」來臨，在政府打造「生醫科技島」的美好藍圖下，生物醫學成為促進台灣未來知識經濟轉型與產業升級的重要基礎。各種基因科技在全球化的浪潮下引進台灣，包括本書所探討的追溯祖先與族群起源的技術、產前篩檢、疫苗技術的基因化、基因科技應用於痲瘋的抗藥性、Taiwan Biobank 與台灣客家的族群基因資料庫的建置等等。這些因應台灣基因技術知識典範轉移所浮

現的新興現象，也逐漸改變我們對祖先起源、疾病致病因與懷孕篩檢等，各種日常生活經驗的認知與想像。筆者認為這樣的轉變具有兩點值得思考的意涵：一方面，在生物醫療化的過程中，科技介入的重點在於事前的疾病預防，而不是事後的治療，基因技術促進了個人、團體與國家不同層次的人口健康。另一方面，「後基因體時代」的特色，必須擺在全球化科學競爭的脈絡下來理解。各國的基因科技發展，明顯受到全球化的知識、科技、經濟等密切交流發展的刺激，而以一種基因化的方式來強化國力競爭（Sleeboom-Faulkner 2006；Rabinow 1999）。本書凸顯「後基因體時代」的重要性，強調生物醫學全球化的發展影響，鑲嵌於台灣政治、文化與歷史的脈絡中，我們關注基因科技在全球與本土脈絡如何實作的眾生相，以及生物學演化與在地社會互動所形成的多采多姿面貌。

第二、本書強調基因科技與倫理、法律和社會交纏共構的挑戰。

面對基因科技倫理、法律與社會（ELSI）的挑戰，各國紛紛推動相關研究並提出各種因應之道。聯合國世界衛生組織開始邀集不同領域學者，撰寫規範基因科技的國際性指導綱領，2003 年由聯合國教科文組織提出「人類基因資訊國際宣言」（The International Declaration on Human Genetic Data），強調「利用人類基因資訊、生物樣本進行的醫學與科學研究，所產生的利益應由全體社會及國際社會所共享」[1]。人類基因體計畫（Human Genome Project, HGP）更是主張提撥百分之三至五的預算，研究基因科技相關的 ELSI 議題（McEwen et al. 2014）。

1990 年代台灣政府大力推動基因科技發展，基因科技所引發的未知風險與民主治理問題，逐漸成為關注焦點。在 1997 年行政院第十八次科技顧問會議中，科顧委員們強調應重視基因科技有關的 ELSI 研究[2]。1998 年由行政院國家科學委員

---

[1] "International Declaration on Human Genetic Data"，http://portal.unesco.org/en/ev.php-URL_ID=17720&URL_DO=DO_TOPIC&URL_SECTION=201.html

[2] 行政院第十八次科技顧問會議紀錄，http://www.bost.ey.gov.tw/News_Content.aspx?n=6603BD62C9DA335A&sms=BE17A86079E7F6DF&s=75F3A3BB162E510D。

會與衛生署共同執行「基因醫藥衛生尖端研究計畫」下，特別提撥部分經費設置「倫理、法律與社會問題研究組」，鼓勵學者投入台灣當時相當缺乏的 ELSI 議題。2002 年國科會推動的 NRPGM，持續設有 ELSI 研究小組，由法律學者葉俊榮、哲學教授戴華等人領導，希望藉此推動台灣與基因科技的 ELSI 研究，並研擬具體政策建議，協助政府制訂台灣生醫法規與倫理規範，和國際充分接軌。

事實上，基因科技被各國打造為全球經濟的明星產業，受到國家的重視，但其中引起的 ELSI 爭論，必須擺在各國獨特的發展脈絡中討論。以歐美社會為主的倫理治理規範，並不一定完全適合套用到台灣，不同社會對科技、遺傳、生命與基因公民權的想像也有所差異。此外，隨著科技的進步，舊有的倫理與法律規範，已無法管制基因科技帶來的風險與不確定，我們必須對基因資料庫有新的治理想像，以更多本土的經驗研究為佐證，發展因地制宜的治理架構。

由法律學者葉俊榮等人（2009）所撰寫的《天平上的基因——民為貴、Gene 為輕》一書，是台灣本土第一本有關 ELSI 的書籍。書中除了介紹基因的發展歷程，也透過基因科技引發的爭議，分析國內外對應的法律規範，思考一個以人為本的基因科技規範架構在台灣如何可能。全書作者清一色是具有法律背景的學者，為台灣邁向科技民主的治理規範，提供可貴的參照；各篇章以法律為主軸的思考架構，忠實地呈現當時台灣基因科技法律規範管制的不足。奠基於這本書，筆者認為除了強調法律為首的基因科技研究，我們還需要更多來自社會學、人類學、科技與社會、倫理學、哲學、政治經濟學等學者，從多元角度深化這個創新領域在台灣可能的發展。面對基因科技在台灣衍生的社會論述方興未艾，本書帶入台灣基因科技與大型基因資料庫發展相關的知識生產、倫理規範、制度設計、媒體再現與風險治理等思考，希望探索告知同意、隱私權與公眾溝通等，如何與台灣本地獨特的社會脈絡交纏共構，形成台灣獨特的科技治理架構。

基因研究作為一個新興的科學，也牽涉到 Aihwa Ong（2008：177）所謂的「新政治空間」（new political spaces）的浮現，此空間「人群治理的各種不同策略是

透過或在其中的例外多元尺度（multiple scales of exception）所產生」。本書代表台灣學術界，包含自然科學與人文社會科學面對「後基因體時代」下多樣的知識樣貌，基因科技的發展如何與社會倫理、法律和社會交纏共構，各種基因科技的細節和實作為何，具有民主意涵的治理模式如何形成，這些議題必須由科學與人文共同努力提供對策。我們希望本書提供的研究成果與相關討論，能走出學術象牙塔的思辨，在社會上形成更多的對話與反省，為後基因體時代的挑戰提供因應之道。

第三、本書匯集生物科技、微生物免疫學、生物資訊、哲學、法律、公衛、社會學、傳播、科技與社會等跨領域的作者，凸顯不同領域的認識論視野與對話重要性。

本書作者群分別來自生物科學與自然科學等背景，無論是問題意識、章節鋪陳與分析材料都呈現跨領域的融合。在研究方法上，本書追求以多元面向、跨領域的方式理解後基因體時代的典範轉移與挑戰。我們主張研究者不應該落入科學 vs. 非科學、生物 vs. 環境、自然科學 vs. 人文社會科學等二元對立的單一解釋圈套，而應採取跨學科、多元整合的方式，結合各種研究方法與資料，尋求生物醫學與人文社會科學、全球化與在地性溝通、協商與合作的基礎。全書部分章節也強調把台灣放入跨國比較與全球化視野，將本地 ELSI 的倫理法律架構與各國發展經驗相互比較。

本書各篇論文基本上以質性研究為主，分析材料涵蓋科學期刊、田野訪談、歷史文獻、法律規範、政府機關出版品、媒體報導等等，對照於生物醫學全球化發展脈絡，希望能初步呈現台灣本土經驗的累積與進展。

二、本書章節安排與台灣經驗現象的發展

本書主軸是台灣後基因體時代來臨所產生的基因科技知識典範、實作、媒體再現與 ELSI 挑戰，共分為四個主題單元，分別為：「生物學典範的轉移」、「基因科技的眾生相」、「族群、國家基因資料庫與治理」與「基因、媒體與公眾溝通」，以下簡略介紹各單元主題與內容。

（一）生物學典範的轉移

二十世紀初，人們對於解答生命與遺傳機制，仍存有相當的限制，到了 1980 年代分子生物學獲得重大的進展。特別是 2003 年，基因圖譜定序完成後，對於科學家而言，定序完成的基因體序列就如同一本排滿字母卻未被註解的字典一般，蘊藏著許多未知的意義，是想像未來科學知識與願景的重要依據。這種情形，就如 Sunder Rajan（2006：43）所說：「**沒有人真的知道在這堆乾草（haystack）中的任何資訊，甚至是一小個部分所具有的生物意義上的重要性，而這些資訊都有可能在治療或是商業意義上變得非常有價值。**」本書第一單元「生物學典範的轉移」，主要探討生物學遺傳概念的歷史演變過程，特別是後基因體時代基因概念與新語彙的出現與變化，並非直線演化，而是各種因素匯集的結果，因此需要更多元認識論的視野。

科學哲學背景的陳瑞麟，在〈理解「基因」概念的演變〉一文，追溯從孟德爾的碗豆實驗、古典遺傳學的染色體理論、分子生物學崛起、基因工程到基因體學持續發展這一段漫長的歷史，揭示「基因」概念多樣性的歷史演化。陳瑞麟認為「基因」概念由生殖細胞、細胞核內染色體、染色體片段、分子生物學的 DNA 序列，再到基因工程可操控的「轉基因」（transgene），是一段「把虛幻的概念逐步地落實到具體實物」的過程，這個實物也越來越明朗地成為「一段 DNA」。當我們進一步檢視這個實物的內在組成與結構，會發現裡面仍存有許多斷裂與不

連續性。因此文中強調：「基因」不是單一定義所能涵蓋，不同階段的「基因」概念是被當時的理論、背景知識、實驗和技術所定義。作者主張我們應打破原先對「基因」單一的想像，採納多元的「基因」概念，理解基因的定義在不同歷史階段的傳承演變，以及每一階段的基因概念如何引導之後的實驗與理論發現。

　　自然科學出身的楊倍昌，在〈後基因體世代的侏儸紀公園〉一文，以 1975 年諾貝爾生物醫學獎得主 Renato Dulbecco 於 1986 年在 *Science* 期刊發表，以及負責起草人類基因體計畫案 Charles DeLisi 於 1988 年在 *American Scientists* 雜誌發表的兩篇重要科學文章，進行科學知識生產認識論的反省。楊倍昌認為這兩篇期刊論文反映出科學家的實證思維，不只呈現當時科學界追求的價值取向，兩位作者所規劃的項目包括：改進定序技術、繪製人類基因體圖譜與發展生物資訊，至今大多已建置完成，癌症基因治療研究的文章之後更是大幅度地成長。不過，在科學與非科學的劃界下，「人類基因體」計畫不同階段的領導人，除了承諾編列 5% 預算投入 ELSI 研究外，科學家對 ELSI 的回應與參與並不多，對於新科技大多抱持「基因樂觀主義」，至於所帶來的風險往往懸而不論。此外，作者在文中質疑後基因體時代，重要醫學期刊所出現的組態學（Omics）、精準醫療（Precision Medicine）兩個熱門語彙，在缺乏科學理解的挪用下，容易催生出許多販賣無用基因檢測，創造基因不平等的新經濟。

（二）基因科技的眾生相

　　回顧醫學的歷史進展，依序為公共衛生、麻醉手術、抗生素與基因治療共四波。相較前三波的醫學革命，基因治療的介入與突破，使得醫療化的社會控制進入 Clarke 等人所指更複雜的生物醫療化過程。全球的政治經濟學、生物科技產業、跨國藥廠等力量，也重新建構各種基因技術與治療的在地發展。本書第二單元「基因科技的眾生相」，希望透過分析不同基因科技如何被引進（或者無法被引進）至台灣，來思考各種新興技術如何在全球與台灣蔓延，並且相互援引、學習，以

及所帶來的變革。

　　遺傳人類學者陳堯峰在〈族群遺傳學與追根溯源〉一文指出，二十世紀的下半葉起，族群遺傳學成為研究人類祖先起源與歷史演化的重要工具。從早期以血清免疫學做傳統血液標記等位基因的分型，到後來 DNA 定序著重 Y 染色體與粒線體 DNA 單倍群的分群，乃至於現今後基因體時代下全基因體的定序與掃描，這些追根溯源的新技術需要我們進入認識論與方法論的反省。文中指出有關南島民族的起源，近年來透過體染色體 SNP 資料、粒線體 DNA 及 Y 染色體 DNA 資料的累積，顯示數千年前由台灣開始的南島民族大遷徙，並不是大規模人群（與遺傳基因）的移動，而是小規模人群的遷徙。但這些小規模人群的遷徙，卻造成島嶼東南亞和大洋洲人群的語言與文化變遷，使得南島民族的「出台灣說」又重新獲得支持，顯示台灣原住民在南島民族遷徙的重要地位。

　　社會學與性別研究學者施麗雯在〈基因的盒子打開之後：產前基因篩檢與檢測〉一文指出，台灣目前臨床上普遍應用的兩個技術：一、在懷孕期間的基因檢測，透過抽取孕婦的羊水或血液，以檢查胎兒染色體進行染色體分析；二、胚胎植入前的基因檢測。在台灣自由主義市場化的機制下，許多準父母對基因科技抱持樂觀的態度，願意自費進行篩檢與檢測。文中援用美國人類學家 Rayna Rapp 道德先鋒（moral pioneer）概念，進一步說明產前基因科技讓台灣女性在懷孕過程不但要接受檢驗，在檢驗之後也被迫做選擇，無論站在支持生命權或者身體自主權的立場，基因科技檢測皆增加女性懷孕後面臨選擇的焦慮。這些複雜的情緒是鑲嵌在台灣優生學的社會價值、產檢的人口政策、開放的醫療系統，以及台灣民眾對科技的樂觀態度所構成的社會情境。作者指出當越來越多的台灣民眾將產前篩檢與基因檢測作為生產的必經歷程，基因科技會成為未來人群分類和排除的重要技術。

　　社會學學者陳宗文在〈基因體時代的免疫台灣：疫苗技術的實踐與反思〉一文，透過傳統的巴斯德、基因時代與後基因體時代三個階段劃分，說明疫苗相關技術的發展歷程。然而，這段典範變遷的技術歷程並沒有完全在台灣發生。至少

從基因時代開始，台灣就走向一條以疫苗採用為主、技術產業化發展為輔的路徑，也就是著重防疫需要的疫苗採購，卻將疫苗的生產交給市場，政府較少對技術發展與生產進行干預。這樣的選擇並非理所當然，而是配合在地政治與社會變遷脈絡逐漸成形。就疫苗技術實踐的多重面向來看，台灣傾向於制訂疫苗政策與透過市場的治理，而非積極於疫苗技術創新與產業化，相當程度也避免了後基因體技術過度商業炒作的可能性。然而，對疫苗採用的治理與技術創新治理並不能夠完全切割，尤其在面對全球疫苗市場被跨國企業壟斷的情勢下，如何一方面掌握新興技術變遷，另一方面為保衛人民健康付出合理的代價，以確保必要性疫苗的永續供應，是後基因體時代免疫台灣的挑戰。

社會學者洪意凌在〈痲瘋病的抗藥性與基因體科技〉一文，以痲瘋病的抗藥性爭議，說明基因體科技如何重新定義疾病與其衍生的社會意義。十九世紀末到二十世紀中期，痲瘋病治療藥物的發明與使用，帶來痲瘋病可治癒的希望。1960 年代痲瘋病浮現抗藥性爭議，為了因應抗藥性，世界衛生組織（World Health Organization, WHO）在 1980 年代提出多藥治療方案（Multiple drugs therapy, MDT），2000 年後科學研究者更將基因科技應用到痲瘋病抗藥性，得以形成全球抗藥性監控網絡。文中指出，基因科技提供證據使研究者持續重申「痲瘋病可治癒」的信念，強化痲瘋病抗藥性並不構成威脅的科學論述。然而，WHO 雖然承認痲瘋病抗藥性存在，卻在 2000 年宣布痲瘋病已根除，導致「痲瘋病可治癒」從一個醫學社群中的信念，逐漸演變為不再被開啟檢視的黑盒子。從歷史演進回顧痲瘋病的抗藥性爭議以及基因科技的應用，作者強調基因科技出現後，科技應用的不確定性所存在的黑盒化需要被揭露。

（三）族群、國家基因資料庫與治理

2003 年人類基因圖譜初步定序完成，宣告後基因體時代的來臨，一些基因研究計畫開始關注差異的基因（genetics of difference），科學家採集不同人群團體的

生物樣本，在 0.1% 的差異上加以比較劃分，以區域、國家、族群為單位的大型人群基因資料庫相繼出現。本書第三單元「族群、國家基因資料庫與治理」分析國家型族群基因資料庫如何鑲嵌在台灣認同政治轉變的歷史脈絡下，並指出其中涉及隱私權、基因資訊的規範、公眾與個人利益關係、社會信任等民主治理的問題。

　　不論是採取血緣論或淵源論，客家源流的爭論都是有待釐清的問題。社會學者潘美玲與生物科技學者等在〈台灣客家族群基因溯源研究：社會學與生物學的對話〉一文，以 2014 年國立交通大學的生物科技學院和客家文化學院所組成的跨領域研究團隊為例，指出客家族群基因溯源研究彼此在不同知識典範下的相互激盪過程。文中一方面為社會科學領域的族群建構論者，提供生物基因的參考資料，重新省思對於人群分類的看法如何不落入基因差異化本質論的陷阱，並開展出「生物社會建構論」的主張。另一方面，重新省思我們對於人群分類的看法，特別是參與的生物科技領域學者認知到客家族群的定義與意涵是隨著台灣歷史、社會與文化而有所不同，因此，分析社會人群分類（如，族群概念），必須有更嚴謹的操作。作者群在結論中指出：對於遺傳結構上的相對距離，如何解釋族群間親緣的親疏遠近，牽涉到人群分類的基本問題與預設，必須同時對這些預設進行檢證，避免將相對距離上的遠近，當成基因上的絕對差異，才能確實掌握研究數據的意義。

　　社會學者蔡友月、李宛儒在〈台灣人的基因利基：Taiwan Biobank、科學家與國族建構〉一文，以 2012 年 10 月 24 日獲得衛生署正式許可而成立的「台灣人體生物資料庫」（Taiwan Biobank，以下簡稱 TBB）為例，分析台灣近年來從科技島到生醫科技島的國族競爭發展脈絡，尤其是 TBB 科學家如何建構台灣人基因利基的共同體想像，並以未來一代健康國民人口論述的國族情感來招募台灣民眾參與。1990 年代之後認同政治的轉變造成醫學實驗樣本的人群分類與代表性意涵（從早期的「中國人」到近年的「台灣人」）的轉變，進而促成以台灣為主體的 TBB 科學計畫與知識生產。科學家強調「台灣必須建立台灣人自己的實驗室」、「具有

公民身分的四大族群代表台灣獨特基因組成」、「台灣基因利基推向國際的舞台」等，這樣的科學知識生產是鑲嵌在台灣社會解除戒嚴令之後，晚近提倡「台灣主體性」、「多元文化」，接納「新移民」的政治、社會文化才有可能實踐。文中也指出生命科學、基因科技與科學家對未來社會世界的想像，將在晚近國族建構上扮演更重要的角色。

法律學者張兆恬在〈從老大哥到大數據：國家大型人體生物資料庫的隱私權議題〉一文，指出立基過去有關全民指紋資料庫、健保資料庫所引發的爭議，台灣人體生物資料庫自規劃以來，也不斷面臨來自公民社會的質疑，尤其是隱私權的議題。文中透過分析台灣法院判例，指出法律規範下《人體生物資料庫管理條例》與《個人資料保護法》（以下簡稱個資法）所採取的保護機制，主要是依賴去識別化與資安標準建立，但因為事前告知同意已經被放寬為概括同意，甚至如個資法第6條第1項第4款不需要同意，造成資訊自主權相關的規定相對較為不足。在這樣的情況下若缺乏民主監督，不僅個別公民的人格權無法受到充分保障，更使得大型國家人體生物資料庫的存續缺乏正當性。作者認為強化資料庫治理的透明性與民主監督的機制，才能因應大型人體生物資料庫帶來的各種挑戰。

法律學者劉宏恩在〈精準醫療的新瓶與舊酒：大型人體生物資料庫的國際發展脈絡、爭議與國際倫理規範〉一文，透過新加坡、冰島與美國兩州的例子，指出大型人體生物資料庫研究在各國都曾引起個人隱私及自主性的爭議。作者分析國際宣言與準則七個重要議題：(1) 個人利益應優先於科學利益或社會利益；(2) 基因資料研究的公益目的；(3) 資料庫若有商業合作或商業使用應特別向參與民眾說明；(4) 應採取防止歧視的措施；(5) 群體代表同意；(6) 禁止非研究目的之第三人取得資料的原則；(7) 不同資料間的連結比對必須特別告知參與民眾，對照指出「台灣人體生物資料庫」所引發，如：倫理治理委員會的公眾監督、民眾社會信任、科學招募等等民主治理的問題。作者指出傳統上而下、純粹科學技術與產業利益考量的決策模式，以及沒有進行足夠的公共意見諮詢及正反立場對話，都使得「台

灣人體生物資料庫」不斷面臨 ELSI 爭議。面對公眾信任的問題，作者強調國家型基因資料庫具公共性性質，不是科學家可以關起實驗室門來做的「純科學事務」，因此如何建立公眾的信任是科學家必須嚴肅面對的重要挑戰。

（四）基因、媒體與公眾溝通

本書第四單元「基因、媒體與公眾溝通」指出新科技如何成為未來風險的來源，以及媒體如何形塑一般大眾對基因科技的觀感與認知。事實上，基因代表了某種「預言性資訊」，促使帶有某種基因的人透過檢測結果而被貼上污名的標籤，並引發社會心理的風險。媒體往往扮演科學知識傳播、再現與爭議報導的角色，究竟媒體是否能有效地進行公眾溝通，回應特定的爭議，還是媒體仍受科學主義專家的優位性所主導，本單元指出台灣媒體傳播的特性與不足之處。

公共衛生與法律學背景的雷文玫在〈基因研究的告知義務及社會心理風險〉一文，藉由基因研究者三個層次的告知義務考量，包括：(1) 要求研究者應該以參與者可以理解的方式，說明參與者因為「參與研究」可能導致的風險。不過台灣臨床實作，對這個層次的規範並不清楚。(2) 研究成果若有臨床上的意義，且對參與者有重大益處，研究者應有告知參與者的義務；反之，倘若基因研究益處不明確，告知參與者反而會造成不必要的焦慮、污名或歧視等。研究者是否需要清楚履行告知義務，必須有更複雜的思考。(3) 研究者雖有告知義務，但對照基因資訊的各類社會心理風險，參與者也許未必希望知道，因此研究者仍需要尊重參與者知情的意願。作者以三個層次的討論深化告知義務，指出科學家從研究方向的取捨，研究風險到研究結果的告知，應善盡科學家公眾溝通的社會責任，讓民眾理解基因研究的意涵，包含社會心理風險以及個別研究成果的告知，同時建立不同行動者合理的溝通機制，才有助於培養具備科學素養、適當參與科技政策的價值論辯的科學公民。

社會學者蔡友月在〈「天生」贏家？從世大運剖析原住民運動基因的再現與

迷思〉一文，分析 2017 年台灣舉辦世大運期間，媒體報導所呈現的「原住民運動基因」論述，指出其中米田堡血型遺傳標記的科學再現問題。2015 年科學研究團隊在國際期刊刊登的研究成果，指出米田堡紅血球膜上有明顯更多的帶三蛋白（band 3），並因此推論米田堡紅血球有較多帶三蛋白，傳送 HCO3 的速度或量（capacity）應該高於一般紅血球。蔡友月指出從「A 與 B 的相關性」到「A 與 B 的因果關係」，部分媒體標題形塑讀者做直接因果聯想，強化科學本質主義的認知。文中也回應過去以黑人體育能力和智力高低，來正當化種族天生存在體質差異「虛構相關」的迷思，指出過去在台灣窄化的升學路徑中，在運動競技場上為國爭光，成為原住民有限向上流動的方式之一，這種刻板的想像與僵化的教育體制，限制了原住民充分發揮其他潛能與成就的可能性。作者強調創造更多良好的制度環境，讓原住民不同的秉賦都能得到充分的發揮才是關鍵。

新聞傳播學者張耀懋在〈媒體上的基因臉譜：以基改食品為例〉一文，以基改食品為案例，從社群輿論觀測平台與報紙內容探討媒體如何建構基因的形象。文中指出基改食品剛開始出現時，受到美國等國家的支持，以「糧食救星」般的姿態於各大媒體登場，後來因為各種研究結果出爐，滙集成一波波質疑聲浪，基改食品在媒體的形象開始大逆轉，從而烙印了更深刻的負面形象。台灣媒體從 1970 年代基改相關論述出現，到 1995 年基改食品上市，2000 年之後大量負面消息登場，到近年來風潮稍退，作者指出媒體再現隨社會氛圍而改變，也受到媒體本身接受資訊的框架影響。以「玉米基改食品」議題為例，相關報導詞彙從早期「解決人類糧食問題」的救星，到後期「問題進口」、「安全」、「標示」等充滿疑慮的字詞，代表基改食品報導已從早期的「進步框架」轉變為現今的「危害框架」。

新聞傳播學者林筱芸、徐美苓在〈科學傳播與基因醫學的媒體再現〉一文，以 2005 年起台灣四大報（聯合、中時、蘋果、自由）所刊登的 935 則基因醫學新聞樣本進行分析，指出媒體重視報導基因醫學議題的科學新知面向，反映出科技

樂觀主義，凸顯媒體呈現基因醫學議題面向上的失衡。台灣基因醫學報導仍著重於科學新知告知，缺乏諸如風險或相關爭議的探討；消息來源則大量引用科學與醫學專家或研究單位論述，其他議題相關人士或團體的引述比例甚低。整體來看，九成以上的基因醫學報導雖然沒有用字誇大、資訊錯誤或缺漏字、堆砌消息來源話語未加以彙整、引用消息來源身分交代不清等缺失，但作者們認為在背景、主題脈絡與相關風險方面則有待加強。文中也反省台灣媒體多以「由上對下」（專家對常民）的方式進行基因議題的科學傳播，傳統單向的科學傳播模式下，民眾僅能被動地接受科學家所提供的科學知識，無助於增進知識與涉入基因科技政策討論，成為具有思辨性的公眾。

三、打破自然 vs. 社會，科學 vs. 常民二分的民主治理想像

本書以「後基因體時代」所面臨 ELSI 的挑戰為主題，希望廣納不同領域的學者針對這個議題彼此激盪、相互對話。以「基因」為關鍵字，搜尋過去三十年（1987-2017 年）的台灣碩博士論文系統發現，1970 年以前並沒有任何有關基因研究的論文，1981-1990 年才陸續出現 284 篇動物、植物、特定疾病、病毒等相關的基因研究。1991-2010 年「基因」逐漸成為熱門的研究議題，每年都有上百篇的論文產出，2011 年至今更高達 4,616 篇「基因」相關的碩博士論文。這些論文主要以自然科學為大宗，人文社會科學的議題一直到 2000 年後才開始逐年增長。此外，從目前人文社會科學有關基因研究的中英文期刊研究成果可以看出，學界大約從1990 年代開始關注基因的 ELSI 問題，早期主要以法律為大宗，集中在隱私、告知、利益分享、商業化與公眾信任等問題，之後陸續出現各種基因檢測的應用，基因科技與研究倫理（IRB），基因研究與人群分類（種族、族群），大型基因資料庫，生物醫學民主治理等相關文章。

此外，台灣生醫領域也成為一些英美世界的 ELSI 學者，如 Margaret Sleeboom-Faulkner、Jennifer A. Liu、Graeme Laurie、Mark Munsterhjelm 重要的研究領域。人類學者 Sleeboom-Faulkner（2006、2012）關注台灣幹細胞、人口基因資料庫的發展，並對照台灣與中國不同的社會脈絡指出背後相異的基因科技治理機制。法律學者 Graeme Laurie（2017）進一步比較英國與台灣基因科技管制策略的發展，指出台灣以立法為主的生醫規範，將治理簡化到法律的管制，忽略了治理應是不斷進行審議的流動過程。Liu（2010：239-240）針對台灣生物醫學家與原住民基因論述的研究，指出生物醫學的基因證據會形成某種「基因民族主義」（genetic nationalism），將集體認同化約到某種科學的證據，並賦予優越地位，因此簡化了認同在情感與社會文化層面的複雜性。社會學者 Mark Munsterhjelm（2014）更在專書 *Living Dead in the Pacific: Contested Sovereignty and Racism in Genetics Research on Taiwan Aborigines*，指出台灣原住民面對全球化下生物殖民主義的問題，並且針對台灣科學家到索羅門進行研究而引發基因專利權的問題，以及原住民血液樣本如何被轉移到美國耶魯大學等 ELSI 的問題，進行深入的分析。

上述是立基於台灣為中心所累積的研究，雖然要將台灣特殊經驗提升到國際理論對話的核心，仍需要更多的本土研究成果為土壤，不過從知識層面來看，本書融合了以下幾個理論化與方法的新視野，值得我們深思。

（一）生物與社會共構的取徑

在基因科技的強勢發展下，模糊了「nature（先天）vs. nurture（後天）」的界線，使得先天與後天的古老論戰有可能捲土重來。光譜的一端是越來越走向生物範型的後基因體時代的科技發展，另一端則是人文社會科學的強烈建構論或批判的取徑，兩者近乎各說各話，毫無交集可言。

近年來歐美一些「科學、科技與社會」（Science, Technology, and Society 或稱 Science and Technology Studies, STS）的學者，打破自然／文化的二分，對於科學

的直線演化觀抱持批判的態度，強調科學與科技發展是動態的、是科學與社會相互交纏的結果，科學本身並不能避免社會中正在發生的力量的影響。例如，Bruno Latour 與 Steve Woolgar（1986） 在 *Laboratory Life: The Construction of Scientific Facts* 一書，強調科學所認定的實體是一連串不同條件因素結盟的產物，所謂實驗室內的自然也受到實驗室外「社會性」元素的影響。Jasanoff（2004：2-3）則採取生物與社會文化共構（co-production）的取徑看待基因科技的發展，科學知識（與技術）被鑲嵌在社會中，亦即被各種社會實踐、認同、規範、慣習、論述、制度等所形塑，但科學知識也同時嵌入社會，亦即影響各種社會運作。換句話說，「共構」的分析取徑指出：自然、事實、客觀、理性、政策等領域，與文化、價值、主觀、情感、政治等領域，無法二分，這開啟了生物醫學與人文社會科學跨學科合作的可能性。或者，就如同社會學者 Rogers Brubaker 認為面對基因科技的挑戰，我們必須在認識論與方法上有新的視野，並且必須超越不重視人類具體存在生物面向的建構主義，採取生物社會的建構主義（biosocial constructivism）的新取徑，進一步深入討論生物過程如何受社會形塑，以及社會過程又如何受生物面向影響（Brubaker 2015：84）。

本書主要採取這樣一種「生物與社會文化共構」的視野，特別是蔡友月、李宛儒針對 Taiwan Biobank 的文章，與潘美玲和「客家基因溯源」研究團隊的文章，都是傾向這種觀點所做的研究成果。社會學者 Catherine Bliss 強調，在基因體的尖端領域，科學家應聯合社會科學家一起努力，以一種帶有歷史意識、政治上充權的方式來重新思考種族，公開討論抽樣的程序與細節，把種族當成同時具有生物社會性（biosociality）的共構角度來思考，才有可能不同於過去的種族主義，Bliss（2012：9-12）稱這個過程為「反身性的生物社會性」。帶入這種「反身性的生物社會性」的思考，也是本書的特色之一，例如，陳瑞麟的文章從歷史演進反省基因概念與技術演進，強調後基因體時代應有多元而非單一基因的認識論概念。楊倍昌的文章則指出精準醫療背後「不精準」的科學邏輯：如果一般人的罹病率

是萬分之一，預測帶有某個特定基因序列組的人罹病的機率會增加十倍，究竟這種警告是增加預防的精準度，還是給受試者帶來更多的不確定？「反身性的生物社會性」也代表面對基因科技的發展，我們必須有更多跨學科、多元資料或不同方法整合的策略，更靈活地面對未知的風險與不確定性。

（二）深入科學知識生產與技術實作

在當代生物醫學成為主流論述的今日，科學知識典範往往具有支配性，一些科學技術與科學的知識社會學研究都指出，知識生產不是一群專家在狹義的科學研究中的工作而已（Latour 1999[1983]; Reardon 2005: 159）。科學工作是向社會文化開放，而科學知識具有社會文化生產的面向，強調科技與社會文化彼此穿透、共同演化的過程（Latour 1999[1983]; Rouse 1993: 57-94; Jasanoff 2004）。許多研究也指出，看似純粹的實驗室科學實作，背後其實交纏著「社會與政治」意涵（Latour and Woolgar1986; Knorr Cetina 1995）。

過去在科學與非科學的劃界下，人文社會科學反省與質疑的聲音，常處於邊陲而不受重視。如果人文社會學者要在新一波基因科學革命中，發揮更大的影響力，就必須有能力深入科學知識生產與技術實作，才可以打開科學知識運作的黑盒子。反之，如果人文社會學家迴避這些科學證據、技術發展潛藏的知識社會學問題，那麼將延續兩邊各說各話、毫無交集的局面（蔡友月 2012）。相較傳統對於科學的制度、法律規範、組織等所進行的科學外部分析，本書各章節從科學文獻、歷史檔案與田野經驗切入，深入產前篩檢技術、台灣疫苗發展、基因疾病檢測及溯源基因研究等等的科學內部實作。陳堯峰探討人類族群追根溯源的科技演進，從早期對血清免疫學有關基因的研究，進展到母系遺傳的粒線體 DNA 與父系遺傳的Y染色體DNA研究，再進展到雙系遺傳的體染色體DNA（全基因組）研究，三個階段有不同的技術變遷。施麗雯則探討以抽取懷孕女性的血液，再從中得到游離胎細胞進行染色體核對和檢查的「非侵入性 cffDNA 產前篩檢技術」，如何被

引入台灣以及所衍生的階級不對等的生物公民權。陳宗文指出後基因體時代有一些新疫苗理念被提出，例如，反向疫苗學、免疫反應網路理論、疫苗體、系統疫苗學和疫苗資訊學等，由於這些新疫苗知識跨多重領域，運用相當分歧，尤其受到台灣產業端弱化的影響，造成實作領域的專家不足。洪意凌透過二十世紀後半痲瘋病抗藥性的爭議，指出基因科技一方面提供了痲瘋病抗藥性的證據，另一方面也使研究者主張抗藥性並不構成威脅，反而促使「痲瘋病可治癒」的信念更加黑盒化。上述這些基因科技的眾生相，透過細緻的在地實作與知識生產，如何扣連到全球脈絡與相應的社會制度，提供我們不同於生醫科技島藍圖所打造基因樂觀主義的反省。

因此，本書強調人文社會學者必須學習進入科學知識的內容、理論、實驗技術與方法等科學知識成因與進行分析，同時應該探究全球化生物醫學發展如何透過本地的社會文化慣行「內滲」科學專業社群，進而形塑其問題意識、操作邏輯、知識內容等。唯有深入科學知識生產與技術實作，才能揭開潘朵拉盒子內所隱藏難以解讀的生命奧秘。

（三）科學與公眾的溝通與對話

過去關於科學與公眾溝通的討論，主要是在公眾理解科學（public understanding of science）的框架之下，這種科學主義認識論下的公眾溝通模式，強調科學專業權威的優位性，公眾對科學的不信任來自於公眾對科學的不理解，公眾對科學了解越多，支持與信任感就會提高，其中預設了一種公眾無知欠缺模式（deficit model）的假設。這種公眾無知的欠缺模式，認為科學深奧複雜，公眾沒有能力理解，背後反映了科學專業權威的優位性，公眾對於科學知識的接受與認知是沒有差異的，不受社會、文化脈絡的影響（Bucchi 2008; Irwin and Wynne 1996: 4-10; Jasanoff 2005: 250-255）。本書一方面反對這種公眾無知欠缺模式的看法，強調科學知識與在地脈絡互動的重要，另一方面，也將台灣經驗擺在基因資

料庫的國際發展脈絡，提出社會信任與公眾溝通的問題。

劉宏恩跨國比較的文章指出，單純靠科學權威就可以取得社會「信任」的時代早已過去，台灣必須建立正反立場對話的公眾諮詢與民主審議的機制，才有助於公民社會進行由下對上的治理。雷文玫的文章也強調科學家面對基因研究的風險，應善盡科學家與公眾溝通的責任。張耀懋的文章指出科學知識對基改論述的看法經常跨出科學專業社群，並形塑媒體上的基因形象，媒體會影響民眾對科技的認知與觀感，具有更大的論述效果，應妥善扮演科學與公眾溝通的角色。林筱芸、徐美苓指出媒體是當代社會傳播特定科學議題的重要機制，媒體專家以上對下的科學知識傳播，左右民眾對科學議題的認識與風險感知，並無法培養民眾對科技發展具備更多思辯與反省的能力。社會學家 Jürgen Habermas（2008）強調民主社會必須建立合理的溝通情境，透過民主制度的引導，讓相關的不同行動者有公平參與、平等發聲的機會。重要的是，面對基因科技的各種發展面向，在台灣應如何透過類似民主審議制度設計，建立容納不同關係利害人、多元行動者彼此溝通的機制，促進科學與公眾的平等對話與溝通。

（四）建立跨領域的科技民主治理模式

隨著各種基因診斷、治療技術的發展，國家型的族群基因資料庫設立，也涉及隱私權、基因資訊的規範、公眾與個人利益關係、制度信任等公共治理 ELSI 的問題。這些治理的議題，與國家對於人口未來健康、疾病的健康科學治理型態，以及公民權密切相關，必須放在不同的基因資料庫所屬的獨特社會、文化與政治經濟的脈絡來理解。

Sleeboom-Faulkner 等人（2009: 3-24）以跨國的視野比較人體生物資料庫在亞洲國家的發展，指出在中國與印度這一類發展中國家的 Biobank 發展，國家治理與研究者關心的是國家資產的保護和研究發展，而非對個人的保護，亦即國家整體考量往往凌駕信任、利益共享、隱私保護與自主權等來自西方的價值之上。這

種國家採用由上而下的決策，基於國家利益而發展大量人口參與 Biobank 計畫，並為科學菁英所利用。此外，類似印尼這類發展中國家，很容易受到他國與商業力量主導的生物醫學研究需求所影響。至於已發展國家情形則有所不同，例如台灣、日本 Biobank 計畫的推動者訴諸全體人民利益共享，說服人們相信政府的方式。這些民主國家重視健康照護資訊和人體生物資料庫的關聯，對於失業、保險與歧視議題較敏感，因此，透過資訊科技、資料保護和利益共享議題的詳細討論，科學家描繪了醫療進步的願景，使人體生物資料庫能夠為公眾所接受。上述發展中與已發展國家情形的差異，清楚顯示 Biobank 的發展與治理，必須考慮各個國家歷史與制度的歧異，從所處的政治、社會與文化脈絡來思考。

　　對照東亞各國發展脈絡，Sleeboom-Faulkner 等人對台灣基因科技發展民主治理抱持相當肯定的態度，本書所匯集的文章則提供較多的自我反身性的觀照與批判。Herbert Gottweis and Alan Petersen （2008: 3-22）認為，我們應擺脫傳統上對下的「Biobank 的治理」（governance of Biobank）模式，採取「來自 Biobank 的治理」（governance from Biobank）模式，亦即 Biobank 不應只是被動的治理目標，而是構成再現科學、身體、醫療與科技的一個複雜過程。人體生物資料庫研究從在地的、國家的活動轉變成跨國計畫，尤其需要建立新的管理模式。這些區域、國家、族群的人群基因資料庫展現不同的動態、模式與特性，彼此也會相互影響，因此必須採用跨國比較的觀點來思考。如同 Gottweis 與 Petersen 所指出的，Biobank 不是被動治理的產物，而是各種敘事、再現與策略的產物，不可避免地與社會、文化、經濟和政治連結。

　　台灣過去由上而下的科技治理模式已經無法取得社會的信任與正當性，基因科技發展也不適用於傳統的治理形式，它模糊了科學與社會的界線，是科學與社會相互協商、討論、說服，充滿爭議而複雜互動的結果，不能被簡單化約為技術規約的問題。如何透過跨國比較，打破過去以科學發展為優位的科學主義專家治理，建立跨領域的科技民主治理模式，成為台灣面對二十一世紀重要的課題。本

書站在尋求生物醫學與人文社會科學、全球化與在地性合作的基礎上，期待能開啟自然科學與人文社會科學反身性的對話，並深化台灣基因科技 ELSI 的討論。面對後基因體時代的典範轉移與挑戰，這本立基台灣人文社會科學界的本土經驗專書，必然仍有許多不足與限制，許多重要的議題仍需要更多研究者的投入，我們期待本書能夠拋磚引玉，鼓舞更多新血投入耕耘這個重要領域。

誌謝

本書榮獲 107 年度教育部人文及社會科學編纂主題論文集的補助，全書匯集了國內相關的人文、法律、社會科學、生物醫學等不同學科的跨領域學者的研究成果，希望呈現台灣「後基因體時代」的獨特意涵與重要反省。全書依照國立交通大學學術出版的嚴謹流程進行正式審查，特別感謝三位匿名審查人費心提供修改建議、以及作者們耐心配合編委與匿名審查人的意見，不厭其煩地多次修訂書稿；另外，本書相關內容也有機會在交大客家基因溯源工作坊進行對話與交流，以及 2018 年台灣科技社會年會進行主題論文的發表，感謝與會人士寶貴的提問，大大提升本書的學術品質與深度。最後特別感謝交大出版社程惠芳主編、專業學術編輯謝麗玲小姐的校修、以及助理彭皓昀、陳靜玉在編輯事務的協助，特此致謝！

引用文獻 |

葉俊榮等，2009，《天平上的基因：民為貴、Gene 為輕》。台北：元照。

蔡友月，2012，〈科學本質主義的復甦？基因科技、種族／族群與人群分類〉。《台灣社會學》，第 23 期，頁 155-194。

Bliss, Catherine, 2012, *Race Decoded: The Genomic Fight for Social Justice*. Stanford, CA: Stanford University Press.

Brubaker, Rogers, 2015, *Grounds for Difference*. Cambridge, MA: Harvard University Press.

Bucchi, Massimiano, 2008, "Of Deficits, Deviations and Dialogues: Theories of Public Communication of Science." Pp. 57-76 in *Handbook of Public Communication of Science and Technology*, edited by Massimiano Bucchi and Brian Trench. New York: Routledge.

Clarke, Adele E., et al.,eds., 2010, *Biomedicalization: Technoscience, Health and Illness in the U.S.* Durham, NC: Duke University Press.

DeLisi, Charles, 1988, "The Human Genome Project." *American Scientist* 76(5): 488-493.

Dulbecco, Renato, 1986, "A Turning Point in Cancer Research: Sequencing the Human Genome." *Science* 231(4742): 1055-1056.

Gottweis, Herbert and Alan Petersen eds., 2008, *Biobanks: Governance in Comparative Perspective*. Abingdon, Oxon: Routledge.

Habermas, Jürgen, 2008, *Between Naturalism and Religion: Philosophical Essays*. Cambridge: Polity Press.

Irwin, Alan and Brian Wynne, eds., 1996, *Misunderstanding Science? The Public Reconstruction of Science and Technology*. Cambridge: Cambridge University Press.

Jasanoff, Sheila, 2004, "The Idiom of Co-Production." Pp. 1-12 in *State of Knowledge: The Co-Production of Science and Social Order*, edited by Sheila Jasanoff. London: Routledge.

_____, 2005, "Civic Epistemology." Pp. 247-271 in *Designs on Nature: Science and Democracy in Europe and the United States*. Princeton, NJ: Princeton University Press.

Latour, Bruno and Steve Woolgar, 1986, *Laboratory Life: The Construction of Scientific Facts*. Princeton, NJ: Princeton University Press.

Latour, Bruno, 1987, *Science in Action: How to Follow Scientists and Engineers Through Society*. Cambridge, MA: Harvard University Press.

_____ , 1999[1983], *Pandora's Hope: Essays on the Reality of Science Studies.* Cambridge, MA: Harvard University Press.

Laurie, Graeme, 2017, "What Does It Mean to Take an Ethics+ Approach to Global Biobank Governance?" *Asian Bioethics Review* 9(4): 285-300.

Liu, Jennifer A., 2010, "Making Taiwanese (Stem Cells): Identity, Genetics, and Hybridity." Pp. 239-262 in *Asian Biotech Ethics and Communities of Fate,* edited by Aihwa Ong and Nancy N. Chen. Durham, NC: Duke University Press.

McEwen Jean E., et al., 2014, "The Ethical, Legal, and Social Implications Program of the National Human Genome Research Institute: Reflections on an Ongoing Experiment." *Annual Review of Genomics and Human Genetics* 15: 481-505.

Munsterhjelm, Mark, 2014, *Living Dead in the Pacific: Contested Sovereignty and Racism in Genetic Research on Taiwan Aborigines.* Vancouver: UbC Press.

Ong, Aihwa, 2008, Scales of Exception: Experiments with Knowledge and Sheer Life in Tropical Southeast Asia. *Singapore Journal of Tropical Geography* 29 (2): 117-129.

Rabinow, Paul, 1999, *French DNA: Trouble in Purgatory.* Chicago: University of Chicago Press.

Reardon, Jenny, 2005, *Race to the Finish: Identity and Governance in an Age of Genomics.* Princeton, NJ: Princeton University Press

Rouse, Irving, 1993, *The Tainos: Rise and Decline of the People Who Greeted Columbus.* New Haven, CT: Yale University Press.

Silver, Lee M., 2007, *Remaking Eden: Cloning and Beyond in a Brave New World.* New York: HarperCollins Pulisher.

Sleeboom-Faulkner, Margaret and Seyoung Hwang, 2012, "Governance of Stem Cell Research: Public Participation and Decision-Making in China, Japan, SouthKorea and Taiwan." *Social Studies of Science* 42(5): 684-708.

Sleeboom-Faulkner, Margaret, 2006, "How to Define a Population: Cultural Politics and Population Genetics in the People's Republic of China and the Republic of China." *BioSocieties* 1(4): 399-419.

_____ , 2009, *Human Genetic Biobanks in Asia: Politics of Trust and Scientific Advancement.* New York: Routledge.

Sunder Rajan, Kaushik, 2006, *Biocapital: The Constitution of Postgenomic Life.* Durham, NC: Duke University Press.

單元一
生物學典範的轉移
Biological Paradigm Shift

1

理解「基因」概念的演變

Understanding the Evolution of the Gene Concept

陳瑞麟

　　今天的社會，動不動就有人在談「基因」。例如，「我兒子的基因很優秀，才會這麼聰明」、「男人就是有花心的基因」等等。不過，真的有「聰明基因」或「花心基因」嗎？生物學真能找到這種「基因」嗎？本文想告訴大家，大概不行。當然，筆者無法明白地說為什麼不行，但是如果我們精確地理解「基因」這個概念的歷史演變之後，應該就會得到這樣的結論。其實，「基因」概念一直隨著相關生物學理論、方法、知識的演變而演變：從孟德爾的碗豆實驗、孟德爾主義的早期發展、古典遺傳學的染色體理論、分子生物學崛起、基因工程，到基因體學持續發展這一段漫長的歷史，「基因」這概念顯現出多樣性。理解文化與社會中對「基因」的使用或誤用，應該要參考這段多樣性的歷史。

一、前言

2016 年 12 月一則編譯自國外的新聞報導〈獵殺改變基因，非洲象不再長象牙〉，第一段部分內容如下：

英國《獨立報》（independent.co.uk）日前報導，現在越來越多的非洲大象，出生就沒有象牙，這是因為幾十年來，盜獵者一直獵殺擁有好象牙的大象，因而徹底改變了牠們的基因。[1]

獵殺不可能改變大象的基因，而是有象牙基因的大象（母象）被殺害了，無法繁衍後代；沒有象牙基因的母象得到更多繁衍後代的機會，導致子代沒有象牙的大象越來越多。這其實是一種「人擇」（artificial selection），如果要跟「基因」拉上關聯的話，正確的陳述是：「獵殺改變了大象的基因分布頻率」。

在這則錯誤的新聞上可以讀出很多不同的意義，例如，「基因」一詞如此深入人心，以至於在與「演化論」相關的生物現象上，編譯者也使用「基因」一詞，卻沒有正確地理解它。科學家和科學教育學家可能會感嘆，正因為科學知識無法普及，使得記者不僅無法傳播正確的科學知識，還製造誤導或誤解。這個解讀完全沒有錯，不過該如何普及科學知識不是本文的重點，本文的焦點在於：如何精確地理解「基因」這個具有歷史的語詞？事實上，這件事一點都不簡單，因為「基因」這個詞的意義一直隨著相關生物學理論、方法、知識的演變而演變，從孟德爾（Gregor Mendel）的碗豆實驗、「孟德爾主義」（Mendelism）的奠基，「古典遺傳學」（classical genetics）的染色體理論、「分子生物學」（molecular

---

[1] 台灣動物新聞網，http://www.tanews.org.tw/info/11790。這則新聞來源的外國報導原文是「改變其基因池」（change the gene pool），這才是正確的，即改變其基因型的分布頻率之意。

biology）崛起，「基因工程」（genetic engineering）、「基因體學」（genomics）持續發展，構成一幅複雜多樣、需要編織的「基因」概念織錦圖。

二、孟德爾的工作

生物學教科書一向尊崇孟德爾為「遺傳學之父」。據說，科學遺傳學始於孟德爾的三條定律，它們被用來說明碗豆實驗結果。例如，紫花豌豆與白花豌豆雜交的子代都開紫花，這第一子代互相雜交的子代（第二子代）則有四分之三開紫花、四分之一開白花。孟德爾把這種共同性狀（花朵顏色）中的變異（紫色和白色）稱作對偶性狀，又子代相對多數的性狀稱為「顯性性狀」、相對少數的性狀稱為「隱性性狀」，並以大寫字母 A 代表顯性、小寫字母 a 代表隱性，得到第二子代的顯性和隱性性狀是 3：1。如果同時考慮兩個對偶性狀（例如，花朵顏色和種子顏色）Aa 和 Bb，則第二子代會得到 9AB：3Ab：3aB：1ab 的比例數字。為什會有這種現象呢？教科書宣稱孟德爾的工作蘊涵了三條定律：

第一定律分離律（the law of segregation）：控制性狀的成對遺傳因子（等位基因）就像粒子般，彼此分離。
第二定律獨立分配律（the law of independent assortment）：任一對遺傳性狀的行為，獨立於其他任何遺傳性狀的行為。
第三定律顯性律（the law of dominance）：親代對偶性狀配對時，會顯現的是「顯性性狀」、不會顯現的是「隱性性狀」。[2]

---

[2] 這條定律有很多例外，例如，科學家很快地即發現「不完全顯性」的性狀，所以有些教科書只保留前兩條定律（陳瑞麟 2009: 141）。

這三條定律真的是孟德爾發現的嗎？他真的有做這樣的陳述嗎？其中的「遺傳因子」就是後來所稱的「基因」，那麼，孟德爾發明了「基因」的概念嗎？即使今天我們都知道 gene 這個詞是丹麥植物學家約翰森（Wilhelm Johannsen）在 1909 年才發明的，但是人們一般把「基因」的原始概念歸功給孟德爾，相信他已經有「分離的遺傳單位」（discrete inherited units）或遺傳的「單一粒子」（single-particle）的概念（Mayr 1982: 720-721）。但是，孟德爾真有這樣的概念嗎？

　　近來對於孟德爾實驗的科學史與科學哲學研究，主張孟德爾其實在雜交育種的老傳統下工作，他沒有發現「孟德爾遺傳定律」，真正發現的是雜種形成的通則。[3] 問題是，孟德爾的觀念是否蘊涵或預示「基因」的概念？

　　一些生物學家認為孟德爾在其經典論文〈植物雜交實驗〉（Research on Plant-hybrids）的結論使用了 Elemente（元素）這個詞，足以證明他確實有單位化、個體化性狀載體的想法（Mayr 1982；楊倍昌 2010）。可是，「元素」其實是古希臘以來就經常出現在科學中的詞，使用「元素」並不代表指涉單位化、個體化的因子。例如，亞里斯多德主張土、水、氣、火是大自然的四種基本元素，但它們不是離散的原子，而是連續的物質實體。因此，孟德爾使用「元素」一詞，並不能證明他主張遺傳是粒子化的元素，因果地產生單位化性狀。[4] 楊倍昌雖然將 Elemente 等同於「遺傳單位」，但認為它是一個「虛幻的概念」，是孟德爾靈光一現的思想產物。楊倍昌認為，孟德爾之後的遺傳學進展，是把虛幻概念逐步落實到可觀察的具體實物（如染色體）之過程（楊倍昌 2010: 210-215），這是十分精準的評論。不過，概念的落實和具體實物的顯現之間是個複雜的過程，其間想像中被落實的、指涉具體實物的概念，是否仍是原來的概念？被落實的又是什麼樣的實體？

---

[3] 孟德爾遺傳定律其實是所謂的「再發現者」（rediscoverer）德弗里斯和柯仁斯（Carl Correns）的傑作，德弗里斯提出遺傳因子的分離律和顯性律（即顯性基因支配隱性對偶基因，所以只會顯現顯性性狀），柯仁斯則提出分離律和獨立分配律（陳瑞麟 2012: 513-519）。中文相關討論，見陳瑞麟（2009）。
[4] 相關討論，見陳瑞麟（2012: 521-522）。

三、古典遺傳學的「基因」概念

不管孟德爾有沒有發現遺傳定律，生物學家和生物史家公認孟德爾引入「單位化思考」是他在遺傳學上的重要貢獻。然而，我們也要注意從孟德爾到早期遺傳學家，如德弗里斯（Hugo de Vries）和貝特生（William Bateson）思考中的「單位」一直是「性狀」，而不是「性狀的製造者」（trait-maker）（即「遺傳因子」）。[5] 一直到約翰森發明「基因」一詞，「基因型」（genotype）和「表現型」（phenotype）的區分才更為明朗——換言之，單位化、粒子化的「基因」概念至此才逐漸浮現（Moss 2003: 28-30）。之後的遺傳學家莫不把焦點放在「基因型」，而不是「表現型」的傳遞。總而言之，二十世紀之交的古典遺傳學，「遺傳因子」或「孟德爾因子」（Mendelian factors）的概念有兩種：**一種是功能性地負責單位性狀出現的因子或機制，它未必是粒子化的物體；另一種是負責「基因型」的粒子化物體，一些支持者猜測它是化學物體。**不管哪個概念才是朝向正確的方向，它們都會面對「遺傳因子與單位性狀之間的關係是什麼？」的問題。

在 1910 到 1930 年代間，摩根（Thomas Hunt Morgan）團隊沿著約翰森的「基因型」路線，使用果蠅做實驗得到大量結果，發展了古典遺傳學。在細胞學家對於細胞活動的觀察中，古典遺傳學家找到了基因活動與染色體活動的結構關聯性。細胞學家透過顯微鏡觀察到細胞核內的染色體總是成對出現，而且在進行減數分裂的時候，兩個子細胞核內的染色體數目只有原來母細胞的一半。當生殖細胞與另一生殖細胞接合時，由其配偶細胞獲得另一半染色體，恢復原來的染色體數目。這種活動與孟德爾單元的活動一致（陳瑞麟 2012: 535, 572），摩根團隊因此進一

---

[5] 貝特生是早期古典遺傳學的奠基者，他鑄造了很多今日持續使用的術語（Mayr 1982: 733）。然而，貝特生也以反對「遺傳的染色體理論」而著稱，對他來說，「孟德爾因子」可能是一種複雜的物理機制（陳瑞麟 2012: 531-533）。從日後的分子遺傳學來看，貝特生的猜測不是完全錯誤。

步推測「遺傳因子」（基因）是定位在染色體上，並企圖證明這個假設。

　　古典遺傳學家基於「粒子化的基因」概念，先對「遺傳因子與單位性狀間的關係」這個問題，提出一個很簡單的假設：一單位因子對應一單位性狀。然而，大自然從來不曾這麼單純。摩根的大量實驗數據讓他提出「多對多」的主張，亦即，**單一對基因可能影響多重性狀；反之，單一對性狀可能被兩種以上的基因所影響**（陳瑞麟 2012: 577-578）。

　　摩根團隊也根據果蠅實驗數據，指認出基因「連鎖」（linkage）和染色體片段「交換」（cross over）的現象。所謂「連鎖」是指不同的基因位於相同的染色體上，因此它們所產生的性狀會一起出現，例如，白眼突變果蠅的基因位在 Y 染色體上，把紅眼雌性果蠅和白眼雄性果蠅交配，第二子代的白眼果蠅都是雄性。再者，摩根團隊也注意到染色體在細胞分裂末期時，會有部分片段互相交換，導致原來沒有某些基因的染色體，獲得之前所沒有的基因。透過標準的孟德爾雜交實驗，摩根團隊計算子代比例來顯示染色體片段的交換率：交換率越大的基因代表它們在染色體上的位置距離越遠，所以容易交換（陳瑞麟 2012: 573-581）。根據交換率的計算，摩根團隊決定了果蠅的四對染色體各種基因的相對位置，從而描繪出一幅基因地圖（圖 1）。這就是古典遺傳學把抽象的「基因」概念落實到具體實物的理論和技術，同時蘊涵了一個「基因」的概念：基因是染色體的一小段。然而，這一小段究竟有多長？古典遺傳學家無法告訴我們。

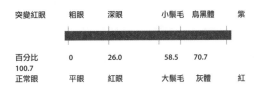

圖 1 果蠅第三條染色體的基因定位圖簡化版。此圖為筆者自行繪製，詳圖可參見生物學教科書，如 Ville（1989: 258）。

四、分子生物學和「分子基因」概念的崛起

在 1940 年代間，科學家普遍地接受遺傳的染色體理論，以及摩根團隊的基因圖定位，也就接受了「基因」是某種粒子化遺傳物質的概念。然而，新的問題產生了：染色體內有蛋白質、「核糖核酸」（ribonucleic acid, RNA）、「去氧核糖核酸」（deoxyribonucleic acid, DNA）。哪一個才是真正的遺傳物質？1944 年，艾弗瑞（Oswald Avery）的實驗強烈建議 DNA 才是遺傳物質。但要真正證明 DNA 是遺傳物質，還需要解決更多問題，包括：DNA 是一種擁有特定化學結構的大分子，為什麼能導致遺傳現象呢？是不是它的化學結構使它有這樣的功能？DNA 的化學結構是什麼？如何運作？

生化學家在 1951 年左右建構 DNA 片段的粗略模型：DNA 是由許多核苷酸分子（nucleotides）串連而成的「多核苷酸分子」（polynucleotides）。一個核苷酸單元分成三部分：「磷酸基」（phosphate）、「核糖」（ribose）和「鹼基」（base）。同年，DNA 分子被分離出四種鹼基：「腺嘌呤」（Adenine, A）、「鳥糞嘌呤」（Guanine, G）、「胞嘧啶」（Cytosine, C）與「胸腺嘧啶」（Thymine, T）。雖然科學家已經破解 DNA 的組成成分（核苷酸、磷酸基、核糖、鹼基等），可是，它們是在 DNA 被分離之後得到的單元分子，這些組成成分必定在自然狀態中組成 DNA 的整體結構並運作。那麼，這個整體的分子結構是什麼？

1953 年 3 月，DNA 雙螺旋結構被年輕的科學家華生（James Watson）與克里克（Francis Crick）破解了，他們在《自然》（*Nature*）期刊發表總共只有九百字的論文，開啟了二十世紀下半葉的分子生物學。[6] 根據雙螺旋模型，DNA 分子是兩條雙鏈聚合分子，構成像螺旋梯一樣的結構，每一條鏈是由核苷酸分子重複串連形成，每個核苷酸分子由磷酸基和核糖共組成骨幹，每個骨幹連結一個

---

[6] 關於分子生物學的發展歷史，可參見賈德森（2009）的經典作。

鹼基。雙鏈中一條鏈的鹼基和另一條鏈的鹼基，透過氫鍵互相配對鍵結，就像一階又一階的階梯踏板。華生與克里克破解這個結構的關鍵在於腺嘌呤 A 只能與胸腺嘧啶 T 配對、鳥糞嘌呤 G 只能與胞嘧啶 C 配對。根據這個結構，一個核苷酸包含一種鹼基，串連大量的核苷酸構成一串不同鹼基組合而成的序列，例如 GGATTTCTGAA，這就是生物學家苦尋許久的「遺傳密碼」。接下來問題是，這樣的結構如何產生遺傳作用？

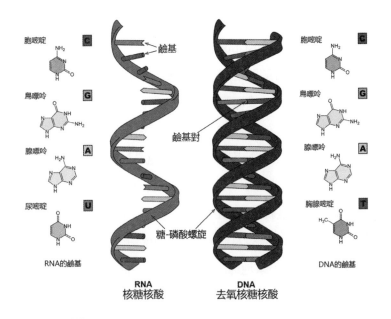

圖 2 DNA 與 RNA 的分子結構
資料來源：「維基百科」。搜尋「去氧核糖核酸」，網址 https://zh.wikipedia.org/wiki/%E8%84%B1%E6%B0%A7%E6%A0%B8%E7%B3%96%E6%A0%B8%E9%85%B8」。

　　遺傳作用的發生，不是單靠 DNA 分子，RNA 和蛋白質也扮演必要的角色，華生、克里克和其他分子生物學家很快地發現遺傳作用的完整機制。RNA 是單股螺旋鏈分子，它的骨幹與 DNA 的差別在於核糖多了一個氧，而且四個鹼基中，以「尿嘧啶」（Uracil, U）取代 DNA 中的胸腺嘧啶。蛋白質則是一種氨基酸聚合

物，亦即許多氨基酸分子連結而成的長分子鏈；目前已知的氨基酸分子有二十種，分別對應到 DNA 每三個鹼基構成的「密碼子」（codon）。不同種類的氨基酸分子連結成的分子，稱作「多肽」或「多胜肽」（polypeptide）分子，特定的氨基酸分子排列順序構成特定種類的蛋白質。從 DNA、RNA 和蛋白質的分子化學結構來看，遺傳機制呼之欲出。首先，DNA 可以自我複製，精準地把四種鹼基 GTCA 攜帶的遺傳密碼（鹼基的排列順序）原封不動地傳遞到子代細胞。其次，RNA 把 DNA 的遺傳密碼加以「轉錄」（transcription），透過密碼子合成其對應的氨基酸分子，不同排列順序的密碼子就合成不同種類的多肽（即蛋白質），這個過程又稱為遺傳密碼的「轉譯」（translation）。

　　遺傳的分子機制被完全解開之後，人們知道了性狀的遺傳是如何透過身體的分子作用來表現，例如，黑（或深褐）眼球的顏色是黑色素聚集在虹膜而形成，黑色素是一種蛋白質，因此如果細胞不能合成足夠量的黑色素，就不會表現出黑眼球。[7] 此外，黑色素蛋白質是特定排列順序的氨基酸長鏈分子，其密碼被編碼在 DNA 內，換言之，在分子遺傳學，DNA 扮演了古典遺傳學中基因的角色。問題是古典遺傳學的基因是不是就是 DNA ？

　　目前已知古典遺傳學的「基因」，是指染色體上的一小片段，在分子生物學中，染色體主要是由 DNA 不斷地纏繞起來而形成的棍狀體，就好像我們把一條繩子不斷地做螺旋纏繞時會捲曲摺疊起來的模樣。因此染色體上的一小片段其實包含了很長的 DNA 分子，那麼，究竟是哪一段 DNA 分子實際編碼了某一種特定的蛋白質？換言之，古典遺傳學的「基因」究竟應該對應到 DNA 分子的哪一段序列？即使科學家還不是很清楚，但是「基因」現在似乎可以更具體化地定義成「**DNA 的一段序列**」，這個定義就是所謂的「分子基因」（molecular gene）的概念（Waters 1994）。這表示古典遺傳學被化約到分子生物學（本質上是化學）了嗎？

---

[7] 必須注意，這是十分簡化的說法，詳細的研究指出眼球的顏色是由超過一種以上的基因所決定。

五、古典遺傳學可以被化約到分子生物學嗎？

　　「化約」（reduction）是二十世紀前半葉科學哲學的重要概念。那時的科學家和科學哲學家普遍相信科學主要是透過化約而進步，例如，天文學在十七世紀時被化約到物理學，熱學被化約到熱力學，電學和磁學被化約到電動力學等等。量子力學在 1920 年代出現，有能力說明許多化學現象，使得科學家和科學哲學家相信化學已被化約到物理學，他們的下一個目標是證明生物學可以被化約到化學。

　　邏輯經驗論科學哲學家發展了標準的理論化約模型（Nagel 1961; Hempel 1966），主張「能化約理論」（the reducing theory）可以演繹出「被化約的理論」（the reduced theory）。科學家使用較普遍性的理論來演繹出較不普遍的理論，就是用前者來說明後者，這表示能化約理論可以說明被化約的理論。[8] 舉例來說，使用量子力學原理可以說明（演繹出）原子和分子的結構，從而說明原子和另一原子如何透過共價鍵而組成分子，如此說明了化學變化。邏輯經驗論者也相信科學的進步是透過這樣的化約方法論而進行的，例如，牛頓力學說明了伽利略的自由落體定律和克普勒的行星定律，統計熱動力學說明了熱力學，相對論可以說明牛頓力學，量子力學說明了統計熱動力學和化學等等。然而，在 1930 到 1940 年代間，科學哲學家遇到了生物學的障礙。[9]

　　1950 年代分子生物學崛起，特別是遺傳物質被確認是 DNA，而且它的雙螺旋結構被發現，分子遺傳機制的發現完美地交代了生物如何複製，並把性狀遺傳給下一代，這些最新的發展似乎支持了化約論。科學哲學家剩下的工作就是如何使用標準化約方法論來證明，古典遺傳學（代表生物學）如何被化約到分子生物學（代表化學），其中的關鍵在於證明古典遺傳學中的「基因」可以對應到分子生

---

[8] 關於「說明即演繹」這個觀點，見陳瑞麟（2014）。
[9] 相關討論見 Chen（2007）。

物學的「DNA 一段序列」（Schaffner 1969; Waters 1990）。

1962 年孔恩（Thomas Kuhn）《科學革命的結構》（*The Structure of Scientific Revolutions*）出版，導致科學哲學觀點的大變動。孔恩論證科學革命前後的理論是「不可共量的」（incommensurable），據此觀點，相對論的公式無法演繹出牛頓力學，因為兩者的理論概念，如「力」、「時間」、「空間」等，不能互相翻譯，這個觀點使得科學哲學家開始懷疑古典遺傳學是否真能被化約到分子生物學。1970 年代起，開始有專業生物學哲學家主張以分子生物學取代古典遺傳學，亦即兩者不是化約的關係（Hull 1974），這促成 1980 年代反化約論的興起。

反化約論的科學哲學家周詳地論證古典遺傳學的「基因」概念無法在相同的意義上對應到「DNA 的片段」（Kitcher 1984 ; Rosenberg 1985），因為在古典遺傳學裡，「基因」的意義是指染色體上的位點，使用育種雜交控制實驗的方法來決定基因圖；分子生物學提供的則是「遺傳密碼」（即鹼基 A, T, C , G 的排列順序）如何由 DNA 複製、透過 RNA 轉錄，再轉譯到蛋白質，不同的密碼序列會合成不同的蛋白質，這是一整套複雜的機制，無法對應到古典遺傳學的「基因」上。況且，表現在生物身體上的性狀，例如，體色、眼睛顏色、特定身體功能等，大部分都是由許多細胞聯合表現，而細胞是由許多蛋白質組合構成的，那麼，一個性狀究竟由多少種蛋白質聯合產生？許多性狀很難有明確的答案，雖然古典遺傳學已經主張基因和性狀是「多對多」，但是它的「基因」概念仍然是要直接為性狀負責的實體物，而不是透過一套複雜的機制。反化約論者繼續爭論，雖然分子生物學大幅地開拓科學家對於細胞內的各種有機分子互動的知識，但在細胞的層次上，古典遺傳學的說明力比分子生物學更好，因為基因在染色體上位置可以很恰當地說明雜交實驗的統計結果。分子生物學的目標則不在於此，如此便很難說古典遺傳學像邏輯經驗論者所講的那種方式被化約到分子生物學。結果，反化約論的細緻理論分析開啟了對於分子生物學的新哲學分析。

二十世紀末，我們見證了生命科學的許多重大進展，包括：基因調控、生物

複製、人工生殖、幹細胞研究、基因工程、人類基因體計畫等等，它們大幅地增強人類對於生命的干預和操縱能力。科學哲學如何分析與反省這些科學實作？生物學哲學家發現，生物學家很少使用定律、通則、演繹、公式、計算這些物理學傳統的概念，生物學家大量使用「機制」（mechanism，有些人譯成「機轉」）這個語詞，例如，癌症的致病機轉（導致癌症發生的原因）、遺傳機制、DNA 複製機制、遺傳訊息傳遞機制（轉錄、轉譯）、蛋白質合成機制等等。他們設計干預實驗來發現各種機制，同時也用來說明生命在自然狀態或實驗室中顯現的行為和現象；生物學哲學家開始問：什麼是機制？如何定義、刻畫機制？什麼是機制說明？是否能建立一個以機制為基礎的科學方法論？結果興起了二十一世紀的新機制哲學（new mechanistic philosophy）。[10]

新機制哲學家（Machamer, Darden and Craver 2000; Darden 2006; Craver and Darden 2013）認為生物學說明的是一種「機制說明」（mechanistic explanation），描述一個底層的機制如何產生表層的現象。生物學家的研究則是找出該機制有什麼「東西」（entities）、各有什麼基本性質、在什麼樣的結構下、產生什麼樣的「活動」（activities）。例如，要說明遺傳現象是找出整個遺傳機制，如上一節的描述。這種對機制的刻畫，一方面指示一個以機制為基礎的方法論：生物學要研究或發現的目標是什麼東西（有什麼性質和結構）產生什麼活動，導致我們所觀察到的現象；另一方面也暗示一個新的「基因」概念，回響了早期古典遺傳學家貝特生的猜測：「孟德爾因子」是一種複雜的物理機制（也可說是「化學機制」）。更精確地說，基因是遺傳機制的一個特定功能，或說**一個基因對應到整個遺傳機制的一個特定功能**，這可以稱作「基因」的「機制功能定義」（mechanistic-functional definition）。

---

[10] 「新機制哲學」固然主張生命科學主要是發現生命運作的機制，但並不預設十七世紀以來的（笛卡兒式的）「機械主義」（mechanism），也不主張理論化約論，或者生命一定可以被化約到物質的機械運作上的化約論。參看正文中的討論。

有功能就有「成果」（outcome）或「輸出」（output），特定的成果指示特定的功能。如此，我們又面臨新的問題：應該以「合成一個特定的蛋白質」或「形成一個特定的性狀」（可能需要許多蛋白質聯合作用）來界定「一個功能」（即「一個基因」）？顯然，這兩種不同的成果會界定出不同的「基因」。因此，「基因」的機制功能定義至少也有兩種。

六、分子生物學之後：基因工程和基因體學

華生與克里克破解 DNA 雙螺旋結構之後，不到二十年，「重組 DNA」（recombinant DNA）和「基因轉殖」（transgenesis）技術很快地被發展出來，為今天的「基因工程」（genetic engineering）或「生物科技」（biotechnology）奠下基礎。1970 年，史密斯（Hamilton Smith）發現第一個「限制酶」（restriction enzyme），它可以在一個特定之鹼基序列的地點上切下一段具有表現能力的 DNA。隔年，柏格（Paul Berg）使用限制酶把「大腸桿菌」（*Escherichia coli*）的一段 DNA 切下，又把一種猿類病毒（SV40）的 DNA 切下，然後在試管內用 DNA 連接酶（ligase）把兩段來自不同生物體的 DNA 連接起來，創造了一個雜種基因，即是重組 DNA。在 1973 到 1974 年間，柯亨（Stanley Cohen）和伯耶（Herbert Boyer）進行了第一個重組 DNA 的完整實驗，把兩個抗藥性的 DNA 片段（生物學家直接稱為基因，即 anti-tetracycline gene 和 anti-kanamycin gene）植入大腸桿菌內，並成功使大腸桿菌表現出抗藥的特性。由於被植入的大腸桿菌原本並沒有抗藥性 DNA 或基因，把這個 DNA 與大腸桿菌的原基因體組合起來，也就是「基因轉殖」。1981 年，科學家也成功地在實驗室中創造出基因轉殖老鼠。

基因轉殖技術的發展中，蘊涵了一個「**操控性基因的概念**」（the conception of manipulated gene），體現當年古典遺傳學家「粒子性、個體性基因」的設想，

因為它預設了一種以「可操控性」為核心的個體性概念──透過「可分離性」（separability）、「可操控性」（manipulability）和「可維持性」（maintainability）這三個判準來定義──也稱為「實驗個體性」（experimental individuality）（Chen 2016）。雖然這個基因概念和「分子基因」概念一樣指涉（外延）DNA 的一段序列，但是兩者的定義和內涵截然不同。「分子基因」概念透過遺傳的分子機制模型的相關概念來定義，**「操控性基因」則純粹依賴實作上的分離、操控和維持**──不管它操控對象的理論內涵或特性是什麼。

回顧這一段歷史，從孟德爾的「元素」、約翰森的「基因」，經古典遺傳學的「染色體基因」、分子生物學的「分子基因」或「機制基因」，到基因工程的「操控基因」，不同階段的技術和理論產生不同的「基因」概念，使得科學哲學家基契爾（Philip Kitcher）發出近乎絕望的喟嘆：「**一個基因是一位有能力的生物學家選擇稱作基因的任何東西**」（Kitcher 1992: 131）。可是，基契爾也注意到：「**當代分子生物學家對這些問題並沒有太多困擾。個別基因（individual genes）的定序在沒有太多邊界紛擾的狀態下進行**」（Kitcher 1992: 130）。問題是：如果沒有個別基因的明確定義，如何能說對個別基因做了定序？

所謂「定序」是指把特定 DNA 或特定生物 DNA 包含的所有鹼基排列順序羅列出來，通常是針對基因體或基因組（genome），當然科學家也可以定序一段 DNA。「基因體」是指一種生物的全部遺傳組成，也就是該生物細胞內包含的所有 DNA 與所有遺傳密碼（特定排列順序的所有鹼基）。基因體學的研究基於 DNA 定序技術，大約始於 1970 年代間，經過二十多年的發展，在 2001 年啟動國際性的「人類基因體定序計畫」達到高原。這個大計畫在 2003 年的完成標誌了人類步入「後基因體時代」（postgenomic era）（Griffiths and Stotz 2013: 67）。

後基因體時代的生物學研究目前如火如荼地進行中，開發出許多新的研究領域，對生命現象的挖掘和理解更深廣，但也顯示更龐大糾結的複雜性，增加理解「基因」概念的困難。在本文有限的篇幅內，即使做最簡單的介紹都不容易，因

此筆者只點到為止，對後基因體的生物學研究有興趣的讀者，可以自行參看相關書籍，例如 Barnes 與 Dupré（2009）、Griffiths 與 Stotz（2013）。

七、後基因體時代的多元「基因」概念

　　從「把虛幻的概念逐步地落實到具體實物」這個觀點來看，「基因」概念的發展似乎有一條主軸：先是生殖細胞，繼而是細胞核內染色體、染色體片段、分子生物學的 DNA 序列，再到基因工程可操控的「轉基因」（transgene），使這個「實物」越來越明朗——**一段 DNA**。可是，如果我們想進一步了解這個實物的內在組成與結構，仍然會遭到很大的困難。

　　早期分子生物學家使用細菌或「原核生物」（prokaryotic organisms）的 DNA 做研究，遺傳密碼從 DNA 轉錄到 RNA 再轉譯到蛋白質，相對簡單得多。分子生物學家更深入地調查「真核生物」（eukaryotic organisms）細胞的遺傳機制後，發現相當複雜的「轉錄調控」（transcriptional regulation）機制。通常真核細胞一段 DNA 序列的密碼並沒有全部被轉錄，而是一小段一小段地被捨棄，這些被捨棄的小片段稱作「插入子」（introns）（另譯成「內含子」），沒有被捨棄的片段則稱作「表現子」（exons）（另譯成「外顯子」），因為它們擁有能被轉譯並合成蛋白質的密碼，所以它們的編碼在 RNA 中被連接起來。這種捨棄插入子、連接表現子的作用稱作「剪接」（splicing）。通常，RNA 保留的表現子密碼只占被轉錄的 DNA 序列長度約 5%~10%。另外，DNA 序列開始被轉錄的起點稱作「起動密碼子」（start codon）、轉錄停止的地方稱作「終止密碼子」（stop codon）。這些發現都為「基因實體」的界定帶來新的問題，分子生物學家其實很明白這一點：

我們通常把「基因」這個詞同義於「開放讀碼框架」（open reading frame），即

起動密碼子到終止密碼子之間的區域（雖然這個定義仍然含糊，因為我們是否該把停止密碼子包括進來？）……在真核生物中，插入子的出現讓定義更困難；擁有特定多肽的資訊的染色體區域，可能比實際被編碼的區域多很多倍。基本上，不可能產生令人完全滿意的定義。（Dale, von Schantz and Plant 2002: 14）

　　或許，「基因」根本就沒有一個單一定義？或許，我們根本就不該設想「基因」只能有一個定義？如果是這樣，採納一個多元的「基因」概念和定義，似乎是唯一可行的出路。確實，不少生物學家（如 Moss 2003）和生物學哲學家都接受這樣的多元主義觀點，例如，生物學哲學家如 Griffiths 與 Stotz（2013）稱作「基因的多元身分」（identities of genes）——雖然不同的學者對於有多少種「基因」概念（定義、身分）並不一致。以下整理本文討論的各種「基因」概念：

(1) 古典遺傳學的「基因」概念：基因是定位在染色體上的片段。

(2) 分子生物學的「基因」概念

　　(2.1) 實體定義：DNA 的片段。又可分成「開放讀碼框架」（即從起始密碼子到終止密碼子的 DNA 序列）、「產生一個多肽鏈的編碼 DNA 序列」、「產生一個特定細胞功能的被轉錄的 DNA 序列」等等不同的定義。

　　(2.2) 機制功能定義：遺傳機制整體的特定功能。又分成「形成一個特定性狀的功能」和「合成一個特定蛋白質的功能」兩種定義。

(3) 基因工程的「基因」概念：基因是被分離、操控和維繫的 DNA 片段。

(4) 後基因體學時代的「基因」概念：「後基因體基因」持續演化中。

　　這當然不能只被看成「基因」概念的分類表而已。事實上，這蘊涵了「基因」概念的演變歷史：不只是不同的基因概念被不同的理論、背景知識、實驗和技術所定義，而且不同的概念間有其歷史相關性和發展順序，每一個在先的「基因」

概念引導其後的實驗研究，發現新的現象、產生新的理論與技術知識，帶來新的「基因」概念。換言之，這個簡表其實濃縮了本文討論的「基因」概念家族史和演變史。

八、結論

今日，「基因」已經不只是一個科學語詞，隨著遺傳學深入我們的生活，「基因」在「隱喻」（metaphoric）和「非隱喻」的意義上，都變成一個文化語詞。就隱喻的意義而言，我們會看到「文化基因」、「政黨基因」、「一個社會的基因」等等說法；就非隱喻的意義而言，「族群、種族、民族」的基因區分，也在科學與政治交會的領域中上演。然而，不管是科學或文化、隱喻或非隱喻，理解「基因」的基本概念群非常重要，因為它們提供一個討論許多「基因」論述和引伸涵義的基本座標。也就是說，當討論者使用「基因」這個詞時，他是做了隱喻或非隱喻的使用？使用的脈絡又指向什麼樣的基因概念？是哪個歷史階段的哪個基因概念？討論者又如何從「基因」的隱喻或非隱喻使用中，推出什麼樣文化或社會意涵的觀念？這些文化或社會意涵可接受嗎？這些問題都必須回到論者對於「基因」這個詞的使用，而且必須參考它的科學和科學史的意義。結論是：我們必須充分理解「基因」的多元概念與傳承演變。

引用文獻 |

基礎閱讀

陳瑞麟，2009，〈孟德爾究竟發現了什麼？一個實驗發現的典型模式〉。《科技、醫療與社會》9: 123-172。

_____，2012，《認知與評價：科學理論與實驗的動力學》，第九、十一、十二章。台北：國立台灣大學出版中心。

_____，2014，《科學哲學：假設的推理》，第二章。台北：五南。

楊倍昌，2010，〈由生物實驗的設計來發現孟德爾定律的發現〉。《科技、醫療與社會》10: 193-222。

賈德森著、楊玉齡譯，2009，《創世第八天：二十世紀分子生物學革命》。台北：遠流。（Horace Freeland Judson, *The Eighth Day of Creation: Makers of the Revolution in Biology*）

德利卡著、周業仁譯，1997，《DNA 的 14 堂課》。台北：天下文化。（Karl Drlica, *Understanding DNA and Gene Cloning*）

Dale, Jeremy, Malcolm von Schantz and Nick Plant, 2002, *From Genes to Genomes: Concepts and Applications of DNA Technology*. West Sussex: John Wiley and Sons.

Hull, David, 1974, *Philosophy of Biological Science*. New Jersey: Prentice-Hall.

Kitcher, Philip, 1992, "Gene: Current Usage." Pp. 128-131 in *Keywords in Evolutionary Biology*, edited by Evelyn F. Keller and Elisabeth A. Lloyd. Cambridge, MA: Harvard University Press.

Mayr, Ernst, 1982, *The Growth of Biological Thought: Diversity, Evolution, and Inheritance*. Cambridge, MA: The Belknap Press of Harvard University Press.

Villee, Claude A., 1989, *Biology*. Philadelphia: Saunders College Publishing.

進階閱讀

Barnes, Barry and John Dupré, 2009, *Genomes and What to Make of Them*. Chicago: University of Chicago Press.

Chen, Ruey-Lin, 2007, "Reduction against the Irreducible: The Philosophy of Biology in the Logical Empiricist Program." *Soochow Journal of Philosophical Studies* 16: 153-180.

_____, 2016, "The Experimental Realization of Individuality." Pp. 348-370 in *Individuals across the Sciences*, edited by Alexandre Guay and Thomas Pradeu. Oxford: Oxford University Press.

Craver, Carl F. and Lindley Darden, 2013, *In Search of Mechanisms: Discoveries across the Life Sciences*. Chicago: University of Chicago Press.

Darden, Lindley, 1991, *Theory Change in Science: Strategies from Mendelian Genetics*. Oxford: Oxford University Press.

_____ , 2006, *Reasoning in Biological Discoveries: Essays on Mechanisms, Interfield Relations, and Anomaly Resolution*. Cambridge, UK: Cambridge University Press.

Griffiths, Paul and Karola Stotz, 2013, *Genetics and Philosophy: An Introduction*. Cambridge, UK: University of Cambridge.

Hempel, Carl, 1966, *Philosophy of Natural Science*. Englewood Cliffs, NJ: Prentice-Hall.

Kitcher, Philip, 1984, "1953 and All That: A Tale of Two Sciences." *The Philosophical Review* 93(3): 335-373.

Machamer, Peter, Lindley Darden and Carl F. Craver, 2000, "Thinking about Mechanisms." *Philosophy of Science* 67(1): 1-25.

Moss, Lenny, 2003, *What Genes Can't Do*. Cambridge, MA: The MIT Press.

Nagel, Ernest, 1961, *The Structure of Science*. New York: Harcourt, Brace and World.

Rosenberg, Alexander, 1985, *The Structure of Biological Science*. Cambridge, UK: Cambridge University Press.

Schaffner, Kenneth, 1969, The "Watson-Crick Model and Reductionism." *The British Journal for the Philosophy of Science* 20: 325-348.

Waters, C. Kenneth, 1990, "Why the Anti-Reductionist Consensus Won't Survive: The Case of Classical Mendelian Genetics." *Proceedings of the Biennial Meeting of the Philosophy of Science Association* 1: 125-139.

_____ , 1994, "Genes Made Molecular." *Philosophy of Science* 61(2): 163-185.

教學工具箱 |

問題與討論

1. 為什麼本文開始所引的那則新聞中「改變基因」說法是錯的？錯在哪裡？在什麼樣的情境中，我們可以正確地使用「改變基因」的說法？

2. 找出幾則新聞媒體中誤用或濫用「基因」一詞的報導，並討論它們錯在哪裡？

3. 請討論「基因」一詞的「文化意義」，並區分「隱喻的」和「非隱喻的」文化意義（提示：所謂「非隱喻的」是指科學上的「基因」概念被用到實驗室外的其他文化事務上；「隱喻的」則指從類比科學「基因」引伸出來的意義）。

4. 本書其他章節討論到「基因」時，使用什麼樣的「基因」概念？

概念辭典

人擇（artificial selection）

人類育種者有意識地針對一種生物，篩選他們所要的性狀，淘汰他們所不要的性狀。這會導致該種生物的後代都表現出人類喜好的性狀，因為擁有人類喜好性狀的生物個體，會得到更多繁衍機會，也就能產下更多後代；擁有人類不喜好性狀的個體則可能被殺害。正文提到大象這個案例的特殊之處在於，人類想據有象牙而殺害大象（包括公象與母象），導致有象牙的大象無法繼續繁衍後代。沒有象牙的大象不是人類獵殺的對象，相對而言得到更多繁衍後代的機會，導致子嗣遺傳其性狀，結果沒有象牙的（母）大象越來越多。這裡沒有什麼基因的改變，唯一的改變是，有象牙與沒有象牙的基因在大象族群中的分布比例。Hardy-Weinberg 定律陳述一個生物族群在理想狀況（沒有任何干擾因素）下隨機交配，後代基因型的頻率或比例會保持恆定。人類獵殺有象牙的大象，干擾了不同基因的大象隨機交配，改變其基因型的分布頻率。

密碼子（codon）與氨基酸（amino acid）

已知鹼基有四種，每三個鹼基構成一種密碼子，表示一共有六十四種密碼子，遠超出二十種氨基酸，這又表示每種氨基酸分子對應到一個以上的密碼子。二十種氨基酸與六十四種密碼子的對應表如下：

氨基酸	密碼子	氨基酸	密碼子	氨基酸	密碼子	氨基酸	密碼子
苯丙氨酸 （Phe/F）	UUU UUC	酪氨酸 （Tyr/ Y）	UAU UAC	組氨酸 （His/ H）	CAU CAC	半胱氨酸 （Cys/C）	UGU UGC
亮氨酸 （Leu/L）	UUA UUG CUU CUC CUA CUG	絲氨酸 （Ser/S）	UCU UCC UCA UCG AGU AGC	精氨酸 （Arg/ R）	CGU CGC CGA CGG AGA AGG	色氨酸 （Trp/W）	UGG
異亮氨酸 （Ile/I）	AUU AUC AUA	蘇氨酸 （Thr/ T）	ACU ACC ACA ACG	脯氨酸 （Pro/ P）	CCU CCC CCA CCG	甘氨酸 （Gly/G）	GGU GGC GGA GGG
天冬醯胺 （Asn/N）	AAU AAC GAU GAC	丙氨酸 （Ala/ A）	GCU GCC GCA GCG	纈氨酸 （Val/ V）	GUU GUC GUA GUG	賴氨酸 （Lys/K）	AAA AAG
甲硫氨酸 （Met/M）	AUG 亦為起 始碼	終止碼	UAA UAG UGA	谷氨酸 （Glu/ E）	GAA GAG	穀氨醯胺 （Gln/Q）	CAA CAG

註：相關知識參見德利卡（1997）。

2

後基因體時代的侏儸紀公園

Jurassic Park-Like Fantasia in the Post-Genome Era

楊倍昌

　　生物學界在 1990 年間啟動人類基因圖譜定序跨國大計畫，2003 年正式完成任務，是生物科學界百年來很重要的科學突破。在人類基因體計畫草擬初期，對於相關的科技風險、倫理爭議與經濟效益有許多辯論。雖然，反對的聲浪不斷，在當時國家公部門的審議機制之下，優先解決問題的說明策略獲得肯定，通過了基因體計畫。本文首先分析兩篇早期倡議人類基因體計畫文章的論述方式，呈現科學實作的本質，推論過程的合理性與局限性，以作為臧否得失的依據。此外，在學術趣味之外，基因體計畫的成果也帶來新穎的商業模式。近十年來，次世代 DNA 定序的方法大幅地簡化操作程序，降低錯誤率，亦具備高速、高通量的效率。新的定序方法結合生物資訊分析技術，進一步開發出各種組態學的研究，不只用來發現生物的運作機制，並且可以具體呈現生物在細胞、器官、個體等等層級上的多樣性。個體差異、精準醫療成為生物科技界最流行的新標語。如何有效、符合公義地運用基因序列、快速定序技術等等新知識，應該是後基因體時代的人們必須仔細思索的議題。

一、前言

公園是沉思、散步的好地方，是城市的肺，是有益的公共設施。
當公園建構在基因科技上，它會變成什麼樣？

　　1993 年經典科幻電影《侏儸紀公園》（Jurassic Park）的暴龍在現身之前，只有沉重的腳步下，水杯中一波又一波顫動的漣漪。劇情起初，任職 InGen 基因公司的科學家，仔細地解說他們如何從琥珀的蚊子中取得恐龍血液，如何萃取基因，如何用牛蛙的 DNA 綴補缺損，終而復育出恐龍。然後宣稱它們是「安全的」，因為已經鎖上兩道生物保險機制：(1) 斷絕賀爾蒙的產生，阻止雄性發育，來預防自然生育；(2) 讓恐龍必須攝食外來的 lysine 氨基酸才能存活。之後，隨著劇情的發展，復育的迅猛龍突破鋼鐵柵欄及生活的限制，讓科學家的自信完全落空。

　　必然的，劇中人物接連遭遇意想不到的折騰，死的死、逃的逃，逼迫出電影中由 Ian Malcolm 結結巴巴地說出經典台詞：「生命自會找到出路。」（I'm simply saying that life, uh...finds a way.）Alan Grant 再補上斬釘截鐵的一刀：「生命已找到出路。」（Life found a way.）[1] 一時間，控制生物基因之類的研究似乎已經走到盡頭，只剩下對科學家的自大與無知的譴責。

　　欣賞了逼真的場景與緊湊的劇情，走出電影院之後，你真的了解基因科技做了什麼嗎？你同意電影導演史蒂芬・史匹柏（Steven Allan Spielberg）的觀點嗎？你評價基因科技的基礎在哪裡呢？該如何評論它？

---

[1] http://www.imdb.com/title/tt0107290/quotes

二、生醫研究的侏儸紀公園

　　生物科學界在 1990 年間，啟動人類基因圖譜定序跨國大計畫（NIH 2003），一步接著一步，2000 年 6 月 26 日，國際聯盟人類基因體計畫（Human Genome Project）與 Celera 基因公司的科學家宣布完成生物科技的「登月計畫」，草擬出所謂的「生命藍圖」，於是後基因體時代翩然來臨。當年度，科學界的領頭期刊 *Science* 選定人類基因圖譜定序為百年來重要的科學突破，認為它將改變人們對生活世界的看法。一如奇幻的《侏儸紀公園》，高舉基因科技的生醫研究新領域已然成形。它不只指引新的科學研究模式，撐起龐大的商機，也引起新的倫理爭議。

　　1975 年間，基因定序的標準方法是 Maxam-Gilbert 的化學切割法（Maxam-Gilbert Chemical Sequencing）（Maxam and Gilbert 1977），以及 Sanger 的鏈終止法（Dideoxy Termination Method）（Sanger and Coulson 1975）。這兩種方法都很繁瑣，主要的步驟包括：選殖基因片段；用放射線同位素／螢光標定個別 A、T、C、G 鹼基；產生長度不一的 DNA 小片段；polyacrylamide 膠體電泳；影片曝光；洗片；人工比對鹼基序列等等。當時要訂定出一千個 DNA 鹼基對序列的工作，幾乎是完成一篇博士論文的工作量。可以想見，以這樣的技術要完成人類基因圖譜，需要耗費巨大的人力與資源。人類基因約有三十億個 DNA 鹼基對，當時美國官方初估需要的經費達三十億美金（Pareek et al. 2011; Heather and Chain 2016）。如果純就執行面簡單地估算，當初提出計畫的人，若不是完全不懂科學研究工作，就是瘋了。實際上，打從一開始，這個計畫案就引起諸多爭議。在科技研發經費日益短缺的情況下，要成功啟動這個計畫的關鍵在於：如何合理地說明這項耗資千億的研究計畫的必要性？如何保證它比分散補助小計畫的效益高？（DeLisi 1988）除了經費的排擠效應外，讓社會民眾不安的還有以下問題：(1) 改造基因，違反倫理；(2) 洩漏個人隱私，影響權益；(3) 人類基因體研究與真實世界無關，只是徒然浪

費資源。在沒有具體的成果之前，這些疑慮都算合理，它們都具有迅猛龍在《侏儸紀公園》橫行的力道，幾乎一腳就可以踩碎人類基因體計畫的夢想。

出乎眾人意料的，人類基因體計畫竟然撐住了各界的批評，以大科學（big science）的架式，成功取得了通行證。1989 年美國正式成立「國家人類基因體研究中心」（National Center for Human Genome Research），1990 年啟動第一階段的五年計畫。幾乎同時間，台灣的生醫學界在國科會（現在的科技部）和衛生署規劃之下，於 1988 年開始進行「基因醫藥衛生」尖端計畫，包括：針對基因體基礎研究；基因治療；基因藥物開發；遺傳疾病；實驗動物供應；環境毒理遺傳基因與科技對倫理、法律、社會的影響等進行研究。

三、基因圖譜計畫前期：兩篇科學圈內人的文章

回顧當初支持與反對者之間的爭辯、遊說公眾與專家的策略，幾乎可以寫成一套科技政策的風險溝通管理學。基因體計畫由科學家所倡議，然而它是前瞻性的科學投資，並沒有實證資料可以參考。如今要檢討這個計畫案的對錯，應該要先了解當時科學家所秉持的理由、他們想像的知識內容，以及推論過程的合理性與不足。如果缺乏這些理解，討論就不會有交集。本文分析兩篇早期倡議人類基因體計畫文章的論述方式，呈現科學實作的本質及局限，以作為臧否得失的依據。

科學社群倡議人類基因體計畫的基調，早在 1986 年 Renato Dulbecco 發表在 *Science* 期刊及 1988 年 Charles DeLisi 發表在 *American Scientists* 雜誌的文章中，就有清晰的描述。Dulbecco 是 1975 年諾貝爾生物醫學獎得主，長年專注於癌症研究，是引領致癌基因研究的旗手。DeLisi 在 1985 到 1987 年間任職美國能源部健康與環境研究計畫主任，以政府部門的身分起草人類基因體計畫案。他們的言論，不

只反映實作科學家[2]的思維模式，也是評價基因體計畫成效的具體基礎。以下，先就這兩篇文章的內容和結構，提出筆者的分析。

（一）兩篇奠定論述基調的文章

1. Renato Dulbecco, 1986, A Turning Point in Cancer Research: Sequencing the Human Genome. *Science* 231(4742): 1055-1056.

Dulbecco 的文章是觀點展望（Perspective），純粹以科學社群圈內人的經驗來推想研究癌症的新策略。文章不長，只有十一段，第一部分包含四段文句，回顧十六篇重要的癌症研究論文，總結當時的研究瓶頸。

文章第五段，從技術面闡述癌症研究需要完整的 DNA 資訊，用來製備分子探針、進行細胞之基因表現型的分類。重點句子是：

我們對於理解癌症最缺乏的知識是：致癌基因的活性如何影響癌病的進程。而首要任務在於確認晚期癌症 DNA 與其細胞的表微一樣具有異質性。

文章第六、七段，是全文的核心觀點，敘述研究癌症的科學家面對這個「關鍵轉折點」的兩種選擇，而他認為後者比較有效：

我們有兩種選擇：其一，繼續以零碎的研究方式來發現致癌的重要基因；其二，將選定動物模式的基因體定序。

文章第八段，推想基因體在醫療研究的應用及效益：

---

[2] 對於科學實作／實作科學社群的相關討論，請參考楊倍昌 (2016)。

許多研究領域將受益，例如，促進神經系統的發展和組織的研究。也有助於遺傳性疾病或疾病傾向的鑑定和診斷。這些知識將迅速應用於許多領域的治療上。

　　以上第五段到第八段內容中所鋪陳的關鍵資料、研究策略、醫療效益等等觀點，都是之後各式「人類基因體計畫」說帖的雛型。文章最後的 3 段是結語，綜合說明人類基因體定序應該是國家級研究案的規模，定調研發快速定序技術的需求，並且以人類征服太空的貢獻來比擬它在知識層面的價值。在 Dulbecco 是諾貝爾獎得主的光環加持之下，新計畫案對於醫療應用的想像，幾乎成了光耀的應許之地。

　　2. Charles DeLisi, 1988, The Human Genome Project. *American Scientist* 76(5): 488-493.

　　符合 *American Scientist* 雜誌推廣跨領域、通俗科學的性質，DeLisi 的文章是寫給一般大眾閱讀的科普式文體，著重概念與政策的解說。文章段落依序是：前言、生命藍圖、Santa Fe 的精神、「大科學」的問題、高解析度的（染色體）繪圖、基因定序的未來。前言只有兩段話，框限出文章要申論的兩個基本議題：(1)「人類基因體計畫」是生物科學研究的第一個「大科學」，重點不在研究本身，而是建立研究醫學所需要的資源；(2) 有助於提升醫療品質、增強經濟競爭力。這兩個論述的軸線非常高明，前者用「對大家都有利」來說服科學家同行，後者延續 Dulbecco 對於醫療應用的想像，更明確地標舉出實際的「經濟效益」來獲取社會支持。

　　接續前言之後，「生命藍圖、Santa Fe 的精神、『大科學』的問題」各段落內容，比較像是科學雜談的論述。

　　不得不佩服 DeLisi 的是，他使用「生命藍圖」來總括基因體計畫。這個名詞是個漂亮的起手式，準確切中人們對於生命本質的聯想。但是，實際的文章內容只是簡單估算人類染色體的大小和功能，並且粗糙地預測在「**目前的研究速度下，**

要到 2700 年才能完成人類基因體定序」，與生命本質無關。

　　「Santa Fe 的精神」段落中，以回溯歷史的手法述說當初在 Santa Fe 研討會對於基因體計畫案的發想、參與人、相關的政府部門、研究單位等等雜事。這段話雖然平鋪直述，藉著強調「**這種類型的知識追求是我們幾個世紀的知識遺產的一部分**」，連結頂尖科學家、人類基因體計畫與世紀的「知識遺產」，充滿著知識分子探索求真的情懷。

　　「『大科學』的問題」段落，闡述資源分配的學術政治。DeLisi 當時擔任美國能源部健康與環境研究計畫主任，了解相關法規、部門協調等等行政事務。由他來解釋「小科學」、「大科學」之間競爭的張力，相當具有說服力。他也適時呼籲：「**投注在科學研究領域的國家預算，仍有極大的增長空間。**」呼應經費不足的疑慮。但是，「『大科學』的問題」並不是科學知識本身的問題，它是利害關係人之間的角力。DeLisi 在段落中引用 Leon Lederman 的話：「**科學家們堅信，凡有益於科學的，就是對國家有利的。我們的科學家應該集結力量，攜手合作，舉起旗幟，堅持科學可能是人類的最後希望。**」這根本就是政治語言，撩動愛國心，談不上科學。

　　在「高解析度的（染色體）繪圖」中，DeLisi 依歷史發展的時序，簡述測定基因距離的方法及困難，是文中唯一較具有科學知識的段落。然而，筆者認為論證不夠嚴謹。文中穿插著 centimorgan、autosomes、cell fusion、Burkitt's lymphoma、polymorphism、RFLP marker、genomic library 等等醫學專有名詞。這些細節多半在強調目前的研究方法沒有效率，不外乎要證明 DeLisi 自己所推論「2700 年才能完成人類基因體定序」的正確性。對隔行的人來說，這些專業術語零碎而不易理解；對專職的研究人員來說，那些研究進度的估算又太過粗略。

　　文章最後，DeLisi 以不同階段的工作任務為結語。在「基因定序的未來」小標題之下，配上了醒目標語：「**探索明顯的（問題），風險最小，但是也要期待偉大的發現。**」事實上，DeLisi 並沒有討論科技風險，只是以按部就班的規劃、

估算合理的投資、開拓新領域與結合新電腦科技的期待，來轉移對於人類基因體計畫的疑慮。

（二）實際但薄弱的風險意識

以上，Dulbecco 和 DeLisi 這兩篇文章的論述手法，不只呈現當時科學圈追求快速發展的價值取向，也反映出實作科學家的思維模式：傾向優先解決既存問題，對於新科技的風險多半懸而不論。早期與基因相關的倫理、法律和社會議題（ethical, legal, and social implications, ELSI）焦點很模糊。當初，美國國家衛生研究院公布的五項 ELSI 議題，都是開放性、有待釐清的問題：

社會和個人對於人類基因體計畫的關切項目是什麼？就倫理和法律的領域，有什麼具體問題需要解決？以往的案例中，我們學到什麼教訓？可能的替代政策及利弊是什麼？如何告知和吸引公眾，並激發廣泛的討論？（**Office of Human Genome Research 1989**）

雖然，學界對於 ELSI 的關切持續不斷，歷來主掌人類基因體計畫的領導人除了承諾編列 5% 預算投入 ELSI 研究外，回應並不多。在第二期人類基因體計畫書中，美國國家人類基因體研究中心主任 Francis Collins 將原計畫的六項具體目標擴充成十一項，[3] 包括 (1) 基因圖譜、(2) 物理圖譜、(3)DNA 定序、(4) 基因鑑定、(5) 技術發展、(6) 研究模式動物、(7) 生物資訊、(8) 對倫理／法律／社會的影響、(9) 職訓、(10) 技術轉移與 (11) 推廣。其中有兩項是原有目標的擴大，只有 4、6、7

---

[3] 1. Genetic map, 2. Physical map, 3. DNA sequencing, 4. Gene identification, 5. Technology development, 6. Model organisms, 7. Informatics, 8. Ethical, legal, and social implication (ELSI), 9. Training, 10. Technology transfer, and 11. Outreach

三項是新增的研究工作。至於 ELSI 相關的研究，只有老話，並沒有新意（Collins and Galas 1993）：[4]

1. 繼續確認問題並制定解決這些問題的政策。
2. 針對潛在廣泛使用的遺傳篩檢制定和宣傳可能的政策選項。
3. 促使（社會）接受人類基因的差異。
4. 針對文化和心理問題的敏感度，加強、擴大公眾和專業人員的教育。

　　以上四項工作的內容並沒有顯示實質的論證，遑論發展可信的研究方法學。實作科學家自己無法解決問題，只好以摸著石子過河的方式，來回應 ELSI 學者的關切。

四、風險辯證與溝通的策略

　　回頭審視當時各方對於人類基因體計畫的爭辯，不只是評估效益的價值判斷不同，論述的手法也不同。歸納一般論述人類基因體計畫的風險所用的語言結構，約略可區分成以下三種簡單的句型：
　　1. 做 O 這件事，則會有後果 X。
　　2. 做 O 這件事，則會有後果 X。目前有 A 情境，所以應做 B（不應做 O）。
　　3. 目前 C 情境（問題的起點），需要 D；做 O 這件事，則會有 D，所以應做 O。
　　舉例來說，科幻電影《侏儸紀公園》的敘事主軸，屬於第一型。O 的內容是「操控基因，重建、創造出恐龍」，後果 X 是「恐龍吃人、無法控制」。電影略去新

---

[4] 另見 NIH (2015)，有關美國人類基因組計畫前五年的執行規劃內容。

科技的必要性，純粹以娛樂、商業利益為起點，透過想像中的災難來對比片頭的歡樂氣氛，強調科技失控的危險性。有畫面、有情感、有懸疑性，對於一般大眾具有強烈的傳染力，但是完全不涉及科學發展的議題。觀眾得到的知識面很單一，只是：科技有風險性。

關心科技風險的學者，前瞻式地否定論述方式，內容屬於第二型。O的內容是「分析、控制、重組基因」，後果X是「違反倫理、影響個人權益」，A的情境是「目前無法管制基因誤用」，B的建議是「補助其他的研究，不要做O」。另外，擔心「大科學」投資會拖慢科學研究的科學家，雖然了解人類基因體研究的工作內容，說理的內容多半也可以歸類在第二型。舉例來說，O的內容是「分析、了解基因組」，後果X是「需要花費很多資金，排擠其他研究」，A的情境是「目前研究的方式還可以」，B的建議是「維持現狀，不必執行O」。各個項目O、X、A、B之間的重疊性不高，不易簡化。

Dulbecco倡議人類基因體計畫的方式，屬於第三型。C情境是「目前癌症的研究緩慢」，需要D「連續而完整的人類基因序列資料」，O的內容是「人類基因體計畫」。這串論述可以利用連接詞串接成推論句：**目前**癌症的研究緩慢，需要人類基因體計畫提供完整序列資訊，**所以**應執行人類基因體計畫。DeLisi的文章結構則較為複雜，論證的軸線點綴著歷史、文化情感的描述，而顯得模糊，但是，基本的結構也是第三型。他這篇文章的「D需求」直接挪用Dulbecco的主張；情境C「目前癌症的研究緩慢」的描述則散落在「生命藍圖」及「高解析度的（染色體）繪圖」段落中；「內容O」在最後的「基因定序的未來」，實質界定人類基因體計畫各階段的工作任務和經費需求。因此，可以算是「非典型」的第三型。

就邏輯性來看，第一種句型偏向於價值面的直覺主張，不強調驗證。第二種句型中，牽涉的事物較多，O、X、A、B之間的關聯性較弱，沒有簡化思考的結論句。第三種句型的邏輯性較強，D是思考的中介，直接串聯C和O，形成簡單的結論，這種直線式的思考方式較容易理解。此外，在爭辯過程中，在第二種句

型中所強調的後果 X，在第三種句型中的權重低；在第三種句型中很重要的中介者 D，則在第二種句型中被忽略。在這些風險辯證過程中，X 和 D 都只是暫時推想的知識主張，不具實證的效力。

　　Dulbecco 和 DeLisi 使用的第三種句型中，「情境 C」強調當前癌症研究具體的難題，就語意來說，與生命已面臨困境的意思雷同。電影《侏儸紀公園》的經典台詞「生命自會找到出路」所強調的是：尋求解決困境的方法，是生命的本能。將之套用在科學探索時的情境，其實也說得通：科學家循著本能，總是會想盡辦法來克服。「生命自會找到出路」這種生物本能，由使用第一型說理句型的電影提出，卻在第三型說理句型中體現，真是個讓人驚訝的意外。令人納悶的還有，第二型說理句型為何不處理當前的科學困境？現在基因圖譜已經完成了，顯然在國家公部門的審議機制之下，第三型的說明策略取得了優勢。

五、後基因體時代的新潮語彙：組態學、精準醫療

　　技術層面上，基因體定序有兩項特徵：高度重複性的操作步驟，分析的資料量非常大。1980 年代的科技能力下，基因定序的工作只能靠密集的人力進行，定序一個 DNA 鹼基對，大約需要花費新台幣三十三元（一美元）。在後基因體時代，基因定序的方法已經大幅改變。新的方法稱之為次世代定序（next generation sequencing, NGS）。[5] NGS 技術的操作簡便，錯誤率較低，並有高速、高通量的特性，定序速度比老辦法約快十萬倍，費用也便宜許多。樂觀的生技公司順勢宣稱：

---

[5] 參見維基百科，Massive parallel sequencing。https://en.wikipedia.org/wiki/Massive_parallel_sequencing

「十年內，1000 元美金就可以解開你的基因」。[6]

　　另外，隨著電腦運算能力提升，當初繪製基因圖譜時，曾經讓生物學家困陷在大量資料迷宮的難題，已經不再是問題。2010 年前後，大數據、雲端運算已是資訊產業的主打強項。幾乎同時，從基因體學（genomics）所衍生的相關分析方法，包括蛋白質體學（proteomics）、轉錄體學（transcriptomics）及代謝體學（metabonomics）、細胞分泌蛋白質體學（secretomics）等等，各種以組態學（Omics）為名研究癌症的學問，也逐年成長（見圖 1）。Omics 甚至還滲透到社會學，創造出 exposome，用來說明生活環境對個人的綜合影響（Wild 2005）。

　　組態學是借重高速、高通量紀錄的生物觀察參數，結合資訊分析技術，可以將特定生命現象表述成多因子作用的淨效應（net effect）。當初，Dulbecco（1986）認為基因體學可以協助「**確認晚期癌症 DNA 與其細胞的表徵一樣具有異質性**」，其實只說對了一小部分。延伸基因體學的經驗而開發的各種組態學，不只用來發現生物功能的運作機制（mechanism），並且具體地呈現生物在細胞、器官、個體等等層級上的多樣性。看清楚材料、個體的差異，「精確、precision」敘述觀察的特性，是去除科學爭議很重要的關鍵。Omics 正好符合這種需求，因此在生醫科學學門內，精準醫療（precision medicine）的概念幾乎跟組態學的發展同步（見圖 1，以癌症研究為主題的趨勢比較）。

---

[6] 邱契著、涂可欣譯 (2006)。在「中華民國人類遺傳學會」(2005) 公告價中，對於單一基因的檢測收費約在新台幣一萬元到三萬元之間。

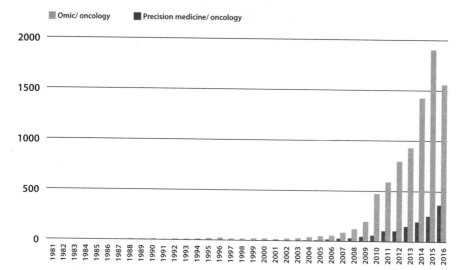

圖 1 PubMed-NCBI 登錄的相關文章篇數，1981-2016
資料來源：筆者整理自 http://www.ncbi.nlm.nih.gov/pubmed，以關鍵字 Omics + oncology 或 precision medicine + oncology 查詢。

　　出乎意料之外的，組態學在醫學學科內的研究概念，也滋養了通俗媒體、生技公司的廣告中「個人化醫療／精準醫療」（personalized medicine/precision medicine）這樣的新「話術」。個人化醫療，強調體質、量身訂做，例如，以往的西式主流醫學強調治療標準化：什麼病、如何動刀、用什麼藥，都要求一致。至於「體質」的實證效力不夠周延，多半只能存活在另類醫療的語彙裡。在人類基因解碼之後，西式主流醫學開始融入個體差異的想像，意圖打造個人專屬的治療方式。

　　新的論述不外乎：

每個人的遺傳基因不同，身高、體重有差異，因此購買衣服時，有大、中、小號的區別。同樣的，每個人的遺傳基因不同，對藥物反應也不一樣，所以，用藥時也應該把這些差異納入考量。隨著研究人員對基因體的瞭解越多，也就有更多資

訊，可以協助預測不同病患對藥物的可能反應情形，進一步協助醫師選擇有效的化療藥物，或是有效但副作用低的劑量。（鄭文軒 2009）

　　這樣的句子，除了塞進「遺傳基因、基因體、化療」這些主流醫學的名詞之外，事實上跟另類醫療常見的說詞並沒有不同。

　　「精準醫療」是「個人化醫療」這個名詞的進化版。在國際學術網站 National Center for Biotechnology Information, NCBI）所登錄的專業醫學期刊文章中，以 personalized medicine 或 precision medicine 為關鍵字的搜尋結果幾乎是一樣的。也就是說，對實作科學家而言，個人化醫療和精準醫療的意涵差不多。但是對一般大眾來說，精準醫療比個人化醫療更具有吸引力。特別是在 2015 年，全球 Google Trends 熱門搜尋關鍵字 precision medicine，幾乎是火箭式躍升，超越 personalized medicine 與標準醫療的實證醫學（evidence-based medicine）（見圖 2、圖 3）。個人化醫療與體質的語意重疊，沒有太多新意。相對地，醫療冠上了「精準」，這樣的用詞就顯得特殊、新鮮並有創意，蘊含更強烈的價值判斷。

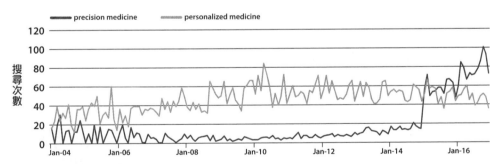

圖 2 趨勢之比較：2004-2016 年全球 Google Trends 熱門搜尋關鍵字 precision medicine（黑線）及 personalized medicine（灰線）。https://www.google.com.tw/trends/

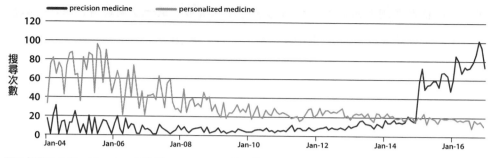

圖 3 趨勢之比較：2004-2016 年全球 Google Trends 熱門搜尋關鍵字 precision medicine（黑線）及 evidence-based medicine（灰線）。https://www.google.com.tw/trends/

　　「精準醫療」、precision medicine 語詞，在媒體上出現的頻率大幅地躍升，不只反映出它們帶有強烈的暗示性、引人遐思，另一個重要的觸媒應該是 2015 年 1 月美國歐巴馬總統在國情咨文演講中所提出的「精準醫療計畫」（Precision Medicine Initiative）。[7] 美國歐巴馬政府計畫投入 2.15 億美元，其中 1.3 億美元用來建立百萬人的醫療紀錄、基因、生活習慣等數據資料庫，營造出商機無限的遠景。台灣人的認知趨勢也緊跟著世界潮流，例如，precision medicine 也是台灣 Google Trends 2015 年的熱門搜尋（見圖 4），幾乎所有生技公司的說帖都使用「精準醫療」作為主打關鍵字。

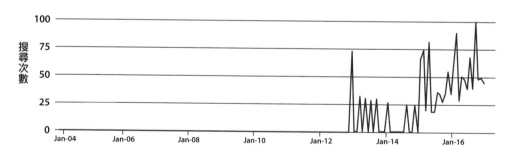

圖 4 熱門關鍵字：台灣 Google Trends 2004-2016 年搜尋 precision medicine 的趨勢。

---

[7] 「財團法人國家實驗研究院科技政策研究與資訊中心」科技產業資訊室，〈精準醫療與基因檢測〉，http://iknow.stpi.narl.org.tw/post/Read.aspx?PostID=11220

六、討論：提供希望？或是販賣恐懼？

除非只是因為好玩，否則在講究效益的社會氛圍裡，實作科學家在構思新的實驗時，最難以面對的質問是：這是個有意義的研究嗎？這個問題可以拆開成幾個層面：實驗會有結果嗎？會造成傷害嗎？有產值嗎？這些問題的答案都是實證的。然而，實驗之先通常只有構想，拿不出具體的證據。退而求其次，只能採用寬鬆一點的態度，接受批判實在論的說法：「*知識是難免有誤的，亦即，會誤解其對象。我們的觀念，其真實性或適切性乃是實踐的問題，是我們可以改善的事物*」（Sayer 2016：XV）。

透過實踐，方是驗證知識的真實性或適切性的硬道理。即使如此，實踐的意涵並不只是勇往直前；摸著石子過河，也必須時時回顧，指認出讓人栽跟頭的窟窿洞在哪裡。此外，判斷是非對錯時，仍必須框限在科學方法所能處裡的議題上。過度的推論，並不合科學的旨趣，只能算是寫科幻小說。

人類基因體初稿在 2000 年公布，序列定稿在 2003 年完成。現在，我們已有實踐的結果作為依據，可以客觀地檢討當年 Dulbecco 和 DeLisi 那兩篇文章論述基因體計畫的適切性。就計畫執行的成果來看，他們將研究範疇局限在癌症上的說明策略，算是平實、謹守生物學家的本分。他們所規劃的項目包括：改進定序技術、繪製人類基因體圖譜、發展生物資訊，最後都紮紮實實地完成了。2007 年，利用定序新技術證實基因與心血管、糖尿病、癌症、類風溼關節炎等疾病的相關性，再度被 *Science* 期刊選為當年度的重要突破（Pennisi 2007）。如果以人類基因體初稿完成時為分界點，之前十六年，癌症基因治療相關研究文章的年平均不到五百篇，增加的速度斜率是 90.582％；2000 年之後十六年，年平均超過三千八百篇，增加的速度斜率是 366.41％（見圖 5）。雖然，影響科學發展的原因很多，而在實作面上，癌症基因治療的研究得利於人類基因體計畫是無庸置疑的。

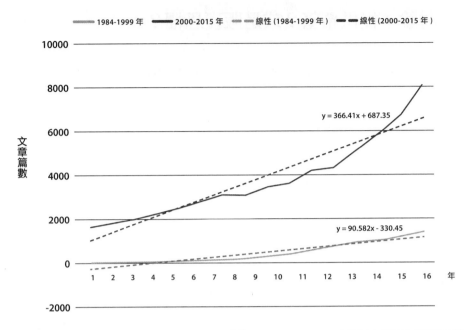

圖 5 研究趨勢：搜尋 1984-2015 年間，PubMed-NCBI 登錄 Cancer gene therapy 相關的文章篇數及線性趨勢。
資料來源：筆者整理自 http://www.ncbi.nlm.nih.gov/pubmed，以關鍵字 Cancer gene therapy 查詢。

　　熱中於建構人類基因體的規劃者，其實有一樁事完全沒有料到：組態學的概念竟然溢出了生物學，滲透到社會學、政治學和人種學等等。研究癌症的科學家利用組態學不只是看見生物多樣性，最重要的是希望找出致病機轉，然後在疾病動物模型上驗證治療成效。這種思維是直線式的，組態學指涉的物體是明確且固定的。當組態學被挪用到其他學門，例如，用來指涉種族、族群這類被建構的概念時，已然脫離生物科學的範疇。生物學家對於基因概念的誤用、挪用，幾乎是束手無策。雖然基因資訊用在種族的研究早已行之多年，它對社會所造成的負面影響，一般人還是會怪罪到人類基因體計畫上。

　　除此之外，筆者認為「有助於遺傳性疾病或疾病傾向的鑑定和診斷」這種立場，也需要更仔細地論述。可用的 DNA 序列資訊加上快速檢定的技術，的確有助於某些疾病的鑑定和診斷。但是，醫學是具有功利取向的實作。診斷跟治療是一

體的；正確的診斷讓治療有效率，才能稱之為「精準」。如果診斷與治療兩方脫了鉤，在還沒有罹患棘手、無藥可治的疾病之前，告訴你可能會生病，那會有什麼意義呢？或者，一般人的罹病率是萬分之一，預測帶有某個特定基因序列組的人罹病機率會增加十倍，這種警告的目的是什麼？在基因與環境之間的交互作用還不確定之前，說你十年後生病的機率是萬分之7.5，又能有多少真實性？當初，實作科學家並沒有預料到人類基因體計畫會催生出這些販賣希望、操弄恐懼的「基因新經濟」。

目前，濫用「基因新經濟」的無用基因檢測所帶來的困擾，一如打開潘多拉的盒子（Kaiser 2007），可能比 ELSI 所擔心的個資不安全、基因不平等之類的問題還急迫。新的生技公司以了解自己的基因風險作為行銷手段，到底是要促進醫療品質，還是透過操弄人的恐懼心理來達到商業目的？特定基因的序列的確是精準醫療的基礎，但是如果過了頭，鼓吹全民基因體定序，幾乎就跟強賣平安保險差不多了。

《侏儸紀公園》對於恐龍的想像，只是特效布景加上電腦合成的動畫，在電影拍攝完成後就拆掉了。以人類基因體計畫為基礎而建構出來的基因序列、快速定序技術、Omics 的分析方式等等，已成為二十世紀生物科學的「知識遺產」，這些知識是不會消失的。它們和古人發明了輪子、刀子、火藥一樣，可以是協助文明發展的工具，也可以是釀成悲劇的幫凶。如何有效、符合公義地運用基因體新知識，應是後基因體時代的人要仔細思索的議題。

引用文獻 |

中華民國人類遺傳學會，2005，〈罕見疾病國內確診檢驗項目及費用〉，衛生福利部部授國字第 1030402655 號令發布修正。http://www.genes-at-taiwan.com.tw/News/n132.html

邱契（George M. Church）著、涂可欣譯，2006，〈1000 美金解開你的基因〉。科學人雜誌 48: 45-52。

Sayer, Andrew 著，許甘霖、萬毓澤、楊友仁譯，2016，〈序言〉。頁 XV，收錄於《社會科學的研究方法：批判實在論取徑》。台北：巨流。

楊倍昌，2016，〈知識辯證的微觀動態：當代生物科學期刊如何接受一篇論文？〉。《科技、醫療與社會》22: 109-158。

鄭文軒，2008，〈個人化醫療的時代：應用藥物基因體學治療癌症〉。《生物醫學》1: 80-95。

Collins, Francis and David Galas, 1993, "A New Five-year Plan for the US Human Genome Project." *Science* 262(5130): 43-46.

DeLisi, Charles, 1988, "The Human Genome Project: The Ambitious Proposal to Map and Decipher the Complete Sequence of Human DNA." *American Scientist* 76(5): 488-493.

Dulbecco, Renato, 1986, "A Turning Point in Cancer Research: Sequencing the Human Genome." *Science* 231(4742): 1055-1056.

Heather, James M. and Benjamin Chain, 2016, "The Sequence of Sequencers: The History of Sequencing DNA." *Genomics* 107(1):1-8.

Kaiser, Jocelyn, 2007, "It's All About Me." *Science* 318(5858): 1843.

Maxam Allan M. and Walter Gilbert, 1977, "A New Method for Sequencing DNA." *Proc Natl Acad Sci USA* 74(2): 560-564.

NIH (National Human Genome Research Institute), 2003, "The Human Genome Project Completion: Frequently Asked Questions--Who Participated in the International Human Genome Project consortium?" https://www.genome.gov/11006943/

_____, 2015, "Understanding Our Genetic Inheritance--The United States Human Genome Project: The First Five Years, Fiscal Years 1991-1995."

Office of Human Genome Research, 1989, "Ethical and Legal Studies Relating to the Program to Map and Sequence the Human Genome." *NIH Guide for Grants and Contracts* 18(7): 9-10.

Pareek Chandra Shekhar, Rafal Smoczynski and Andrzej Tretyn, 2011, "Sequencing Technologies and Genome Sequencing." *Journal of Applied Genetics* 52(4): 413-435

Pennisi, Elizabeth, 2007, "Breakthrough of the Year: Human Genetic Variation." *Science* 318(5858): 1842-1843.

Sanger, F. and A. R. Coulson, 1975, "A Rapid Method for Determining Sequences in DNA by Primed Synthesis with DNA Polymerase." *Journal of Molecular Biology* 94(3): 441- 448.

Wild, Christopher Paul, 2005, "Complementing the Genome with an 'Exposome': The Outstanding Challenge of Environmental Exposure Measurement in Molecular Epidemiology." *Cancer Epidemiology Biomarkers & Prevention* 14(8): 1847-1850.

教學工具箱 |

網站

· 通俗而完整地介紹人類基因組計畫：https://zh.wikipedia.org/wiki/ 人類基因組計畫
· 美國人類基因組計畫的前五年執行規劃內容：https://www.genome.gov/ 10001477/ human-genome-projects-fiveyear-plan-19911995/ The United States Human Genome Project: The First Five Years, Fiscal Years 1991-1995.
· 一般基因定序的方法：https://zh.wikipedia.org/wiki/DNA 測序
· 大量平行定序的方法：https://en.wikipedia.org/wiki/ Massive_parallel_sequencing

問題與討論

1. 在沒有前例可循之下，生物科學家如何能規劃人類基因體計畫？
2. 估算科學研究效益的基礎是什麼？
3. 對於風險科技，如何才是有效率的溝通策略？
4. 醫療資源有限，如何避免誤用新基因科技而造成醫療資源浪費？
5. 挪用跨領域知識有什麼危險？

概念辭典

次世代定序（next generation sequencing, NGS）

舊式的定序方法（Sanger 定序），需要先選殖 DNA，再利用特殊核苷類似物，讓聚合酶鏈鎖反應隨機終止，產生長短不等的 DNA 片段，來讀取核酸序列。次世代定序又稱為大量平行定序（Massively Parallel Sequencing），是瑞士 Roche 生技公司率先開發的新方法。它在 Sanger 定序的基礎上，不需經質體複製，藉由同時間大量的短序列片段定序，達成高速與高通量的效果。次世代定序法每次反應產出的序列數據量，約為 Sanger 定序的十萬倍。

組態學（Omics）

Omics 是英語語系中的新創詞，由後綴字元 -ome 變化而來，通常指生物學中對各類生命功能分子的集合所進行的系統性研究。在英文中，「組、體」以 -ome 作為後綴，而「組態學」以 -omics 作為後綴。例如，基因組態學（genomics，編按：本書其他部分統一譯為「基因體」）是系統性研究生物基因體（genome）中各種基因（gene），以及它們之間的相互關係的學科。其他尚有蛋白質組態學、代謝物組態學等等。

大科學（Big science）

這是利用計量指標作為科學類型的描述。計量參數包括：從事科學研究的人數、經費需求，以及科學文章產出的數量等等。相對於小科學（little science）以個人化的研究為主，規模小、經費需求少，大科學則有研究經費龐大，研究議題複雜，需要研究群及研究機構之間的合作等特色，並且多由政府支援經費，研究導向易受政府影響。由於任務不同，小科學與大科學的評價方式也不同。大科學的典型例子如曼哈頓原子彈計畫、基因體定序計畫、登陸月球、氣候暖化防治計畫等。

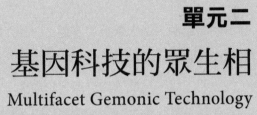

單元二
基因科技的眾生相
Multifacet Gemonic Technology

3

族群遺傳學與追根溯源

Tracing the Origin of Human Populations through Genetics

陳堯峰

　　追溯人類群體的起源，過去著重於身體、骨骼、語言、文化、考古器物、歷史記載與口語傳說等證據，但從二十世紀下半期起，族群遺傳學逐漸成為研究人類起源與演化的重要工具。早期的族群遺傳學研究，是以血清免疫學的方法對血液傳統標記的基因做分型，在 PCR 技術出現後，便走向 DNA 定序的時代，並著重 Y 染色體與粒線體 DNA 單倍群的分群。到現今後基因體時代，則來到了全基因體的定序與掃描，為人類的追根溯源帶來很多新的發現，但也帶來新的問題等待釐清。關於台灣漢人與原住民的起源，學界已經累積不少粒線體 DNA、Y 染色體 DNA，以及一些體染色體基因的研究，發現台灣就算不是南島民族的起源地，台灣原住民也至少是南島民族中非常古老的一個分支。未來台灣各族群全基因體的定序與掃描，以及古代 DNA 研究的進行，將有助於清楚了解各個族群的起源。

想要知道自己族群的起源（例如，閩南人、客家人或原住民），或個人的起源（父系或母系祖先），是人類普遍有的疑問。過去學者透過比較與分析身體、骨骼、語言、文化、考古器物、歷史記載與口語傳說等等，試圖了解族群的起源。然而，從二十世紀初開始，新的追根溯源工具出現了，那就是遺傳基因。當人類各個群體的遺傳基因逐漸被解開後，族群遺傳學也隨之走上世界的舞台，並從二十世紀的下半期起，逐漸展現重要性。本文即聚焦於如何以族群遺傳學追溯人類群體或個人的起源，以及該學門一個世紀以來的發展，並探討當前台灣漢人與原住民以族群遺傳學追根溯源所得到的研究成果。

一、前言：族群遺傳學與演化力

　　基因（gene）一般是指染色體上與蛋白質製造有關的一段 DNA 序列，我們也會用基因座（locus）一詞來指染色體上一段 DNA 序列，但未必與蛋白質製造有關。同一個基因或基因座上不同的 DNA 序列，被稱為不同的等位基因（allele）。同一條染色體上數個不同基因的等位基因組合，被稱為單倍型（haplotype），並且每個等位基因或單倍型在族群內都有其頻率（frequency）（Hartl and Clark 1989；Futuyma 1998）。

　　人類最早發現的血型系統基因是 ABO 血型，表 1 是不同地區人群 A、B、O 等位基因的頻率（Cavalli-Sforza et al. 1994），可以發現他們之間有相當程度的差異，特別是南美洲的印地安人。如果表 1 中的人群都來自同一個祖先，為什麼他們的頻率會如此不同？什麼因素造成他們的不同？利用族群遺傳學可以探索造成這些等位基因頻率改變的原因。

表 1 ABO 血型等位基因的頻率

族群／等位基因	A	B	O
非洲布希曼人	0.209	0.051	0.740
非洲班圖黑人	0.153	0.127	0.719
澳洲土著	0.220	0.022	0.758
印度人	0.190	0.238	0.572
英國人	0.252	0.061	0.688
華南漢人	0.191	0.177	0.632
南美洲印地安人	0.010	0.004	0.985

資料來源：Cavalli-Sforza 等 (1994)。

族群遺傳學（population genetics）的目標是了解一個族群內有多少遺傳變異（genetic variation），解釋這些變異的起源及重要性，以及這些變異如何維持於族群內（Hartl and Clark 1989）。族群遺傳學傳統上著重實驗技術與數量方法，這是因為需要先以遺傳實驗來獲得遺傳資訊，然後再以數量方法與電腦軟體來分析遺傳資訊。

雖然孟德爾（Gregor Mendel）在十九世紀後半期已經發現遺傳定律，但人類有名的基因ABO血型直到二十世紀初才被報導。不過，隨著許多遺傳基因的發現，生物物種與人類族群的遺傳多樣性逐漸被了解，並在二十世紀上半期促成族群遺傳學的出現。

達爾文的演化論在二十世紀與遺傳學結合，約於 1930 年代形成新達爾文主義（neo-Darwinism），並且將演化（evolution）定義為：族群內等位基因頻率的改變。能夠造成族群內等位基因頻率改變的力量（因素）被稱為演化力（evolutionary force），演化力共有四種：突變、天擇、基因流動與遺傳漂變，它們是追根溯源的理論基礎。在表 1 中，人群 ABO 等位基因頻率的不同，代表他們從同一個祖先

分家之後，必然個別受到不同演化力的影響。以下對四個演化力的解說，整理自 Hartl 與 Clark（1989）、Futuyma（1998）兩本書的論述。

（一）突變

突變（mutation）是指細胞在複製 DNA 序列時產生錯誤。如果這個複製錯誤發生在製造精子或卵子時，並且將其傳給下一代，那麼一個新的等位基因就會在族群中出現。當一個新的等位基因加入一個族群，必然會造成其他原有等位基因頻率的改變，因此突變是一種演化力，並且增加了族群內的遺傳變異（等位基因數目）。

（二）天擇

天擇（natural selection）是指一個族群在適應環境的過程中，擁有有利基因的個體會有較高的存活率，或能生產較多的子代，以至於這個基因的頻率在族群內持續上升，甚至到最後所有個體都有這個基因（不利的基因會被淘汰）。

（三）基因流動

一個族群因族群外個體的移入，而將外來的等位基因帶入該族群的現象稱為基因流動（gene flow），俗稱混血。當新的等位基因加入該族群時，必然會造成原有等位基因頻率的改變，所以基因流動是一種演化力，增加了族群內的遺傳變異。

（四）遺傳漂變

一個族群內等位基因頻率隨機改變的現象稱為遺傳漂變（genetic drift）。通常在人口數量少的時候，等位基因頻率的改變會更顯著。遺傳漂變除了會改變頻率之外，也可能造成某個等位基因從該族群消失。

總而言之，突變、天擇、基因流動與遺傳漂變四個演化力，都會造成族群內等位基因頻率的改變，但突變和基因流動會增加族群內等位基因的數目，天擇和遺傳漂變則可能會減少等位基因的數目。

　　一般而言，族群遺傳學的追根溯源研究，通常希望能了解以下幾個問題：首先是找出一個族群內某些等位基因或單倍型的頻率，確認族群的遺傳變異；再來是透過分析該族群的遺傳變異，了解該族群的演化歷程；接著是比較該族群與其他人群的遺傳變異，找出該族群與其他人群的血緣親疏關係；最後藉由分析遺傳變異並綜合其他學門的資料，找出該族群起源地、遷徙至當地的時間，以及遷徙的次數與路徑。

二、人類起源、演化與人種區分

　　族群遺傳學所研究的物種不限於人類，動植物與微生物也在研究範疇之內。以族群遺傳學對人類追根溯源的學門被稱為「遺傳人類學」（anthropological genetics）或「分子人類學」（molecular anthropology），是以族群遺傳學為理論基礎，研究人類物種或族群的起源和演化，以及與其他物種或族群的親緣關係。由於遺傳人類學是人類學的一個分支，因此不僅重視研究遺傳變異，也會考量生物人類學、文化人類學、考古學與語言學等人類學相關學門，對人類族群的研究成果與相關議題。

　　根據生物人類學家的研究，人類的祖先於六、七百萬年前在非洲和黑猩猩分道揚鑣，走向自己的演化之旅。然而，人類的祖先首次離開非洲是在一百八十萬年前，當時直立人（*Homo erectus*）曾經到達高加索山（歐洲與亞洲的分界）南部與東南亞的印尼（Boaz and Almquist 1997）。

　　在1980年代以前，關於現代智人（anatomically modern Homo sapiens）的起源，

當時主流的理論是多地區演化理論（Multiregional Evolution Model），認為直立人離開非洲後，逐漸在非亞歐各大洲演化出早期智人（archaic Homo sapiens，形態介於直立人與現代智人之間的過渡型人類），然後在十到二十萬年前之間，各大洲早期智人一起演化成現代智人，也就是現在非亞歐三大洲人類的共同祖先，來自一百八十萬年前的非洲直立人。

然而，要到 1987 年粒線體夏娃的論文出現後，替代理論（Replacement Model）才真正受到重視，該理論認為只有非洲的早期智人真正演化成現代智人，並在五到十萬年前之間離開非洲移往歐亞大陸，取代歐亞大陸原有的早期智人，也就是現在非亞歐三大洲人類的共同祖先，來自十到二十萬年前的非洲現代智人（Boaz and Almquist 1997）。

雖然學者對人種的區分尚有爭議，但一般而言，現代智人常被分為黑色人種、白色人種（高加索人種，Caucasoids）、黃色人種（蒙古人種，Mongoloids）與棕色人種（澳洲人種，Australoids）。黑人主要分布在撒哈拉沙漠以南的非洲（sub-Saharan Africa）；白人主要分布在歐洲、西亞和北非，但南亞（印度次大陸）和中亞（包括新疆）的人群也算是白人；蒙古人種主要分布在亞洲的東部，另外大洋洲上的密克羅尼西亞（Micronesia）、波利尼西亞（Polynesia）地區與南北美洲的原住民，也屬於蒙古人種；最後，澳洲土著與大洋洲的美拉尼西亞（Melanesia）地區的住民屬於澳洲人種（參見 Boaz and Almquist 1997；朱泓 2004）。

三、族群遺傳學常用的遺傳標記

族群遺傳學是以族群為研究對象，但哪些基因或遺傳序列常用來做追根溯源研究呢？早期常用的遺傳標記（genetic markers）是血型、紅血球酵素、血清蛋白、人類白血球抗原、免疫球蛋白 G 等，主要是以血清免疫學的技術來研究

各個基因的不同等位基因。但從 1980 年代起，由於 PCR 技術的出現與 DNA 定序（sequencing）技術的進步，父系遺傳的 Y 染色體 DNA、母系遺傳的粒線體 DNA、體染色體與性染色體上的短串聯重複之遺傳變異都開始受到重視。以下是這些常用標記的簡介：

（一）血液傳統標記

血液傳統標記（traditional markers of the blood）包含血型（blood groups）、紅血球酵素（red cell enzymes）、血清蛋白（serum proteins）等，血球表面或血液中的蛋白質，它們的基因多位於體染色體（autosomes）上，通常是以免疫學或電泳方法來分型（Crawford 1998）。

（二）人類白血球抗原基因

人類白血球抗原（human leukocyte antigens, HLA）是白血球表面的一些蛋白質，在免疫上的功能是抓住細菌或病毒所產生的物質，並將之送到細胞表面來引起身體的免疫反應，以對抗病原體。人類白血球抗原基因傳統上是以免疫學方法來分型，近年來則多以 DNA 定序方法來分型。由於人類白血球抗原基因有很高的變異，因此經常被用來追溯族群的起源。

（三）短串聯重複

短串聯重複（short tandem repeats, STR）是指一段由一到六個 DNA 鹼基序列不斷重複的基因座，STR 的突變發生並非以單一鹼基改變為主，大多是重複序列的數目增加或減少一次（例如，由 GATAGATAGATA 突變成

PCR 是 Polymerase Chain Reaction（聚合酶連鎖反應）的縮寫，這個技術可以大量複製一段特定的 DNA，有助於 DNA 定序方法的發展。

GATAGATAGATAGATA 或 GATAGATA）。藉由研究族群間一些 STR 基因座的重複序列數目的不同，研究者可以推測族群間的親緣關係，因為親緣關係較近的族群通常會有相同或相近的重複序列數目（Hancock 1999）。

（四）粒線體 DNA

粒線體是細胞內的一個胞器，內含母系遺傳的 DNA，僅能由母親傳給子女。由於粒線體 DNA（mitochondrial DNA）不會發生基因重組，[2] 因此僅能透過突變來改變 DNA 序列。粒線體 DNA 中有一段序列（被稱為高變異區）與蛋白質製造無關，因有較高的遺傳變異，常被用於追溯親緣關係（Wallace et al. 1999）。

（五）Y 染色體 DNA

Y 染色體 DNA（Y-chromosomal DNA）是指一些位於 Y 染色體上非重組區域的單核苷酸多態性（single nucleotide polymorphism, SNP），這些標記多是單一核苷酸（鹼基）的突變，或者是小型的插入（insertion）或缺失（deletion），並且在人類演化的過程中只會發生一次。由於它們是位在 Y 染色體上的非重組區域，所以數個 SNP 所組成的單倍型不會因為基因重組而改變，常被用於追溯父系遺傳的親緣關係（李輝、金力 2015）。

總結來說，早期使用血清免疫學來做基因分型時，血液傳統標記與人類白血球抗原是常用的遺傳標記。在 PCR 技術出現之後，主要以血清免疫學技術來分型的血液傳統標記，就逐漸淡出追根溯源的舞台，而接續走上舞台的是粒線體 DNA、Y 染色體 DNA 與 STR。至於在今天的後基因體時代，46 條染色體上大量的 SNP 資料，將成為追根溯源非常重要的標記。

---

[2] 基因重組（recombination）是指個體在形成精子或卵子的過程中，該個體起源自父親和母親的染色體可能會互相交換一段 DNA，而這樣的交換有時會產生新的序列。

四、族群遺傳學追根溯源的三階段發展

　　將族群遺傳學應用在人類族群的追根溯源，其實有階段性的發展，可以分為三個時期：第一是血清免疫學分型時期，第二是 DNA 定序時期，第三是後基因體時期。接下來將對這三個時期做說明，除了介紹各個時期的研究發展與重要發現之外，並提及各個時期台灣的相關研究。

（一）第一階段：血清免疫學分型時期

　　以族群遺傳學追根溯源的第一發展階段，是血清免疫學分型時期，由於 PCR 技術要到 1980 年代才出現，因此在 1980 年代（有些國家甚至到 1990 年代）之前，人類族群的遺傳資料多來自血清免疫學的研究。

　　筆者於 1990 年代曾在美國研究美洲印地安人的白人混血，當時 PCR 技術剛問世不久，印地安人的豐富遺傳資料大多來自血清免疫學技術，所以有幸使用這一時期的遺傳資料來進行追根溯源與數據分析，因此本時期的說明多以美洲印地安人為例。

　　（1）美洲印地安人群體與個人的追根溯源

　　美國當時常用於區分人種的遺傳標記首推血型，ABO、Rhesus、MNSs、Duffy、Kell、Diego 是常用的血型系統。一般而言，印地安人較常與白人混血，較少與黑人混血。

　　由於純種的印地安人沒有 ABO 血型中的 A_2 與 B 等位基因，所以常被視為是印地安人有白人混血的指標。Rhesus (Rh) 系統是由三個等位基因組成的單倍型，其中 cde 單倍型印地安人沒有，但是白人出現頻率相當高，所以常被視為白人混血的指標。Kell 血型中的 K 等位基因，一般被視為白人的混血基因。此外，免疫球蛋白 G 就是我們一般所謂的抗體，Gm 是指產生免疫球蛋白 G 重鏈部分的基因座，Gm 的單倍型 fb 在白人出現頻率很高，常被視為白人混血的指標。最

後，人類白血球抗原基因的 HLA-A1、A3、A11、A23、A25、A26、A28、A29、HLA-B7、B8、B13、B14、B18、B37、B38、B44、B49、B50、B52、B55、B56、B57、B58、HLA-C5、C6 等位基因，也常被視為白人的混血基因（Chen 1999）。

MNSs 系統中的 S^u 等位基因與 Duffy 血型中的 Fy，黑人有、白人和印地安人沒有，因此被視為黑人混血的指標。Rhesus 系統中的 cDe 單倍型在黑人出現頻率很高，但在白人和印地安人少見，故也常被視為黑人混血的指標。

藉由以上這些白人與黑人的等位基因在美洲印地安人族群的出現頻率，即可知道該群體有無白人或黑人的混血，並且可以估算該群體與白人或黑人的混血程度。如果一個印地安人有以上這些基因，就可以知道他的祖先是否有白人或黑人的血統。

（2）美洲印地安人的起源演化與遷徙

從前面表 1 中可以知道，南美洲的印地安人幾乎只剩下 O 等位基因，那麼，南美洲印地安人為什麼沒有 A 和 B 等位基因呢？若從演化力來解釋的話，只有兩個演化力能夠減少等位基因數目，那就是天擇與遺傳漂變。從天擇來說，我們必須考量過去在美洲是否曾有哪些疾病，讓擁有 A 和 B 的人罹患率與死亡率高，而擁有 O 的人較有抵抗力，但這點我們目前並不清楚。

用遺傳漂變來解釋或許稍微容易一些。ABO 血型中 A 與 B 等位基因在西伯利亞族群的比例各可達五分之一，雖然美洲印第安人何時前往美洲尚有爭議，但時間估計約在四萬到一萬多年前這個範圍內。這個時期屬於冰河時期，古代印地安人應該是由西伯利亞經白令陸橋（現在的白令海峽）前往北美洲。當時冰天雪地，族群的人口不會太多，在遷移過程中難免因為人口少而有遺傳漂變的出現，以至於當他們到達南美洲時，A 和 B 已經流失了（Crawford 1998）。

在血清免疫學時期，學者如何研究族群間的親緣關係呢？首先假設等位基因頻率越接近、親緣關係越接近，接著將兩個族群的等位基因頻率代入遺傳距離公式，計算他們之間的遺傳距離（遺傳距離越小代表親緣關係越接近），再來將各

族群間的遺傳距離藉由群聚法建立親緣關係樹。請見下方例子：

等位基因頻率			
	A	B	O
阿美	0.222	0.240	0.534
漢人	0.181	0.158	0.662
美洲	0	0	1

遺傳距離			
	阿美	漢人	美洲
阿美	0	0.021	0.159
漢人	0.021	0	0.062
美洲	0.159	0.062	0

親緣關係樹

阿美
漢人
美洲

資料來源：筆者繪製。

當時學者曾試圖推測人類群體的遷移波數與路徑。有學者提出美洲印地安人是分三波從西伯利亞前往美洲，按時間順序分別是：Amerind（北美洲的大部分地區與南美洲）、Na-Dene（北美洲西北部與美國西南部）、Eskimo-Aleut（北極圈）這三群。Williams 等人（1985）研究 Gm 基因座的單倍型在美洲印地安人的分布，發現 Amerind 族群帶有 ag 和 axg 單倍型，但幾乎沒有 ab0st；Na-Dene 族群帶有 ag、axg 和 ab0st 單倍型；Eskimo-Aleut 帶有 ag 和 ab0st，但幾乎沒有 axg。因此，他們推論這樣的單倍型分布支持「三波」理論。另外，在 ABO 血型中，A 與 B 等位基因不存在於大多數沒有與白人或黑人混血的 Amerind 族群中，Na-Dene 族群有 A 但幾乎沒有 B，Eskimo-Aleut 族群則 A 與 B 都有。因此，ABO 基因在美洲印地安人的分布狀況，似乎也支持「三波」理論（Cavalli-Sforza et al. 1994）。

（3）血清免疫學分型時期台灣漢人與原住民的研究

台灣第一篇對漢人與原住民的血型系統做比較完整性闡述的論文，是來自馬偕醫院林媽利醫師的研究團隊，他們將漢人與原住民的 ABO、Rhesus、MNSs、Duffy、Kell、Diego 等多種血型抗原的頻率都報導出來。最有趣的發現是，阿美族的 MiIII 抗原的頻率接近九成，而漢人與其他山地原住民卻很少見，這展現出阿美族在遺傳上的特殊性（Lin and Broadberry 1998）。

阿美族的遺傳特殊性如果用演化力來解釋，有以下幾個可能性，主要是天擇

與遺傳漂變。首先，如果是天擇造成的話，那麼阿美族過去可能經歷過某種環境或疾病，以致於 MiIII 抗原的頻率上升（有利的基因），也就是 MiIII 抗原的高頻率可能與花蓮和台東的平原地區過去某種流行病有關聯。再則，如果是遺傳漂變所造成的話（即一個族群因人口少而造成等位基因頻率的隨機改變），那麼代表阿美族過去曾經歷過人口大量減少的時期；只是目前阿美族是台灣最大的原住民族群，而且似乎也沒有阿美族人口大量減少的歷史記載。當然還有另一種可能性，那就是阿美族之所以會有高頻率 MiIII 抗原，是因為他們的起源與其他原住民不同，阿美族可能是從不同地區或是在不同時期來到台灣。以上這些可能性都有待我們去驗證。

馬偕醫院研究團隊也曾以血清免疫學方法研究漢人與原住民的人類白血球抗原（HLA）基因，研究結果顯示台灣原住民的 HLA-A 與 HLA-B 基因的等位基因數目較漢人少，特別是原住民的 HLA-A24 等位基因的頻率都大於 50%，而漢人的頻率是 17.3%。他們認為原住民 HLA 等位基因較少，特定等位基因的頻率卻相當高的現象，是長期與其他族群隔離的結果。此外，阿美族 HLA-A34 等位基因的頻率為 19%，而其他原住民族群和漢人卻很罕見，又再次展現其遺傳特殊性（Lin et al. 2000）。

在 HLA 研究中，林媽利醫師團隊亦將 HLA-A、B 和 C 三個基因的等位基因資料，統整成單倍型（即同一條染色體上數個不同等位基因之組合）的頻率來呈現。他們發現有三個單倍型在台灣原住民頻率較高，但在台灣以外的族群很少見，不過有在台灣漢人中出現。他們認為漢人中這三個單倍型是來自於原住民，並由此推估出台灣漢人的血統中有 13% 來自原住民（Lin et al. 2000）。在當時台灣以外族群的 HLA 資料不多的狀況下，這算是一個不錯的嘗試。

（二）第二階段：DNA 定序時期

以族群遺傳學追根溯源的第二發展階段是 DNA 定序時期。在這個時期，由於

PCR 技術的出現與 DNA 定序技術的進步，基因或基因座的 DNA 序列便能更清楚地展現，大大提高了等位基因的解析度。這個時期大量出現的研究是粒線體與 Y 染色體 DNA 研究，這是因為它們相對於體染色體較為容易進行 DNA 定序，因此從 1990 年代起相關研究就大量地出現。特別是粒線體 DNA 僅有 16,569 個鹼基對，相較於 Y 染色體 DNA 為短，因此研究大量出現的時間較 Y 染色體為早。

遺傳學者發現粒線體與 Y 染色體 DNA 最古老的區域是非洲，並且有些位置的突變在人類演化史上具有非常重要的意義。例如，有一個 Y 染色體 DNA 位置被標記為 M168 的突變型（由鹼基 C 突變成 T），是所有非洲以外的人群都有的，代表這是歐亞大陸人群的共同祖先所擁有。遺傳學者會把具有特定重要性突變的單倍型，歸於同一個單倍群（haplogroup）之下，因為這些單倍型之間有親近的血緣關係（李輝、金力 2015）。

另外，在 DNA 定序時期，古代 DNA 研究也有很大的發展，讓研究者可以比較現生族群與古代族群的遺傳變異。最後，有些動植物、病原體的遷徙與人類有關，因此學者在這個時期也開始研究它們的族群遺傳學，用以追溯人類的起源與遷徙。

（1）粒線體 DNA 單倍群研究

粒線體 DNA 屬於母系遺傳，人類粒線體 DNA 遺傳變異最大的地區是非洲。撒哈拉沙漠以南的黑人都屬於 L 單倍群（其下有 L0 至 L6 等分支），非洲以外人群的粒線體 DNA 屬於 L3 之下的兩個分支：M 與 N 大單倍群（macrohaplogroup）（Wallace et al. 1999）。

歐洲與亞洲西部人群（白種人）的單倍群主要是 H、I、J、K、T、U、V、W、X 等，都屬於 N 大單倍群；亞洲東部人群（黃種人）的單倍群主要是 C、D、E、G（M大單倍群）和 A、B、F、Y（N 大單倍群）；美洲印地安人的單倍群是 A、B、C、D 和 X，主要起源自亞洲東部（Wallace et al. 1999）；澳洲人種的主要單倍群是 Q（M大單倍群）和 P、S（N 大單倍群）（Hudjashova et al. 2007）。

（2）Y 染色體 DNA 單倍群研究

Y 染色體 DNA 屬於父系遺傳，其單倍群研究所需的遺傳資訊包含兩部分：SNP 和 STR。SNP 的突變速率比 STR 慢很多，每個鹼基的突變率約為三千萬分之一，STR 約為千分之一。每一個 SNP 往往只能在人類演化史出現一次突變，因此能夠保持穩定的親緣關係，並作為分群的基準，而 STR 則因突變率高可用於分子時鐘的估計（李輝、金力 2015）。

李輝、金力（2015）整理了 Y 染色體單倍群的演化（見圖 1）：最古老的分化類型是 A 單倍群，分布於非洲南部和東部，較有名的群體是布希曼人（Bushmen）；其次古老的是 B 單倍群，大致對應非洲中部適應熱帶雨林生活的俾格米人（Pigmy，矮黑人）。這兩個人群的膚色較淺，不同於非洲西部黑人的深色膚色，他們與其他人群的分化都在七萬年以上。

其他單倍群是七萬年內走出非洲之人群的後代。其中 D 和 E 單倍群最早是黑人的群體，可能是六、七萬年前在東非與阿拉伯半島南部的紅海附近分開。攜帶 E 的人群往西遷徙，成為非洲西部的黑人，並在最近數千年擴張到非洲東部和南部；攜帶 D 的人群則向東遷徙，成為東南亞的尼格利陀（Negrito，矮黑人）。D 單倍群目前僅分布於青藏高原、日本諸島和安達曼群島這些區域。過去日本海盜被稱為倭寇，其身材較矮很可能跟日本人有著 D 單倍群血統有關。攜帶 C 和 F 的人群過紅海以後繼續向東遷移，C 人群形成澳洲人種，在五、六萬年前擴散到東亞、澳洲、美拉尼西亞，F 人群則成為白種人和黃種人的祖先（李輝、金力 2015）。

F 人群大約在三、四萬年前開始擴張，其下有從 G 到 T 等多種單倍群，攜帶 G、H、I、J、L、R 和 T 的人群在歐亞大陸西部成為白色人種。大約兩萬年前，攜帶 O 的人群前往東亞成為蒙古人種，取代澳洲人種成為東亞的主體。O 單倍群目前占東亞人群的 60%，漢人的單倍群以其分支 O3 為主，台灣原住民則以 O1 為主（李輝、金力 2015）。

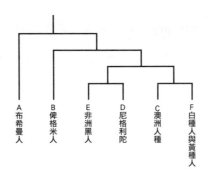

圖 1 Y 染色體單倍群演化樹
資料來源：筆者參考李輝、金力 (2015) 繪製。

（3）DNA 定序時期人類族群起源與演化的研究方式

血清免疫學時期，是以等位基因頻率建立親緣關係樹。DNA 定序時期則多以單倍群頻率與主成分分析法（principal component analysis，PCA），繪製親緣關係圖。圖 2 中，橫軸與縱軸分別是第一與第二主成分對應於該族群的數值，兩個族群在圖上越接近代表親緣關係越近。因此，A 和 B 族群的親緣關係較近，C 族群與他們的關係較遠。

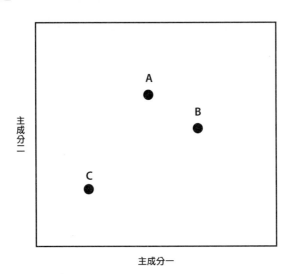

圖 2 親緣關係圖（主成分分析法）
資料來源：筆者繪製。

過去血清免疫學時期，如果兩個地區的人群都有某個等位基因時，只能比較兩地考古遺址年代的早晚，推測人類先到哪個地區。但在 DNA 定序時期，透過單倍群內的遺傳變異與相關突變率，便能以分子時鐘推估一個單倍群的人們到達某個地區的時間。電腦遺傳學軟體（如 Network 5.0）也可以協助推估單倍群的演化，如果把兩個地區同一個單倍群下的所有單倍型以程式進行演化圖分析，比較晚分化的單倍型會出現在末端，比較古老的單倍型會出現在演化中心。在圖 3 中，白色和黑色代表兩個群體，因為黑色群體的單倍型出現在演化圖的末端，顯示白色的族群較古老，黑色的較年輕。

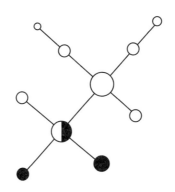

圖 3 單倍型演化圖
資料來源：筆者繪製。

　　另以歐洲人為例，約有 1.1 億的男性帶有 Y 染色體 R1b1b2 單倍群，在西歐有很高的頻率，這個單倍群從西歐經東歐到西亞都有分布，並且頻率是由西向東遞減，那麼，哪裡才是這個單倍群的起源地呢？在血清免疫學時期，如果遇到這樣的狀況，只能推測如果頻率高的西歐是起源地，那麼頻率由西向東遞減，就是基因流動這個演化力的效果；如果頻率低的西亞是起源地，那麼頻率由東向西遞增，則與遺傳漂變有關。

　　然而，到了 DNA 定序時期，學者發現這個單倍群在西亞的遺傳變異較高，分

子時鐘的時間大約是近八千年前，西歐的遺傳變異較低，時間大約是五、六千年前，因此推測西亞才是這個單倍群的起源地，年代大約是中東農民把農業帶到歐洲的時期（之前是狩獵採集生活）。有趣的是，歐洲人粒線體 DNA 單倍群的分子時鐘大多是一萬年前以上，也就是他們的母系起源主要是早期狩獵採集人群的女性，這顯示歐洲人的起源在男女性別上有所不同（Balaresque et al. 2010）。

（4）DNA 定序時期台灣漢人與原住民的研究

有關台灣漢人與原住民族群的起源，相關學門已經累積不少的研究成果，但尚未得到共識，以下介紹一些使用 DNA 定序方法並具有代表性的遺傳學研究。

我們知道台灣的漢人大多數是閩南人和客家人，而中國大陸學者一直有個疑問：華南漢人的出現到底是華北的漢人大規模遷移到華南的結果，還是華南少數民族漢化的結果？學者研究中國南方各省漢人的 Y 染色體與粒線體 DNA，結果（請見表 2）顯示有一些省分不論父系、母系的血統，大部分都來自華北漢人，如湖北、安徽、上海、江蘇。浙江、四川、湖南則有部分南方少數民族血統，但仍以華北漢人為主。比較特殊的是雲南、福建（樣本為客家人）、江西、廣東等省，父系以華北漢人為主，但母系以華南少數民族為主。至於廣西比較是華北漢人和華南少數民族各半。整體而言，華南漢人的出現主要是華北漢人大規模遷徙的結果，而非少數民族的漢化（Wen et al. 2004）。

表 2 華南各省漢人父系與母系血統來自華北漢人的比例

省分	父系	母系	省分	父系	母系
湖北	0.981	0.946	湖南	0.732	0.565
安徽	0.868	0.816	廣西	0.543	0.451
上海	0.819	0.845	雲南	1	0.376
江蘇	0.789	0.811	福建	1	0.341
浙江	0.751	0.631	江西	0.804	0.374
四川	0.750	0.509	廣東	0.677	0.149

資料來源：Wen et al. (2004)。

　　台灣原住民的語言屬於南島語系，在 1990 年代曾有學者支持台灣是南島民族的起源地。這個被稱為「出台灣說」的假說認為，南島民族在六千年前來到台灣（台灣在六千年前進入新石器農業時代），約於五千年前由台灣開始向菲律賓、印尼等地遷徙，之後經美拉尼西亞（新幾內亞島），約於一千多年前到達波利尼西亞（Bellwood 1991）。起初「出台灣說」獲得族群遺傳學的支持，因為 Melton 等人的研究發現波利尼西亞人的粒線體 DNA 大多有 9 個鹼基對缺失（9 base pair deletion，後歸屬 B 單倍群），並且認為該 DNA 序列起源於台灣，然後經由菲律賓、印尼東部、美拉尼西亞前往玻利尼西亞（Melton et al. 1995）。

　　Trejaut 等人（馬偕醫院團隊）亦曾研究台灣原住民的粒線體 DNA，之前 Melton 等人研究波利尼西亞人的粒線體 DNA，在這個研究中被歸到 B4a1a 單倍群。雖然 B4a1a 單倍群的起源地仍可追溯到台灣，但分子時鐘顯示該單倍群的起源時間約是一萬三千年前，遠遠超過「出台灣說」的六千年前（Trejaut et al. 2005）。亦有粒線體 DNA 研究指出，大洋洲南島民族的一些主要單倍群，很早以前就已經出現在島嶼東南亞（南洋群島），其分子時鐘的年代早於「出台灣說」的年代，這顯示在遺傳基因層面，台灣似乎不是南島民族的直接起源地（Hill et al. 2007）。

「出台灣說」後來也受到 Y 染色體 DNA 研究的挑戰，李輝等人的研究顯示華南是南島民族的起源地，之後一支往東到達台灣，另一支往南經中南半島、南洋群島到達大洋洲。雖然台灣不是東南亞與大洋洲南島語族的起源地，但的確是南島民族的一個古老分支（Li et al. 2008）。Trejaut 等人亦曾研究台灣原住民的 Y 染色體 DNA，指出南島民族從亞洲大陸的起源地，有一分支往東到台灣，另一分支往南走中南半島到南洋群島，而且台灣的分支又曾往南向菲律賓遷徙（Trejaut et al. 2014）。

前面提過在血清免疫學分型時期，馬偕醫院團隊曾推估台灣漢人的血統中有 13% 來自原住民。在進入 DNA 定序時期後，林媽利醫師曾提出一些發現：台灣人的母系血源（粒線體 DNA），47% 屬於台灣原住民和島嶼東南亞，48% 屬於亞洲大陸，5% 屬於日本；父系血源（Y 染色體 DNA），41% 屬於台灣原住民和島嶼東南亞，59% 屬於亞洲大陸；至於台灣人的雙系血源（HLA 基因），台灣原住民和島嶼東南亞，以及亞洲大陸約各占一半；研究結果並提出 85% 的台灣漢人帶有一個原住民或島嶼東南亞的基因（林媽利 2010）。這個研究引起很大的迴響與學術上的討論，林媽利醫師自己提到 100 個人的研究樣本有其限制，蔡友月則從「反身性的生物社會性」立場，強調在當代社會認同「生物醫學化」的科學知識生產過程，必須對這種過程進行方法論上的反省（蔡友月 2012, 2014）。

其實從馬偕醫院團隊 Y 染色體 DNA 研究中，我們還可以看到一點有關台灣漢人起源的蛛絲馬跡，例如，台灣漢人的 C3 單倍群頻率是 3.98%（Trejaut et al. 2014）。C 單倍群屬於棕色人種（澳洲人種），現代智人出非洲後，在五、六萬年前擴散到東亞、澳洲、美拉尼西亞，其下的分支 C3 單倍群目前則分布於蒙古人、滿洲人、日本人等東北亞民族。這代表台灣漢人的父系基因庫中有棕色人種的存在，約占 4%。

（5）古代 DNA 研究

研究古代人群也是族群遺傳學的一大突破，例如，研究同一個地區不同時期

的人群，可以知道該地區是否有人群遷入、人口大量減少、甚至人群的替換。古代 DNA 研究非常有名的例子是對尼安德塔人（Neanderthals）的研究，他們是約於十五到三萬年前住在歐洲與中東的古代人類，身材壯碩能適應寒冷氣候，身高略矮於現代智人，但腦容量較現代智人稍大，有較大的眉脊，但沒有下巴（chin）（請見圖 4，左側是尼安德塔人，右側是現代智人）（Boaz and Almquist 1997）。

　　前面提過的多地區演化理論將尼安德塔人視為現代歐洲人的祖先，替代理論則認為現代智人起源於二十萬年前的非洲，大約在七、八萬年前成功離開非洲、過紅海到達阿拉伯半島南部，然後往歐亞大陸各處遷徙，並取代了尼安德塔人。到底哪一個理論才正確呢？現代智人是否曾經與這群古老的人類混血呢？

　　1997 年發表的第一篇尼安德塔人粒線體 DNA 研究顯示，尼安德塔人的粒線體 DNA 和現代智人有相當程度的差異，並不支持多地區演化理論，反而比較符合替代理論，也就是尼安德塔人最後滅絕了，沒有成為我們的祖先（Krings et al. 1997）。後續的一些尼安德塔人粒線體 DNA 研究，也支持這樣的說法，但也發現尼安德塔人曾經擴散到中亞（Krause et al. 2007）。

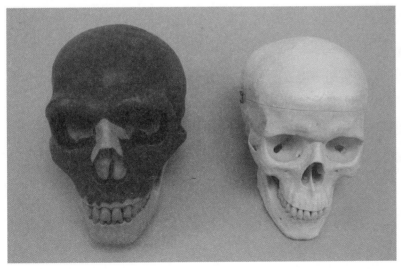

圖 4 尼安德塔人與現代智人的頭骨模型
資料來源：筆者拍攝。

（6）動植物病原體與人類的起源和遷徙

研究人類的起源和遷徙，如果要從遺傳學的角度切入，其實不一定要以人類的 DNA 為樣本。如果動植物和病原體在某些區域的移動，只能靠人類幫忙的話，那麼，它們的族群遺傳學研究便是人類遷移史的間接證據。其實南島民族居住的地區橫跨整個太平洋，而且這些島嶼距離遙遠，動物（如，雞、豬、鼠等）、植物（如，香蕉、番薯等）和病原體（如，細菌、病毒等），不太可能靠游泳或漂流過去，只可能是人類攜帶上船，或是偷偷躲在船上，或是寄生在人類身上，因此過去已有學者透過研究這些生物來探討南島民族的遷徙。近年來台灣學者對東亞與太平洋地區構樹（paper mulberry）的遺傳研究，就支持台灣是南島民族的起源地（Chang et al. 2015）。

（三）第三階段：後基因體時期

在 DNA 定序時期，人類族群的追根溯源著重粒線體與 Y 染色體 DNA，以及一些體染色體基因的研究。雖然這時期有豐碩的研究成果，但體染色體與 X 染色體 DNA 其實還有很大的研究空間等待發掘，學者也致力於發展獲取大量遺傳資訊的科技。從 2001 年人類基因體初稿出現後，族群遺傳學也邁向嶄新的時代：後基因體時期。在後基因體時期，由於遺傳與資訊科技的突破性進展，人類族群的四十六條染色體的遺傳資訊開始大量累積，除了對人類族群的追根溯源有很大的幫助，也讓我們更清楚人類的起源與演化。過去我們對人類族群雙系遺傳的了解仍屬有限，體染色體與 X 染色體 DNA 研究可以彌補這方面的不足，當前的突破性發展之一，就是學者已經可以從數萬年前的古人類獲得基因體資訊。

在 2010 年之前，粒線體 DNA 研究都顯示現代智人並沒有尼安德塔人的血統。直到 2010 年尼安德塔人基因體初稿出現後，我們才知道原來歐亞大陸人群的基因庫中有 1~4% 來自尼安德塔人（但非洲的黑人人群並無尼安德塔人混血）。這個發現將尼安德塔人列入我們的祖先群，儘管並非最主要的來源（Green et al.

2010）。但是，為什麼在現代智人中沒有發現尼安德塔人粒線體 DNA 呢？一種可能的解釋是，粒線體 DNA 是母系遺傳，而現代智人過去只接納尼安德塔男性進入他們的群體；另一種可能是現代智人的基因庫中原本有尼安德塔人的粒線體 DNA，但後來因為遺傳漂變而流失。這些可能性都有待未來研究的驗證。

有關南島民族的起源，近來體染色體 SNP 資料的出現，以及粒線體與 Y 染色體 DNA 資料的累積，讓學者重新評估台灣原住民在南島民族遷徙的角色。有一個整合性研究結果顯示，由台灣而出的南島民族遷徙，是四千年前小規模的人群移動（占 15~20%），並帶來語言的轉移，而語言的轉移可能是因為這些台灣移民成為族群的菁英階層，或是帶來新的宗教或思維（Soares et al. 2016）。意思就是數千年前由台灣開始的南島民族遷徙，並不是大規模人群（與遺傳基因）的移動，而是小規模人群的遷徙。然而，這些小規模人群的遷徙，卻造成島嶼東南亞與大洋洲原本人群之語言和文化的變遷，也就是台灣又被拉回南島民族起源地的角色。

前面的研究展現了基因體研究的重要性，除了帶來令人振奮的新發現，也帶來新的問題，讓我們更想往前了解真相是什麼。同樣地，與台灣人群相關的議題也希望能從未來的基因體研究得到解答，例如，台灣漢人血統中來自華北漢人、百越民族與台灣原住民的百分比各是多少？台灣漢人與原住民有多少血統來自尼安德塔人或其他古人類？冀望未來的族群遺傳學研究可以給予我們更多的啟發。

五、結論：回顧與展望

族群遺傳學從二十世紀初至今有大幅度的進展，早期以血清免疫學對基因做分型，開始可以追溯人類族群的演化歷程與族群間親緣關係；後來在 PCR 技術出現與 DNA 定序技術進步後，開展了父系與母系追根溯源的研究，甚至已經可以研究古代的族群；到今天的後基因體時代，對人類四十六條染色體追根溯源的研究，

讓我們對人類族群的起源、演化與遷徙有更全面的了解。族群遺傳學使我們有幸比前人更了解人類的根源，而我們的子孫也將因為我們在學術上的努力，更全面性地了解人類的起源與演化。

　　台灣在學界多方努力之下，已經累積不少台灣漢人與原住民的族群遺傳學研究成果，包括粒線體 DNA、Y 染色體 DNA，以及一些體染色體基因等；馬偕醫院研究團隊在這方面有很大的貢獻。此外，慈濟大學曾培育出十多位碩士畢業生，以原住民族群遺傳學作為碩士論文主題，也為台灣族群遺傳學的教學與人才培育盡上心力。希望未來台灣各族群四十六條染色體 DNA 資訊的累積，以及古代 DNA 研究的進行，除了有助於了解各族群的起源之外，也能夠釐清台灣在古代東亞人群遷徙上所扮演的角色，這些都是我們在後基因體時代可以引頸期盼的。

引用文獻 |

朱泓主編，2004，《體質人類學》。北京：高等教育出版社。

林媽利，2010，《我們流著不同的血液》。台北：前衛。

李輝、金力編著，2015，《Y染色體與東亞族群演化》。上海：上海科學技術出版社。

蔡友月，2012，〈科學本質主義的復甦？基因科技、種族／族群與人群分類〉。《台灣社會學》23: 155-194。

_____，2014，〈基因科學與認同政治：原住民DNA、台灣人起源與生物多元文化主義的興起〉。《台灣社會學》28: 1-58。

Balaresque, Patricia, et al., 2010, "A Predominantly Neolithic Origin for European Paternal Lineages." *PLoS Biology* 8: e1000285.

Bellwood, Peter, 1991, "The Austronesian Dispersal and the Origin of Languages." *Scientific American* 265: 88-93.

Boaz, Noel T. and Alan J. Almquist, 1997, *Biological Anthropology: A Synthetic Approach to Human Evolution.* Upper Saddle River, NJ: Prentice-Hall.

Cavalli-Sforza, L. Luca, Paolo Menozzi and Alberto Piazza, 1994, *The History and Geography of Human Genes.* Princeton, NJ: Princeton University Press.

Chang, Chi-Shan, et al., 2015, "A Holistic Picture of Austronesian Migrations Revealed by Phylogeography of Pacific Paper Mulberry." *PNAS* 112 (44): 13537-13542.

Chen, Yao-Fong, 1999, *The HLA Loci and Anthropological Genetics of Pima and Navajo Indians.* PhD dissertation, Department of Anthropology, Arizona State University.

Crawford, Michael H., 1998, *The Origins of Native Americans: Evidence from Anthropological Genetics.* Cambridge: Cambridge University Press.

Futuyma, Douglas J., 1998, *Evolutionary Biology*, 3rd ed. Sunderland, MA: Sinauer Associates.

Green, Richard E., et al., 2010, "A Draft Sequence of the Neandertal Genome." *Science* 328(5979): 710-722.

Hancock, John M., 1999, "Microsatellites and Other Simple Sequences: Genomic Context and Mutational Mechanisms." Pp. 1-9 in *Microsatellites: Evolution and Applications*, edited by David B. Goldstein and Christian Schlotterer. Oxford: Oxford University Press.

Hartl, Daniel L. and Andrew G. Clark, 1989, *Principles of Population Genetics,* 2nd ed. Sunderland, MA: Sinauer Associates.

Hill, Catherine, et al., 2007, "A Mitochondrial Stratigraphy for Island Southeast Asia." *American Journal of Human Genetics* 80(1): 29-43.

Hudjashov, Georgi, et al., 2007, "Revealing the Prehistoric Settlement of Australia by Y Chromosome and mtDNA Analysis." *PNAS* 104(21): 8726-8730.

Kittler, Ralf, Manfred Kayser and Mark Stoneking, 2003, "Molecular Evolution of *Pediculus humanus* and the Origin of Clothing." *Current Biology* 13(16): 1414-1417.

Krause, Johannes, et al., 2007, "Neanderthals in Central Asia and Siberia." *Nature* 449: 902-904.

Krings, Matthias, et al., 1997, "Neandertal DNA Sequences and the Origin of Modern Humans." *Cell* 90(1): 19-30.

Li, Hui, et al., 2008, "Paternal Genetic Affinity between Western Austronesians and Daic Populations." *BMC Evolutionary Biology* 8: 146.

Lin, Marie and Richard E. Broadberry, 1998, "Immunohematology in Taiwan." *Transfusion Medicine Reviews* 12(1): 56-72.

Lin, Marie, et al., 2000, "Heterogeneity of Taiwan's Indigenous Population: Possible Relation to Prehistoric Mongoloid Dispersals." *Tissue Antigens* 55(1): 1-9.

Mallick, Swapan, et al., 2016, "The Simons Genome Diversity Project: 300 Genomes from 142 Diverse Populations." *Nature* 538: 201-206.

Melton, Terry, et al., 1995, "Polynesian Genetic Affinities with Southeast Asian Populations as Identified by mtDNA Analysis." *American Journal of Human Genetics* 57(2): 403-414.

Soares, Pedro A., et al., 2016, "Resolving the Ancestry of Austronesian-Speaking Populations." *Human Genetics* 135: 309-326.

Wallace, Douglas C., Michael D. Brown and Marie T. Lott, 1999, "Mitochondrial DNA Variation in Human Evolution and Disease." *Gene* 238(1): 211-230.

Wen, Bo, et al., 2004, "Genetic Evidence Supports Demic Diffusion of Han Culture." *Nature* 431: 302-305.

Williams, Robert C., et al., 1985, "GM Allotypes in Native Americans: Evidence for Three Distinct Migrations across the Bering Land Bridge." *American Journal of Physical Anthropology* 66(1): 1-19.

Williams, Robert C., 1994, "Measuring Genetic Admixture in Human Populations: The Gila River Story." *Evolutionary Anthropology* 3(3): 84-92.

教學工具箱 |

建議閱讀

李輝、金力編著，2015，《Y 染色體與東亞族群演化》。上海：上海科學技術出版社。

Cavalli-Sforza, L. Luca, Paolo Menozzi and Alberto Piazza, 1994, *The History and Geography of Human Genes.* Princeton, NJ: Princeton University Press.

問題與討論

1. 族群遺傳學對台灣原住民與南島語族的追根溯源，目前已有哪些進展？

2. 族群遺傳學對尼安德塔人的古代 DNA 研究，目前已有哪些發現？

3. 後基因體時代的來臨對人類族群的追根溯源有何影響？

概念辭典

族群遺傳學（population genetics）

以族群為研究對象，了解一個族群內的遺傳變異，並且解釋這些遺傳變異的起源與重要性，以及這些變異如何維持於族群內。

追根溯源（tracing the genetic origin）

從遺傳學的角度來說，追根溯源的對象可以是族群或個人。在族群層級的追根溯源，是藉由學術研究探討人類族群（例如，華南漢人或日本人）的起源。個人層級的追根溯源，目前則有一些生物醫學相關機構在做溯源檢測（ancestry test），推測個人祖先的來源。一般可分為父系、母系與雙系三種檢測，而推測的依據就是來自族群層級的研究。

演化（evolution）

一般來說，演化指的是物種因適應環境變遷而產生身體形態的改變，例如，人類祖先為了適應環境由森林變成莽原，才由四足行走演化成兩足行走。但對族群遺傳學來說，演化是指一個族群內等位基因頻率的改變。

基因流動（gene flow）

一個族群因為族群外個體的移入，將外來的等位基因帶入該族群的現象，稱為基因流動，俗稱混血。

遺傳漂變（genetic drift）

一個族群內等位基因頻率隨機改變的現象，稱為遺傳漂變，在人口數量少的時候，基因頻率的改變會更顯著。遺傳漂變除了可以讓基因頻率改變，也可能造成某個等位基因從該族群消失。

4

基因化世代：產前基因篩檢與檢測

The Emergence of Geneticization: Prenatal Genetic Screening and Testing

施麗雯

　　基因科技是當代重大的科技發展之一，自 James Dewey Watson 與 Francis Crick 在 1953 年提出 deoxyribose nucleic acid（去氧核醣核酸，簡稱 DNA）的雙股螺旋結構圖後，便預告了基因時代的開始。科學家對 DNA 上基因排序組合的發現，就像是打開潘朵拉的盒子，滿足了人類窺探生命奧祕的慾望，但基因科技的應用上也帶來相關爭議，其中之一即是產前基因篩檢與檢測。當代女性懷孕時會到產科醫療院所進行確認，確認懷孕後意味著開始進入所謂的產前檢查流程，一直到分娩。這些檢查包含對孕婦例行性的檢查，診察母體和胎兒的健康。由於基因科技的進步，產前檢查納入越來越多的基因篩檢與檢測，引起許多的討論和爭議。特別是 2011 年後，新興的產前非侵入性基因篩檢技術開始大量被運用，至今成為產檢常規項目。產前基因篩檢與檢測的應用，不只影響到女性的懷孕，也為女性帶來許多不確定性和焦慮，尤其當胎兒被篩檢出有基因問題時，父母將面臨選擇。這是伴隨基因科技的發展和應用而來的社會問題，必須加以重視和了解。本文針對目前產前基因篩檢的應用概況，技術所帶來的倫理問題、科技樂觀態度，以及女性產檢影響等進行整理與討論，最後討論當基因檢測技術出現問題時，對使用者的影響。

一、前言：生一個聾人的小孩

在文章開始前，先說一個小故事。

王大強和吳麗雲是一對伴侶，兩人都是天生的聾人，參加聾人社團結識後，決定共組家庭。由於兩人從小在聾人社群裡得到許多支持，生活過得簡單而快樂，兩人都滿足於聾人的生活，並希望孩子也是天生的聾人。所以當吳麗雲懷孕後，醫生在產檢期間告知基因篩檢結果，胎兒帶有聾人基因的比例相當高時，兩人反而覺得很高興。同樣也是聾人的小孩出世後，引起很大的社會爭議，輿論認為他們不該生下帶有基因缺陷（聾人）的孩子。

什麼樣的小孩可以被生下來？誰來決定什麼樣的小孩可以被生下來？從這兩個問題延伸，在王大強和吳麗雲故事中可以看到兩個現象：第一，基因科技的應用似乎並非中立客觀。當代社會對於什麼樣的小孩可以被生下來，似乎已經有先入為主的觀念。一般懷孕夫妻應用技術確保生下健康的小孩時，大家都沒有意見；當王大強和吳麗雲以同樣方式生下聾人小孩時，卻受到質疑。第二，由這對夫妻受到責難的情況來看，懷孕與生育不單是個人或是一個家庭的私事。從當代生物醫學與社會對女性和胎兒的健康檢查方式，可以看出想要生育什麼樣的小孩不再是個人的選擇。這些選擇背後是懷孕女性所置身的特定人口政策、科技、醫學運作與社會文化等因素，交纏在一起所造成的結果。

二、優生學與基因科技

基因科技和產檢的關聯源自人口政策，更早是來自優生學（eugenics）。

Eugenics 這個詞是英國學者 Francis Galton 在 1883 年創立，取自希臘文的 eugenes，意思是指優生或高貴，字面上的原義是好的種（族）。優生學主要是建立在企圖改良人類的基因組成學說，Galton 相信人類的遺傳會影響後代的才能和特質，類似天生決定一切的概念。Galton 的優生學想法傳播到歐美各國，在二十世紀初期興起所謂的優生學運動（eugenics movement），當時以絕育為主要的手段。這一波運動也影響到亞洲的中國、日本和台灣。直到二戰期間德國納粹黨對猶太人的屠殺陰影，才終止了這波運動。然而，原本夾帶負面印象的優生，在亞洲卻被視為正面意涵。

　　台灣本土的優生運動與人口控制計畫（當時稱為家庭計畫）同步進行。[1]1960 年代國民黨政府為了得到美援，著手改善當時的人口衛生與經濟政策，全力推動家庭計畫，特別是關於人口控制。當時的人口控制計畫的施行是基於科學知識、生育控制和下一代的品質（蔡宏政 2007：71-72）。1970 年代，台灣在國民黨政府大力推舉下，開始草擬以優生為名的《優生保健法》。1984 年 7 月 9 日由總統公布，1985 年 1 月 1 日施行，[2]讓《優生保健法》從最開始的節制生育（控制人口數量），進入優生保健（管控人口品質）。因此，優生不只是一個名詞，也是一種以優生為名的運動。1970 到 1980 年代期間，優生這個概念在台灣的優生運動下被賦予正面意涵（Chung 2002），緊扣著家庭計畫和生育等人口控制政策。特別是在《優生保健法》施行後，優生學的意涵延續至今仍與產檢和懷孕密切相關（蔣欣欣等 2005；施麗雯 2015）。

　　亞洲國家不只台灣崇尚優生，韓國和日本其實也在優生運動之列，前新加坡

---

[1] 關於台灣的優生運動與人口政策相關脈絡，在筆者的〈台灣的道德先鋒：焦慮、產檢選擇與責任的矛盾〉一文中已有詳細的討論，本文在此僅簡介台灣的家庭計畫對優生運動的影響，更多討論請參見論文（施麗雯 2015：93）。

[2] 參見國家發展委員會檔案管理局：http://www.archives.gov.tw/Publish.aspx?cnid=802&p=412 （取用日期：2018 年 8 月 17 日）。

總理李光耀更公開支持優生學。1980 年代時，李光耀擔心受高等教育的新加坡婦女比未受高等教育的婦女生育較少的孩子，不只公開鼓勵受高等教育的男性娶高等教育的女性，也針對高等教育的女性提出相關鼓勵政策，希望那些被視為高智力的女性，願意生更多小孩。這些在現代看來很不可思議的措施，立基在類似傳統「龍配龍，鳳配鳳，老鼠的兒子會打洞」的優生學觀念，以社會階級為主要的優生學分類方式，也是一種所謂的消極優生學（negative eugenics）方式，以預防達到介入和改善人口。發展至今天，基因科技被應用在產前檢查，雖然看似是消極優生學，其實並非如字面上表現的「消極」，而是以積極管控的政策介入生育，透過基因篩檢以預防生下帶有某些疾病（基因缺陷）的下一代。

三、產前基因篩檢與檢測應用

英文的 *gene* 來自拉丁文的 genea，意思是世代或種族，但是在翻譯成中文「基因」兩字時，原來的意涵不見了。特別是在中文的資訊中，有關基因的研究被視為是象徵進步科技的生命科學。當代探究基因的基因工程（genetic engineering），將人類染色體上的基因視為決定生命表徵的關鍵，探究攜帶有遺傳信息的 DNA 序列，定序控制性狀的基本遺傳單位。透過基因定序的篩檢普及應用在各領域，並被大舉推廣，例如，癌症的篩檢與檢測、產前基因篩檢與檢測等等，都是當今預防醫學重要的篩檢方式之一。在產檢上的應用，最主要是用來預防生下帶有已知基因缺陷的胎兒。

產前基因篩檢與檢測在運用上有兩種，第一種是懷孕期間的基因檢測，透過抽取孕婦的羊水或血液，檢查胎兒的染色體，並進行染色體分析。懷孕期間的基因檢測方式，目前最常見的是羊膜穿刺術、羊毛絨採樣術，以及新興非侵入性游離胎細胞染色體（cell-free fetal DNA, cffDNA）篩檢。前面兩項為侵入性，必須抽取孕婦的羊水進行胎兒染色體檢測，雖然準確度可達 99%，但有千分之一到千分之三的流產風險，也是受驗者（懷孕女性）擔心的地方。非侵入性的 cffDNA 篩檢是這幾年開始的新興產檢基因篩檢，抽取孕婦的血液，從中得到游離胎細胞以進行染色體核對和檢查，被視為不具侵入性；在檢查時程上，懷孕十週後即可進行，相較於侵入性基因檢測技術，具有提早進行和具高敏感度等特質，成為近年醫學新興的產檢科技。歐美和亞洲分別在 2011 年和 2013 年開始應用在產前檢查上，台灣產科等候區和診間也開始提供相關的衛教單和資訊（圖 1）。

圖 1 非侵入性遺傳診斷衛教單

第二種是胚胎植入前的基因檢測（preimplantation genetic diagnosis, PGD），主要是在進行人工試管嬰兒（in vitro fertilization, IVF）時，於第三天的八細胞期取出單一胚葉細胞，或從第五天的囊胚取數個滋養層細胞，進行染色體數量或基因型分析，藉此挑選出染色體數量正常且不帶有家族性遺傳疾病的胚胎植入子宮。[3]

這些產前基因檢測的目的都是藉由染色體分析，找出帶有異常的染色體的胎兒或胚胎，以避免生下帶有基因缺陷的孩子。問題是，這些基因檢測並非全部都是百分之百的確定。目前所有的基因檢測準確度是介於 98%（由血液的染色體分析）和 99%（由羊水採樣得到的染色體分析）之間。基因篩檢與檢測夾帶基因科技的光環，至今仍然被視為許多疾病的救星，特別是在自由主義市場化的機制下，因為相信基因科技，即使費用昂貴，許多準父母仍願意自費進行篩檢與檢測。

四、基因科技樂觀主義與生物公民權

根據一些跨國研究，支持基因科技發展與應用的公眾態度似乎越來越強。例如，英國學者 Susan E. Kelly 與 Hannah R. Farrimond（2012）在 2008 到 2010 年間調查一般民眾對 cffDNA 篩檢的態度，發現有 63% 的民眾雖然非常正面看待，但同時有不安和複雜的情緒；在 2015 年、2016 年有學者分別在中國和瑞典針對懷孕女性的產檢調查結果，發現她們對 cffDNA 篩檢持相當正面態度，並希望可以得到更多資訊且加以應用（Kou et al. 2015; Sahlin 2016）。這些調查顯示人們似乎越來越能接受新興產檢科技，從起初的不安到追求使用，表現出對基因科技的推崇。

---

[3] 參考台大醫院基因醫學部細胞遺傳檢驗室網頁「胚胎著床前基因診斷（PGD）」，https://www.ntuh.gov.tw/gene/lab/prenatal/Pages/PGD.aspx（取用日期：2017 年 2 月 11 日）。

不同國家的產檢基因科技應用也很不同。例如，以色列由於崇尚基因科技主義，因產檢結果而中止懷孕的比例相當高；在以平等和社會福利聞名的北歐國家丹麥，其實也有 90% 以上的中止懷孕比例是來自於產檢中發現胎兒異常（Heinsen 2017）。相反地，日本的懷孕女性很少使用產前篩檢和檢測，願意接受侵入性的產前檢測者更是少數（Suzumori et al. 2014: 1057; 2015: 120）。雖然目前中國是唯一在 2014 年明文禁止醫院使用產前基因檢測的國家，但是事實上仍無法管制市場導向的基因檢測消費主義盛行（Bliss 2018）。

　　學者 Nikolas Rose 與 Carlos Novas（2005）以生物公民權（biological citizenship）概念描述西方社會的個人主義和對基因科技的推崇與使用（例如基因篩檢的選擇自由）。然而，產前基因篩檢與檢測科技的應用，並非只是針對個人的健康自我管理和診斷，而是關於另一個未出世的生命。

　　目前許多國家都有針對基因篩檢與檢測提供補助，但是僅補助特定對象侵入性的產前基因檢測（如羊膜穿刺術），非侵入性的產前基因篩檢都需要自費。以台灣產科門診提供的基因篩檢與檢測項目來說，從常見的染色體脆折症檢查約四千元台幣，到三萬八千元台幣的 cffDNA 篩檢費用（請見表 1），若是希望網羅所有可能的基因篩檢，所費不貲。因此，就「生物公民權」的選擇自由原則來看，並非每個人都有能力追求與負擔基因篩檢和檢測技術費用。社會中的個人經濟資本和社經地位差異，可能造成不同選擇與結果。特別是在台灣醫療商業化的情況下，有能力自費者才能做更多的檢查，不然，就只能按照健保的給付進行產檢。另一個重要的議題是，當社會過於強調生物公民權的結果，特別是在產檢科技發展之下，在技術運用和選擇上，懷孕女性都是直接的承受者（請見本文第六節的討論）。這些都是市場開放與產前基因篩檢、檢測的應用上可能伴隨而生的社會議題。

表 1 北部某區域醫院的產前基因篩檢與檢測自費項目

產檢項目	檢查週數／費用	篩檢原因及內容
非侵入性胎兒染色體檢查（NIPI、NIPS 或 NIFTY）※ 抽血檢查	>10 週 12,000~ 38,000	抽取孕婦的靜脈血液，分析母血中游離的胎兒 DNA 及孕婦 DNA，可準確的檢測胎兒 DNA 缺陷，針對唐氏症等特定疾病準確度高達 99% 以上。 可檢測的胎兒染色體疾病包含 ・訊聯 NIPT：1. 唐氏症、2. 愛德華氏症、3. 巴陶氏症 12,000 ・慧智 NIPS：1. 唐氏症、2. 愛德華氏症、3. 巴陶氏症、4. 性染色體異常、5. 其他染色體異常、6. 三種微片段缺失：24,000 ・慧智 NIPS+：1~5+ 6.20 種微片段缺失：38,000
母血唐氏症篩檢	10~18 週 2,400	1. 初期唐氏症：頸部透明帶超音波＋抽血二指標，適用於懷孕 11~14 週。檢出率 85%。 2. 中唐四指標：抽母血檢驗四指標，檢驗甲型胎兒蛋白、絨毛性腺激素、游離雌三醇、抑制素，適合於懷孕 15~20 週。檢出率 83%。 **唐氏症兒之危險機率 ≥ 1/270（高風險群）建議做羊膜穿刺檢查。**
X 染色體脆折症 ※ 抽血檢查	12 週 4,000	為遺傳性智能障礙疾病中最常見的一種，僅次於唐氏症，是造成智能遲緩的第二大原因。除了智能障礙外，其他可能的現象包括情緒問題、語言遲緩、注意力不集中、過動、自閉、不善與人接觸等，另外還有程度不同的外觀異常，包括額頭大、耳大、下巴明顯等。
自費超音波	12 週以前 450 12 週以後 600	除 20 週健保給付一次及有醫療需求外，均須自費。
脊椎性肌肉萎縮症篩檢（SMA）※ 抽血檢查	<20 週 2,000	屬於體染色體隱性遺傳疾病，是因脊髓的前角運動神經元（Anterior horn cells of the spinal cord）漸進性退化造成肌肉逐漸軟弱無力、萎縮的一種疾病。不分男女都會發生，發病年齡從嬰兒到成人都有可能，由於肌肉漸進性的退化，患者走路、爬行、吞嚥，甚至呼吸等功能都會逐漸喪失。由於至今尚無藥可治，病患到最後不是因呼吸衰竭而死亡，就是成為殘廢，生活須依賴他人，但智力發展完全正常，此症狀又名「漸凍人」。

產檢項目	檢查週數／費用	篩檢原因及內容
羊膜穿刺（侵入性檢查）	16~20 週 8,700 >34 歲或高風險孕婦 3,400	利用超音波的定位和監視，用支細穿刺針經孕婦的腹部子宮和羊膜，來抽取約 20~30cc 羊水的操作過程。抽出的羊水送遺傳染色體與生化方面檢查，可以診斷胎兒染色體是否異常。如：唐氏症、神經管缺損、先天性無腦症、脊柱裂等異常。應用羊膜穿刺術來偵測胎兒染色體異常的準確率可高達 99%，是目前最常使用的產前診斷方法。
羊水基因晶片檢測 aCGH	16~20 週 18,000	**在羊膜穿刺的同時以細針多抽 10cc 的羊水進行檢驗。** 一般進行的羊膜穿刺術主要為偵測胎兒染色體數目及是否有大片段的構造異常，無法檢測到染色體的微小片段缺失，而「晶片式全基因體定量分析技術（羊水基因晶片檢測 aCGH）」則是進一步突破羊膜穿刺檢驗的限制，極高的解析度能精確觀察每一對染色體上的微小缺失，可驗出 100 多種以上的基因體微小缺失或重複病病。常見疾病：小胖威力症候群、天使病候群、貓哭症候群，X 染色體脆弱症（智能障礙、自閉症）等。
高層次超音波	20~24 週 2,800	**高層次超音波檢查，需耗時 40 分鐘 ~1 小時。** 高層次超音波又稱為「第二級（Level II）超音波」，主要目的是做胎兒器官結構包括從頭到腳的詳細篩檢，用來篩檢胎兒有無重大異常，敏感度及專一性均有其限制，並非所有的胎兒先天異常均可檢查出來。一般而言，高層次超音波可篩檢出大約 80% 的胎兒先天性的構造異常。
中期妊娠糖尿病篩檢 ※ 抽血檢查	24~28 週 168	一般可以分為兩種狀況，一種是通常在懷孕前，就已經是診斷為糖尿病；另外一種則是在懷孕期間才發生或首次被診斷出有耐糖不良的情況。依據妊娠糖尿病的風險分為高危險性族群、中危險性族群，以及低危險性族群。如果有妊娠糖尿病，可能會造成胎兒過大，或引起妊娠毒血症，羊水過多及難產等。 ·GTT 50mg 第一次篩檢需自費。 ·OGTT 葡萄糖耐糖試驗 100mg（GTT 50mg 抽血 >140mg/dl）健保給付。
百日咳疫苗	>28 週或產後 1,800	百日咳屬於急性呼吸道傳染病，透過飛沫或近距離接觸而感染，**<6 個月是感染百日咳高危險**群，主要的感染源為親密照顧的媽媽或其他照顧者。新生兒一日感染會產生咳嗽、嘔吐、呼吸困難等症狀，嚴重者造成休克、肺炎、腦病變甚至死亡。

* 以上自費費用不包含掛號費及部分負擔

五、公開的薦骨

　　基因科技為人類社會帶來未來生命藍圖的想像，使得人們對基因篩檢科技的崇尚有如初民社會對薦骨（sacrum）的崇拜和信仰。過去的薦骨，是作為預示聖賢降臨的神聖物；當代的基因科技彷彿也扮演類似的角色，以 DNA 的序列圖像預示未來生命的可能性。然而，過去的薦骨代表的是聖物，當代的基因科技本身並非神聖物，而是作為解密／轉譯的工具，帶有神祕色彩的不是基因科技，而是解譯出的 DNA 圖，透過字母排列的圖像轉換，直接告訴我們生命是什麼。運用在產檢上，基因科技轉譯出的生命圖像是胎兒的生命圖像；這個轉譯的過程，讓胎兒的 DNA 直接成為「公開的薦骨」（public sacrum），以圖像作為未來生命藍圖的告示。轉譯彷彿是科學家和人類已經解開了生命之謎，這是當代科學基因篩檢與檢測科技發展引人入勝之處，但也是最具爭議的地方。因為一個活生生的生命個體，在產前基因篩檢與檢測過程被化約為基因定序的字母排列，在轉譯過程中，基因（字母）變成生命本身，導致生命本身的多樣性與可塑性在定序的過程消失了。因此有學者指出，這種把生命轉變為基因符號的過程，讓人們只看到基因圖像，而不是各別的生命個體。在產前基因篩檢上，主體已然不是胎兒，而是 DNA 上的序列。換句話說，基因取代了我們（gene R us）（Franklin 2008）。社會學者 Catherine Bliss（2018）認為這種由基因主導的科學並非是新興科學，只是以另一種形式讓大家更廣為接受，由自然（基因）影響社會。

　　基因定序預測生命個體的未來，並非當代的產物。不同於過去的舊優生學，當代的新優生學相對來說是以積極的方式進行干預，因為基因篩檢與檢測科技的發展，讓胎兒在出生前就可以診斷出健康狀況和性別。透過對染色體上 DNA 或 RNA 定序的解讀，生物科學家和醫學科學家可以預測這個未出世生命的未來（健康）。強調先天的基因決定論的情節，在 1997 年台灣上映的電影《千鈞一髮》（Gattaca）裡並不陌生。然而，就如同該電影所隱含的，基因決定論的篩檢情節

可能會將人們帶向一個特定基因想像的社群裡，在此社群之外的基因表現和後天的可塑性部分，可能會被忽視，甚至受歧視。這也是一些唐氏症家長目前最擔憂的，基因科技雖然可以讓懷孕夫妻提早做準備，但是在許多已見的終止懷孕選擇上，這個科技可能會為既存的帶有顯性基因異常的群體（如唐氏症患者）導向缺乏包容與接受差異的社會。

身兼科學家與病友（攜帶罕見疾病基因而患病）的柳澤敬子，[4] 長期在研究基因的過程中對當代基因發展提出不同於主流的看法，她指出：

基因庫發生突變時，就表示人類的基因，正設法藉由多樣化適應環境，適應這個地球，基因多樣化就一定會衍生疾病，這是無法避免的。我們可以說讓人生病，或對個人有害的基因，是壞的基因，但就全體人類而言，並沒有所謂有害的基因，這是不可能的。如果有個基因被認為是「有害的」，那是因為我們的社會不好，而不是基因本身的問題，因為基因本來就是這樣的，它們在一定的程度上，一定會帶來疾病，所以會有一定比例的新生兒，有嚴重的先天性瑕疵，一定比例的人，生來就有肢體障礙，有待整個社會伸出援手。社會必須思考這個問題，這不是個人的問題。總會有一定比例的人，有著先天性殘障，如果一個人生來就有殘缺，而碰巧那個人不是你我，那是因為他代替我們，背起了重擔，因此我們必須竭盡所能，對他們伸出援手。（公共電視《DNA 時代》第六集，2000）

柳澤敬子相信讓人類受盡折磨的疾病和殘缺，是人類基因多樣化的明證，是不可避免的結果。因此，問題不在於這些基因的表現，而是我們如何詮釋這些表現。

---

[4] 《DNA 時代》，由美國 DISCOVERY 頻道和日本 NHK 公司合資製作，2000 年時在台灣公共電視台分成六集播放。在第六集的「打開潘朵拉的盒子」中，紀錄片引用科學家柳澤敬子的訪談。柳澤敬子在 30 歲以後深受不明疾病所苦，必須長期臥床，讓她對人生失去生存的意志。積極投入生命科學研究後，讓她有完全不同的人生觀。

正如同社會學家 Erving Goffman（1963: 138）所說：「**正常的，與受污名的，並不是人，而是觀點。**」詮釋基因的「觀點」限縮了當代社會對於異常性的包容，當基因排序表現的方式成為篩選胎兒的工具時，「非常態」的基因表現就會被視為是異常，而基因科技就會變成篩選健康胎兒／正常基因的工具。

六、生育選擇：道德先鋒

　　基因科技雖然可以預先告知胎兒健康的可能性，但是根據許多研究指出，常規的產前基因篩檢與檢測，隱含了胎兒可能會有問題的假設，懷孕隨時有可能被終止，導致原本是自然的懷孕，變成「暫時性的懷孕」（tentative pregnancy），影響懷孕女性與胎兒的關係（Rothman 1994: 260-270）。這是因為基因科技的介入，讓懷孕女性關注胎兒健康的議題，無法好好感受身體與胎兒之間的連結。甚至也有研究指出，許多懷孕女性是確定胎兒健康後，才能夠感受到胎動和懷孕的喜悅。產檢資訊的提供看起來能夠給予女性更多選擇和控制，但實際上可能相反，原因在於面對不確定的懷孕，女性渴求的是擔保（assurance）可以生下健康胎兒，但是基因科技只能提供胎兒的健康狀況，而非擔保（Rothman 1989[1984]: 32）。所以不論在醫療運作過程得到多少資訊，女性都無法放心。美國女性主義 Barbara Rothman（1989[1984]: 32）也指出，面對生育選擇——特別是在基因科技的發展下，當女性做了一個選擇時，同時也意味著少了一個不選擇的自由。

　　當代女性在懷孕期間面對胎兒健康的不確定性，以及想像著可能要做出的選擇，「那種感覺就像是得了被害妄想症」（Shih 2017: 97）。美國人類學家 Rayna Rapp（2000）以「道德先鋒」（moral pioneer）一詞討論產檢基因科技的應用為當代女性帶來生育選擇上的道德難題，讓原來是自然的懷孕過程變成是一種社會選

擇。[5] 因為當檢查胎兒的染色體異常時，這些女性就會像是道德哲學家站在社會的前線，面對選擇是否要繼續懷孕或者中止懷孕。但是，誰可以決定什麼樣的小孩可以被生下來？懷孕女性不論最後是選擇生命權或者身體自主權，都會受到另一方的道德譴責，因此面臨選擇的過程總是充滿焦慮。

究竟是因為基因科技的發展讓懷孕變成受公共檢視的議題，或者反過來說，是因為社會文化讓女性的身體變成公領域？許多女性主義者批評基因科技的發展讓懷孕不再是私領域，並讓女性和未來的生命（胎兒）變成被檢視的客體。但是，這種單一的觀點同樣忽略社會文化中對於人口的監控與管制，以及當代個人主義強調的選擇自由。特別是在資訊科技、基因科技發展與市場導向的個人主義下，當代社會對身體的監控和選擇不再是醫學主導的控制，而是揉合科技、社會、個人的自我監控，也是 Adele Clark 等學者（2010: 51）所說的由內向外（from the inside out）的「生物醫療化」（biomedicalisation）過程。因此，在探究基因篩檢與檢測發展時，若過於強調醫療與生物性主導的面向，將會忽略科技發展與個人選擇背後的政策、社會和文化面向。

七、尋求答案：逛產檢

台灣民眾對基因科技發展抱持相當樂觀的態度（Discovery Channel 2003; 傅祖壇 2005：125，2004：245）。產前基因篩檢與檢測在台灣的應用，根據行政院衛生福利部國民健康署婦幼組提供的 1987-2016 年「孕婦羊膜穿刺羊水分析檢查年齡別分析」統計，三十年間接受羊膜穿刺的孕婦人數逐年增加。當產檢結果顯示胎兒帶基因缺陷的機率高時，有相當高比例的懷孕女性會決定終止懷孕。除了相

---

[5] 更多關於「道德先鋒」的討論，請見 Rayna Rapp（2000）與施麗雯（2015）。

信基因科技外，優生學也是其中的關鍵因素。

　　台灣因為健保制度帶來的醫療開放，趨向市場經濟的自由競爭，讓女性可以自由地決定適合自己的檢查。但是這種看似消費主義的個人選擇，並非單純的個人選擇，因為選擇的條件與考量，其實都反映女性所置身的政策和社會價值（優生概念）。在筆者近年的田野裡發現，當遇到胎兒有基因缺陷問題時，大多數的女性會選擇終止懷孕（施麗雯 2015）。更有許多孕婦在收到篩檢結果時，游移在優生學和終止懷孕之間，逛醫生與逛婦產科尋求諮商變成常態。許多懷孕女性和伴侶往往透過尋求第二意見，甚至第三、第四意見，因而有不斷地換醫院／醫生和產檢的特殊現象。[6] 但是要注意的是，這種逛產檢並非單純地「消費」產檢醫療，也不是因為沒有嚴肅地看待產檢。相反地，是因為不確定性和焦慮，讓許多懷孕女性和伴侶積極地逛產檢。如同前面所提的，女性渴求的是得到擔保胎兒健康的答案。在資訊無法擔保的情況下，她們只能藉由不斷地逛產檢尋求讓自己放心，或者是肯定的答覆或建議：胎兒是否真的有健康問題，以及是否該進行人工流產。

　　相較於台灣的逛產檢文化，英、美和一些歐洲國家都有特定針對產前遺傳診斷的臨床指引提供建議（可參見相關的產前遺傳診斷網頁）。除了進行前的知情同意外，並且需要接受專家遺傳諮詢。台灣的產檢實作上是由懷孕女性自行選擇專家諮詢（通常是產科醫師），特別是當產檢後遇到選擇的難題時，幾乎都是藉由尋求其他產科醫師的第二、第三意見來做決定。一般產檢前的遺傳諮詢，都在衛教過程、或是診間醫師的問診中進行，遺傳諮詢的進行方式也因醫院和產科運作而異。另外，由於制度設計的問題和資源上的缺乏，所有的選擇和責任都是由女性（或夫妻）獨自承擔。

　　女性隨著產檢介入而來的焦慮，並非台灣獨有。以色列學者 Tsipy Ivry（2010）

6　更多關於逛產檢的現象和討論，請見施麗雯（2015：110-114）。在此僅簡單介紹台灣懷孕女性的逛產檢原因（焦慮）和現象（尋求答案和意見支持），以及延伸討論並分析逛產檢者尋求意見支持背後的制度因素。

比較日本和以色列的產檢研究中指出，相較於日本產檢著重女性的身體健康和心情，以色列因為國家強勢的優生主義與醫療專業介入，女性的身體被視為僅是裝載胎兒的容器，產檢是建立在以胎兒健康為中心的照護運作。基因檢測的運作與胎兒健康為主體的產檢，讓以色列的懷孕女性承受了許多擔憂（2010: 17, 47-49）；然而，這些女性對胎兒健康的焦慮卻成為以色列產科醫師口中的「歇斯底里」（2010: 47-49）。作者認為這是因為醫師無法理解孕婦的焦慮，以及她們所面臨的道德難題，也就是身負要生下健康小孩的責任所引發的不安。

　　不論是看起來擁有相對產檢選擇自由的台灣，抑或是過度控管的以色列，基因科技看起來似乎為女性帶來新的生殖選擇：在生產前可以知道胎兒的健康狀況，但是同時也面臨可能生下帶有基因缺陷胎兒的道德難題，以及肩負生下健康小孩的責任。這樣的責任，是一個不平等的分配結果，因為醫療運作、社會文化（優生的價值觀）與健康政策也共同發揮影響。基因科技的應用不單是科技發展的結果，沒有背後的社會與公共支持很難繼續走下去。台灣女性在產檢過程中的焦慮與不安，反映了背後的優生學（社會價值）、產檢政策、開放的醫療系統，以及民眾對科技的樂觀態度所促成的社會情境。

　　也許有人會認為這是一種不得不的選擇，因為與生下有基因缺陷的小孩和之後要付出的照顧相比，女性在產前的焦慮相對地短暫。但是，這樣的思維本身其實已落入一個預設的社會價值判斷中。特別是在缺乏相關支持下（例如，沒有提供生下這類小孩的社會福利選項，或是足夠的遺傳諮詢資源等），選擇本身即是問題。因為什麼樣的小孩可以被生下來，以及透過基因科技篩選（看起來是）沒有問題的小孩，是近代醫療實作的結果，有可能會把社會問題轉變為醫療問題。現代懷孕女性所面臨的焦慮與矛盾的狀況會持續不斷，因為沒有人可以擔保經過基因篩檢與檢測生下的小孩是百分之一百的健康。

八、走出基因建構的生命圖像

華大基因 7 月 16 日發布的《致孕媽媽們的一封信》顯示，截至 2018 年 5 月 31
日，華大基因為全球 313 萬餘名孕媽媽提供無創產前基因檢測，從寶寶已經出生
的 248 萬例樣本中，目前已確證有 70 名染色體數目異常的寶寶意外出生，即大約
每 3.5 萬個檢測會出現一個。（蔡敏姿 2018）

　　上面的新聞報導了作為全球最大基因組學研發機構、有「中國基因定序龍
頭」之稱的華大基因公司，最近出現了基因檢測信度的問題。原本被診斷為基因
正常的小孩被生下來，卻發現有異常。相關訊息爆發後，導致「股價半個月下跌
20%，市值蒸發人民幣 100 億元（約新台幣 461.5 億元）」（蔡敏姿 2018）。針對
此，華大基因公司特別於 2018 年的 7 月 16 日發布一封信，說明其所提供的基因
檢測出現漏洞問題，呼籲媽媽們「要相信科技的力量」（華大基因 2018）。這對
生下帶有基因異常小孩的女性和懷孕夫妻來說衝擊相當大，除了恐慌外，也可能
引起社會對基因科技的不信任。

　　對那些已經生下帶有基因異常小孩的父母來說，他們是否還會「相信科技的
力量」？社會學家 Kelly（2009）曾在 1999、2004 年間針對生下帶有基因缺陷小孩
的父母進行研究調查，透過深度訪談以了解產前基因科技對他們的影響以及態度，
這些經歷基因科技的不確定性和檢查錯誤而生下原以為是健康小孩的父母，表達
了對當代產檢基因科技的懷疑。[7] 因而在未來的生育選擇上，他們發展出「選擇不
做選擇」（choosing not to choose）策略，以結紮或避孕來避免可能的懷孕（Kelly

---

[7] 更多關於 Susan Kelly 的研究，請見施麗雯（2015：110-114）。本文在此延伸相關討論，指出這些選擇拒
絕基因科技的父母發展出不同的科技風險觀和生育選擇，並且延伸討論 2018 年中國華大基因公司被發現的
基因檢測信度問題，以及對使用者的衝擊與可能的影響。

2009: 86），因為他們不再相信科技，也選擇拒絕所有的產前基因篩檢與檢測。Kelly（2009: 93）指出這些產檢科技的使用者在經歷了基因的社會科技運作，以及養育不被期待的小孩後，發展出不同的風險觀，選擇走出基因字碼建構的生命圖像。換言之，這些父母可能將不再「相信科技的力量」，走出由科技主導的社會選擇和風險觀。

九、結論：潘多拉的盒子打開之後

　　基因科技的發展像是打開潘多拉的盒子之後，許多相關問題伴隨而來。特別是當基因檢測技術應用在產前檢查上，帶來許多倫理爭議。例如，女性需要面對道德難題與選擇後的責任；另一方面，追求生物公民權可能增加既存的基因缺陷者的歧視和污名化等問題。當基因科技的應用需要一定的經濟資本時，也有可能會帶來不同社會群體間的差異和公平性問題。另外，當基因檢測結果未如其所保證時，也會對使用者帶來相當大的衝擊。這些都是伴隨基因科技發展產生的問題和挑戰，也幫助我們重新檢視當代基因科技的發展和應用對社會的影響。

　　回到本文一開始描述的小故事，如果我們對於王大強與吳麗雲希望生下聾人的小孩感到疑惑，那麼更有必要去思考科技本身所隱含的社會選擇，已然將我們帶入以特定的基因圖像為參考價值的選擇。在當代基因科技日益發展下，台灣社會也在強調個人選擇和優生學下，走向以基因做分類和想像社群的未來。特別是當產前基因篩檢與檢測市場自由化後，個人可以自由選擇篩檢與檢測項目時，攜帶特定基因世代的想像共同體有可能越來越中心化，那麼基因缺陷的污名會不會更嚴重？如此的話，女性將會是首先被推上社會前線的道德承受者，她們在生育選擇上所承受的社會責任和壓力也很容易被忽視，這些都是在探討產檢基因科技發展與應用上要有的反思。

誌謝：感謝受訪者、文章審查人和編輯委員的意見，以及科技部的計畫補助（計畫編號：105-2410-H-038-007-MY2）。

引用文獻 |

施麗雯，2015，〈台灣的道德先鋒：焦慮、產檢選擇與責任的矛盾〉。《科技、醫療與社會》
　　21: 77-134。

傅祖壇，2004，《台灣地區基因體意向調查與資料庫建置之規劃 II》。台北：中央研究院調查
　　研究專題中心。

_____，2005，《台灣地區基因體意向調查與資料庫建置之規劃 II》。台北：中央研究院調查
　　研究專題中心。

蔣欣欣、喻永生、余玉眉，2005，〈剖析產前遺傳檢測之諮詢與倫理議題〉。《中華心 衛生學刊》
　　18(1): 65-85。

蔡宏政，2007，〈台灣人口政策的歷史形構〉。《臺灣社會學刊》39: 65-106。

蔡敏姿，2018，〈股價半個月下跌 20% 華大基因市值掉 461 億〉。《經濟日報》2018-07-27。（取
　　用日期 2018/8/17: https://money.udn.com/money/story/5604/3274957）

華大基因，2018，〈華大基因致孕媽媽們的一封信〉。《壹讀》2018-07-16。（取用日期
　　2018/7/16: https://read01.com/zh-tw/jj6o8AJ.html#.W3aKAegzaUk）。

Bliss, Catherine, 2018, *Social by Nature: The Promise and Peril of Sociogenomics*. Stanford: Stanford
　　University Press.

Chung, Yuehtsen Juliette, 2002, *Struggle for National Survival: Eugenics in Sino-Japanese Contexts,
　　1896-1945*. New York: Routledge.

Clarke, Adele E., et al., 2010, *Biomedicalization: Technoscience, Health, and Illness in the U.S.* Durham,
　　NC: Duke University Press.

Discovery Channel, 2003, "DNA: Global Public Opinion Investigation." broadcast on 01/04/2003.

Goffman, Erving, 1963, *Stigma: Notes on the Management of Spoiled Identity*. New York: Touchstone.

Heinsen, Laura, 2017, "Moral Adherers: Danish Women Undergoing Routine Prenatal Screening,
　　and the Negotiation of 'Wantedness' in Pregnancy." Pp. 69-96 in *Selective Reproduction in
　　the 21st Century*, edited by Ayo Wahlberg and Tine M. Gammeltoft. *Cham, Switzerland: Springer
　　International Publishing*.

Ivry, Tsipy, 2010, *Embodying Culture: Pregnancy in Japan and Israel. New Brunsw*ick, NJ: Rutgers
　　University Press.

Kelly, Susan E., 2009, "Choosing not to Choose: Reproductive Responses of Parents of Children with
　　Genetic Conditions or Impairments." *Sociology of Health & Illness* 31(1): 81-97.

Kelly, Susan E. and Hannah R. Farrimond, 2012, "Non-Invasive Prenatal Genetic Testing: A Study of Public Attitudes." *Public Health Genomics* 15(2): 73-81.

Franklin, Sarah, 2008, "Stem Cells R Us: Emergent Life Forms and the Global Biological." Pp. 59-78 in *Global Assemblages: Technology, Politics, and Ethics as Anthropological Problems*, edited by Aihwa Ong and Stephen J. Collier. Oxford: Blackwell.

Kou, Kam On, et al., 2015, "Knowledge and Future Preference of Chinese Women in a Major Public Hospital in Hong Kong after Undergoing Non-Invasive Prenatal Testing for Positive Aneuploidy Screening: A Questionnaire Survey." *BMC Pregnancy and Childbirth* 15(1): 199.

Rapp, Rayna, 2000, *Testing Women, Testing the Fetus: The Social Impacts of Amniocentesis in America*. New York: Routledge.

Rothman, Barabar Katz, 1989[1984], 'The Meanings of Choice in Reproductive Technology.' Pp. 23-33 in *Test-tube Women: What Future for Motherhood?* edited by Riane Eisler. London: Pandora Press.

Rose, Nikolas, 1999, *Powers of Freedom: Reframing Political Thought*. Cambridge: Cambridge University Press.

Rose, Nikolas and Carlos Novas, 2005, 'Biological Citizenship.' Pp. 439–463 in *Global Assemblages: Technology, Politics and Ethics as Anthropological Problems*, edited by Aihwa Ong and Stephen J. Collier. Oxford: Blackwell.

Rothman, Barbara Katz, 1994, "The Tentative Pregnancy: Then and Now." Pp. 260-270 in *Women and Prenatal Testing: Facing the Challenges of Genetic Technology*, edited by Karen H. Rothenberg and Elizabeth J. Thomson. Columbus: Ohio State University Press.

Sahlin, Ellika, et al., 2016, "Positive Attitudes towards Non-Invasive Prenatal Testing (NIPT) in a Swedish Cohort of 1,003 Pregnant Women." *PLoS One* 11(5): e0156088.

Shih, Li-Wen, 2017, "Moral Bearing: The Paradox of Choice, Anxiety and Responsibility in Taiwan." Pp. 97-122 In *Selective Reproduction in the 21st Century*, edited by Ayo Wahlbergand Tine M. Gammeltoft. Cham, Switzerland: Springer International Publishing

Suzumori, N., T. Ebara, K. Kumagai, S. Goto, Y. Yamada, M. Kamijima and M. Sugiura-Ogasawara, 2014, "Non-specific Distress in Women Undergoing Noninvasive Prenatal Testing because of Advanced Maternal Age." *Prenatal Diagnosis* 24: 1055-1060.

Suzumori, N., K. Kumagai, S. Goto, A. Nakamura and M. Sugiura-Ogasawara, 2015, "Parental Decisions Following Prenatal Diagnosis of Chromosomal Abnormalities: Implications for Genetic Counseling Practice in Japan." *Journal of Genetic Counseling* 24(1): 117-121.

教學工具箱 |

建議閱讀

王瑤華、張炯心，2003，《遺傳教育、資訊提供、醫病關係與社會衝擊之研究：產前遺傳檢測對於孕婦之衝擊 (I)》。行政院國家科學委員會專題研究計畫成果報告，計畫編號：NSC91-3112-H-006-005-，91 年 05 月 01 日至 92 年 06 月 30 日，國立成功大學護理系（所）。

張文貞，2004，〈打開潘多拉的盒子之後：基因篩檢的挑戰〉。《科學月刊》38: 12-21。

施麗雯，2014，〈To Do or Not to Do? 台灣懷孕女性與產前篩檢與檢測〉。頁 125-138，收錄於林文源、楊谷洋、陳永平、陳榮泰編著，《科技社會人 2：STS 跨領域新挑戰》。新竹：國立交通大學出版社。

邁可・桑德爾著、黃慧慧譯，2013，《反對完美：科技與人性的正義之戰》。台北：五南。（Michael Sandel, *The Case against Perfection: Ethics in the Age of Genetic Engineering*）

葉俊榮等合著，2009，《天平上的基因：民為貴、Gene 為輕》。台北：元照。

網站

臺大醫院基因醫學部細胞遺傳檢驗室，< 胚胎著床前基因診斷（PGD）>。https://www.ntuh.gov.tw/gene/lab/prenatal/Pages/PGD.aspx，取用日期：2017 年 2 月 11 日。

科技大觀園，< 生命的奧祕—— DNA 結構的發現 >。https://scitechvista.nat.gov.tw/zh-tw/articles/c/0/8/10/1/1244.htm，取用日期：2017 年 2 月 14 日。

產前篩檢與檢測公民會議（2005），〈產前篩檢與檢測公民會議結論報告〉。www.tsd.social.ntu.edu.tw，取用日期：2018 年 8 月 17 日。

國家發展委員會檔案管理局，< 更迭變化的人口課題：永遠的挑戰—推行臺灣地區家庭計畫 >。http://www.archives.gov.tw/Publish.aspx?cnid=802&p=412，取用日期：2014 年 10 月 28 日。

國民健康署婦幼組，< 孕婦羊膜穿刺羊水分析檢查年齡別分析 >。https://www.mohw.gov.tw/dl-13403-3e3b695b-139e-45b6-b69c-d6d1cd9df4a3.html，取用日期：2017 年 12 月 1 日。

產前遺傳診斷網頁：

1. American College of Obstetricians and Gynecologists, ACOG https://www.acog.org/Resources-And-Publications/Committee-Opinions/Committee-on-Genetics/Cell-free-DNA-Screening-for-Fetal-Aneuploidy，取用日期：2017 年 12 月 16 日。

2. National Health Service (NHS), 2015, *Fetal Anomaly Screening Programme Handbook*, http://www.gov.uk/government/publications/fetal-anomaly-screening-programme-handbook，取用日期：2017 年 12 月 28 日期。

3. UK National Screening Committee (NSC), 2016, "UK NSC non-invasive prenatal testing (NIPT) recommendation." https://legacyscreening.phe.org.uk/policydb_download.php?doc=602，取用日期：2017 年 12 月 28 日。

影片

24 週

介紹一對夫妻在知道懷孕中的胎兒帶有唐氏症的檢測結果後，接踵而來的選擇。

DNA 時代

美國 DISCOVERY 頻道和日本 NHK 公司合資製作，台灣公共電視台在 2000 年共分成六集播放。

千鈞一髮

1997 年上映的科幻片，原文片名 Gattaca 是由 DNA 中四個含氮鹼基（A、C、G、T）的開頭簡寫所組成。劇情描述在未來的人類世界中，對基因的操控讓每個人的命運在出生前就已被決定。

問題與討論

1. 產前基因篩檢與檢測科技，除了讓女性成為道德先鋒，被邊緣化與污名化為弱勢群體外，還有哪些爭議與挑戰？
2. 新興的非侵入性 cffDNA 篩檢的應用，是否可以減少女性的焦慮和社會爭議？
3. 在優生學當道的台灣，女性可以自由選擇產檢的醫療院所與產檢（基因篩檢或檢測）項目，看起來似乎相當自由。但是，為什麼還是有許多懷孕女性仍然處於焦慮的狀態？

概念辭典

產前檢查

當女性懷孕後，會到醫院的產科或診所進行產前檢查。在台灣，所謂的「產前檢查」或「產檢」其實包含「篩檢」與「檢測」兩個部分，是在生產前對孕婦與胎兒做的健康檢查。

產前基因篩檢

一般性的例行性檢查,例如血壓、血糖等,稱之為「篩檢」。「基因篩檢」是為了檢查出有某種基因缺陷或遺傳疾病的高危險群,針對特定範圍人口進行檢查。

產前基因檢測

「檢測」是針對特定族群,或者是懷疑有基因問題的孕婦或胎兒,所進行的基因檢查,結果通常可以作為醫師做出正確診斷的工具。但是,基因篩檢與檢測其實在界定上有時候不容易區分,除非是針對已知的,或者懷疑有基因遺傳疾病者進行的檢測,不然大都可視為「基因篩檢」。不論是基因篩檢或基因檢測,都是透過染色體來進行基因檢查,技術其實是一樣的。

5

後基因體時代的免疫台灣：
疫苗的迷思與反思

Immunization of Taiwan in the Post-Genomic Era: Reflections on Myth of Vaccines

陳宗文

　　透過疫苗來防治感染性疾病，使人類安全得到保障，是現代文明的表徵之一。雖然免疫原理是疫苗共同的學理基礎，但每一種使用中的疫苗都有個別的獨特歷史，沒有一個是相同的。不僅如此，疫苗技術從巴斯德典範到基因典範的變遷，造成多重典範的交錯，更進一步造成防疫體制之間的差異治理模式。在後基因體時代，是否仍有後基因體疫苗典範仍是未定之數。台灣的免疫治理形態是延續自過往巴斯德典範下奠定的基礎，曾經有過非常成功的群體免疫成效，但在技術典範轉移的過程中，由於制度的慣性，並沒有轉移到新的治理典範。預期中的後基因體疫苗典範，不僅跨越到傳統非疫苗領域，更朝向個人化的發展，將對基於群體免疫的傳統接種理念造成衝擊，包括反向疫苗學在內的新興疫苗發展途徑，都根本上改變了疫苗的意義。即使後基因體疫苗尚未真正發生，台灣既有的疫苗經濟市場條件、專業知識社群與防疫治理制度等，仍未對萌生中的各種現象做好萬全準備。

一、前言：疫苗的差異認識

　　疫苗是現代社會中人們一出生就被迫施打到體內的技術物。長期研究流感疫苗的巴斯德研究院榮譽教授 Claude Hannoun 論及疫苗時，提到：

疫苗是取自於傳染源本身的一種經過培養和減毒，或減活與純化，或在其中合成某些基本要素之物。其活性成分是蛋白質或多醣體。該疫苗在引入生物體後會引起反應，如同因自然和毒性劑所引發之具體的防禦機制，乃建立起無害自身的抵抗危險外來體之狀態。這種免疫狀態可以持續一段可長可短的時間，從幾個月到幾年，視外來體而異，而接受主體在此期間不會感染這種疾病。（Hannoun 1999: 5-6）

這段話的重點之一，即在於強調疫苗內容、形態、功能與效果的多樣性。疫苗不是簡單的一針，而是複雜多變的生物製劑。而且，疫苗最關鍵之處是建立起個體的免疫力（immunity），這種過程稱為疫苗接種（vaccination）。國內疫苗教科書對此的定義是：

疫苗接種乃藉主動免疫（即將整個或部分微生物或其產物，例如部分抗原或類毒素等製成疫苗），使接種者能產生危險性低卻類似自然感染的免疫反應（如抗毒素、體液或細胞性免疫反應），而保護時間長短則視疫苗種類而定。（徐慧玲等 2002: 11）

　　無論是 Hannoun 所言的疫苗屬性，或者國內教科書中對疫苗運用的定義，都能看出疫苗製造技術的特徵和其引發的免疫機制皆存在高度差異性。另外，隨著防疫制度擴張與疫苗發展帶來的經濟效益，疫苗成為具有多重價值與意義的技術

物（陳宗文 2018），更造成在不同社會中的歧異認識與運用現象。以下即針對疫苗技術變遷、疫苗治理、後基因體時代疫苗的挑戰，以及在台灣的情境做進一步討論。

二、疫苗的技術典範

疫苗技術變遷可以概略區分為三個階段：巴斯德典範、基因典範與後基因體時代，說明如下。

（一）巴斯德典範

十九世紀末法國科學家路易・巴斯德（Louis Pasteur）發展出狂犬病疫苗的歷程，可以說是現代疫苗的濫觴。巴斯德經由觀察動物如何因狂犬病而死亡，發現脊髓感染是關鍵。雖然當時並沒有儀器可以幫助人類看到狂犬病毒，甚至也還沒有病毒這種概念，但巴斯德經由實驗確認出在脊髓中有致死的成分。因此，巴斯德從因狂犬病而死亡的兔子體中取出脊髓樣本，予以靜置乾燥，再將乾燥樣本磨成粉，與溶液混和，注射到健康的兔子體中。巴斯德再從這受感染的兔子體中取出第二回的脊髓樣本。他重複這樣的過程，並且確認每一回取出的脊髓樣本都比前一回的毒性稍弱，最終得以發展出無法使兔子感染致死的脊髓樣本。這最終的樣本甚至注射到人體也不會有害，也就成為狂犬病疫苗。這種不斷「減毒」的過程，是最原始的疫苗發展方法，是在尚未能確認病毒的時代，就已經開始運用了。

仿照巴斯德的方法，卡梅特（Albert Calmette）與介杭（Camille Guérin）兩位巴斯德的追隨者，稍後也透過減毒的原理，在牛體中重複培養、取樣和注射牛結核分歧桿菌，發展出有助於防治肺結核的疫苗，通稱「卡介苗」（BCG）（Chen 2005）。另外，像是口服的沙賓小兒麻痺疫苗也是減毒的活病毒疫苗。除了活體

減毒，也可以透過死體的方式發展疫苗，就是將病菌或病毒殺死，在一定的安全控制下，使接種者產生抗體，卻不會造成病徵。日本腦炎疫苗、皮下注射的沙克小兒麻痺疫苗等，都屬於完整死體的疫苗。此外，除了全生物體的技術，還有一些是利用生物體衍生的物質進行減毒處理，同樣可以引發免疫反應效果，因此而製成的疫苗，像是白喉和破傷風類毒素。這類傳統的疫苗技術，可以簡單以「分離—去活化—接種」（isolation-inactivation-injection）的線性模式來表示。參考圖1，在下半部屬於完整死體和活體減毒類的疫苗，多是以這種模式發展出來。

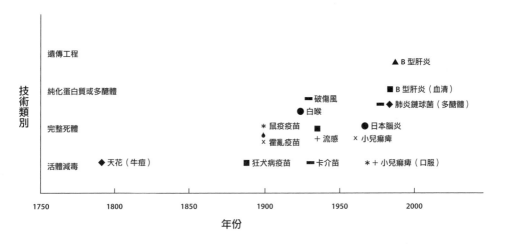

圖1 傳統疫苗技術的類別與時代關係
資料來源：陳宗文（2013）。

　　由於巴斯德及其追隨者對於免疫機制的認識有限，疫苗的生產非常需要固定和穩定的情境條件，難以隨處遷移，巴斯德因此創立了兼具研究、製造與接種的疫苗應用中心，也就是後來的巴斯德研究院；早年許多的疫苗供應組織也都以研究院的形式存在。這種疫苗研究與生產中心受限於知識性的人工操作與監控條件，往往難以規模化。另外，疫苗開發的初衷是為了群體健康，屬於公共利益的範疇，通常必須由公部門來提供資源，生產中心因此不具備自給自足的經濟能力。

（二）基因典範

建立在狂犬病疫苗和卡介苗等早期疫苗技術基礎上的巴斯德典範，具有以下特徵：(1) 使用細菌或病毒完體來發展；(2) 忽略人口基因的分布；(3) 一針一劑的效果認定是相同的，一體適用；(4) 對複雜病原無效，例如寄生蟲等；(5) 需要進行龐大的臨床試驗，以確認疫苗的有效性等。這些在欠缺人體免疫認識與基因概念下，造成的簡化、均質化等技術特徵，在 1980 年代以後開始受到挑戰。

雖然華生（James Dewey Watson）與克里克（Francis Crick）在 1953 年就發表了 DNA 的結構，疫苗領域卻遲至 1980 年代才開始運用基因技術，首先是運用在 B 型肝炎疫苗上。1980 年代初期的第一代 B 型肝炎疫苗以血漿為材料，依循傳統的去活化方式製成。1980 年代中期以後的新基因技術，則是取 B 型肝炎表面抗原的基因，透過基因重組技術移植於載體，像是大腸桿菌或酵母菌，而得以大量製造表面抗原（許須美 1998）。

基因技術是建立在免疫機制的原理上，透過抗原決定位（epitope）來確認疫苗的組成元素。疫苗是透過在更低層次的病毒或菌體，將其組成拆解後的次單元經確認與重組而產生，在概念上完全不同於線性模式的巴斯德典範。這種透過基因重組來大量增產疫苗的方式，不僅有助於疫苗的穩定性和規模生產，更進一步促使疫苗產業發生重大變革。主要原因在於基因工程技術有著不同於傳統的經濟意義，尤其在智慧財產權方面，更容易成為疫苗廠商的策略性工具，有助於提升市場的控制能力，使疫苗更能獲得經濟利益。於是，在 1990 年代以後，藉由基因工程技術推波助瀾，加上新一波經濟全球化的擴張，全球疫苗產業發生結構集中化的劇烈變遷。自此，全球疫苗產業向兩個極端發展，一為跨國大型疫苗廠商，另一為在地的小型疫苗製造中心，形成疫苗市場的雙元現象（Bertrand and Saliou 2006）。基因典範和巴斯德典範也成為在雙元兩端的兩種對照。

（三）後基因體典範？

在 2003 年人類基因體定序完成後，進入到後基因體時代，使得基於生物資訊技術運用的手段成為發展疫苗的可能途徑。一些科學家即主張以基因體、蛋白體資訊配合比序，並以特定基因複製進行表徵確認，可以快速且有效地找到可能的疫苗方向。配合這類技術的發展，一些新的疫苗發展理念陸續被提出，包括：反向疫苗學（reverse vaccinology）、免疫反應網路理論（immune response network theory）、疫苗體（vaccinomics）、系統疫苗學（systems vaccinology）和疫苗資訊學（vaccine informatics）等。

這種仍在發展中的新技術有許多特點。首先，疫苗的研究不是從培養皿或試管中的細菌或病毒的培養開始，而是從電腦中的基因序列開始。其次，所有的蛋白質都能夠被視為潛在抗原，在沒有預設條件下，得以完整地對基因組序列進行分析，因而能掌握到所有發展出微生物疫苗的機會。再者，由於過程是在電腦中進行，初期的開發可以確保安全，不會因為微生物擴散造成安全危害。最後，即使對於反應機制所知有限，仍然可以找到潛在抗原，但再多抗原也沒關係，只要最後再做驗證就可以。因此，無論在成本、時間和全面性上，都遠優於傳統的疫苗研究方法。相較於卡介苗要花將近二十年來確認菌株的有效性，並且以半個世紀期間的大規模接種作為安全測試期（Chen 2005），效率與準確性顯然是後基因體時代疫苗技術發展的優勢。

在概念上，後基因體疫苗發展模式透過生物資訊技術，不僅可以克服巴斯德典範的許多限制，更因為從基因體序列到蛋白質表現的疫苗發展邏輯，是基於演算法（algorithms）的智能過程（intelligent process），顛覆了既有的實驗室疫苗概念，朝向後基因體的疫苗技術顯然是典範的轉移。然而，被寄予厚望的後基因體疫苗，如反向疫苗學這類的新興技術，從最初概念的提出，迄今已將近二十年，卻只有一個接近成功的案例（Plotkin 2009; Giese 2016）。而且，在全球疫苗技術

的標準化脈絡下，在技術複雜度與使用者安全要求提升下，新興疫苗的研究發展必須進一步配合後續的有效性與安全性檢驗階段，包括臨床試驗與合乎法規要求的規模生產，更是不可能在計算機或實驗室中完成。另外，因藥品管制法規日益嚴苛，唯有透過繁複龐大的臨床試驗資料才得以通過檢驗。這些條件都使人懷疑，後基因體疫苗技術典範是否真能出現。

從線性的「分離─去活化─接種」到演算法導向的反向疫苗學，疫苗技術並非以線性的軌跡發生變遷，而是具有斷裂性的典範轉移。重新看待圖 1 的技術類別與時間關係，不難發現典範是平行地存在。這種典範轉移與並存的現象，同樣投射在疫苗生產模式變遷與經濟、產業化的歷程上，而且更深刻地影響到不同社會中為疫苗技術運用而設立的制度條件，產生出分歧的治理形式。

三、疫苗的治理技術

雖然疫苗對人類安全提供相當大的保障，但實際上可供使用的疫苗種類數量，相較於可經傳染的疾病總數，[1] 仍然是非常少數。一方面是因為疫苗技術的局限，仍然有許多的疾病沒有疫苗可用；另一方面則是有一些疾病並不需要發展疫苗來防治，像是症狀輕微的疾病，人體很快就能自我痊癒，或者像是某些疾病非常罕見、傳染不易，或因各種因素而局限在非常少數的人們之間，並不會造成大規模的威脅，自然不必大費周章去發展疫苗。這同時反映出疫苗不僅止於本身構成的技術，也必須考量到將疫苗成品運用到人體，甚至到大規模人群的技術，也就是接種的技術。疫苗的治理技術因此包括接種技術在內，所有關於疫苗技術運用的技術總和，是疫苗可以存在於特定社會的基本條件。

---

[1] Wikipedia 列出 217 種感染性疾病，但其中有些是病症的集合類，實際上的疾病類別數量應當更多。

疫苗治理技術是具有高度歷史與社會情境性的技術。以美國為例，在二次世界大戰以前，疫苗技術的重大突破發展都在歐陸發生，美國只是疫苗的輸入國。但隨著一次又一次的疫苗引入，防疫體系逐漸完備，加上研發能力的建立與發展，美國才跟上疫苗生產製造的腳步，像是沙賓與沙克這兩種小兒麻痺疫苗就是在美國發展出來。晚近更有許多新興的疫苗出自美國，一方面是基於最先進的技術概念，另一方面則受益於企業創新網絡的完備（Galambos and Sewell 1997）。從建立防疫體系到成為疫苗發展先進國家，美國有其特殊的歷史處境（Colgrove 2006）。

　　相對於美國的後來居上，法國卻呈現先盛後衰的態勢。法國雖然有疫苗先驅巴斯德和其傳統，但在 B 型肝炎疫苗轉向基因領域的過程中，卻因為新技術典範的斷裂，形成法國在技術與體制的雙重分水嶺（Moulin 2006）。一方面是法國疫苗生產者受制於智慧財產權，在新一代的 B 型肝炎疫苗市場上處於劣勢，反而被美國和鄰近國家追上，使得全球疫苗產業版圖產生變化。另一方面則是 B 型肝炎疫苗在法國推行接種的過程中，曾發生多起意外，引起反疫苗團體的強烈抵制，造成對疫苗接種制度的全面衝擊，迫使制度必須隨之改變。此外，在這些不同力量的相互作用過程中，同時也建立起一套對疫苗採用的有效評估與評價機制，例如，非法國生產的肺炎鏈球菌疫苗，卻在法國可以很有效率地被採用，就是透過具有龐大經濟與社會資源的跨國疫苗廠、國家防疫治理制度的部署，以及長期養成的專家社群網絡，才得以快速實現疫苗的全面接種（陳宗文 2014）。

　　對照美國和法國疫苗治理技術的變遷樣式，疫苗技術的典範轉移是關鍵。這種變遷趨勢，同樣也反映在長期作為疫苗技術接受者的台灣。從疫苗運用體制的「現代化」歷程來看，台灣在 1980 年代末期才算開始接上國際趨勢，此後在某些疫苗的運用表現上甚至有過之而無不及，例如，從 1980 年代中末期開始的 B 型肝炎疫苗大規模接種，就有所謂的「肝炎聖戰」、「台灣經典」顯赫事蹟（衛生福利部疾病管制署 2014）。過去一些關於疫苗體制的研究指出，即便不是疫苗技術

領先的國家，在引入疫苗建立防疫體制的過程中，往往會因為某些獨特因素，造成後續制度建立與發展上的慣性效果，並因此產生在地的差異（Blume 2005）。台灣在面對不同疫苗技術的典範過程中，發展出二十一世紀的疫苗治理模式。

（一）巴斯德典範下的治理技術

台灣最早使用的疫苗是牛痘，是為了預防唾液飛沫所致的天花。牛痘接種制度起於 1906 年日本殖民當局公布的《台灣種痘規則》，初期使用從日本引入的痘苗，1921 年以後則由本地中央研究所自行製造提供；這個製造的傳統一直延續到戰後。不同於牛痘在日據時代就已經建立接種的基礎，卡介苗是到了 1950 年代才推行。在台灣推廣卡介苗是內外因素所致，對內而言，一直到 1950 年，結核病仍是人民十大死因的前三名，治療結核病的病床卻非常少。在國外的支援方面，包括美援、聯合國兒童基金會（United Nations International Children's Emergency Fund, UNICEF）與世界衛生組織（World Health Organization, WHO）相關部門等國際援助，適時介入 1950 年代開始的台灣公衛基礎建設。在需求與供給兩方面機會結合之下，在當時稱為「防癆」的結核病防治計畫就順勢展開。在推動結核病防治的過程中，大規模接種卡介苗是最重要的一環，加上卡介苗的技術門檻並不高，很短的時間內本地就有了製造能力。

小兒麻痺疫苗和日本腦炎疫苗在 1960 年代引入台灣，並隨即推動大規模接種，但這兩種疾病的特性很不一樣。首先，小兒麻痺病毒的宿主只有人類，只要杜絕人際之間的傳染，此一疾病就可以根絕；日本腦炎是人畜共通的疾病，除了人以外，豬也會受感染。其次，小兒麻痺病毒透過糞便或口沫傳染，只要人類流通接觸就有機會傳播；日本腦炎病毒則經由蚊子為媒介傳染，因此有地域性的分布。另外，小兒麻痺疫苗的抗原性好，接種之後可以長保免疫狀態，日本腦炎疫苗則否，必須持續追加接種，才能維持對疾病一定的免疫力。這些差異，使得兩

種疫苗的使用有不同的結果：小兒麻痺症已經在台灣根除，但日本腦炎仍不時有個案出現，即使推行疫苗接種已近半個世紀。

傳統時期的疫苗技術門檻低，技術引進後國內自行生產的機會很高。因此，台灣境內大部分的自製疫苗多半是在此一階段建立起來。日本治理下的台灣熱帶醫學研究所就已經可以生產痘苗、傷寒、霍亂、鼠疫、百日咳等細菌疫苗（菌苗）。到了 1970 年代中期，本地可以自製的細菌性疫苗更包括傷寒副傷寒混合疫苗、白喉百日咳混合疫苗、霍亂疫苗、破傷風疫苗、卡介苗和鼠疫疫苗，病毒性疫苗則有痘苗、狂犬病疫苗和日本腦炎疫苗（廖明一 1999）。然而，相較於疫苗製造，大規模及持續防治工作的整體配套措施才是台灣在這段期間的重要發展，以卡介苗為例，雖然得以運用在台灣，但防治結核病的關鍵在於防癆知識的擴散，醫療檢驗設備的購置，以及檢驗與疫苗接種人員的訓練等（張淑卿 2009）。表 1 所列即為 1970 年代初期主要運用在防疫制度中的疫苗與接種原則。

表 1　1970 年代初期台灣疫苗接種類別及時程

疫苗種類	接種年齡群及劑數
小兒麻痺口服疫苗	3-9 個月，兩劑（七到九月分、一到三月分接種）
DP 混合疫苗	3-9 個月，三劑（七到十月分、一到四月分接種）
白喉單價類毒苗	24-33 個月，兩劑（一到二月分）接種
牛痘及卡介苗	3-9 個月，一劑
日本腦炎疫苗	24-36 個月，兩劑（四月分）接種
霍亂疫苗	全民
破傷風類毒苗	國小一年級（加強劑在二年級）

資料來源：許書刀（1972）。

（二）基因典範下的治理技術

　　台灣雖然在傳統疫苗上是單純的技術引入者，但在轉型到基因疫苗的時代，其實曾有機會追上先進技術的腳步。台灣在 1980 年代積極推動經濟建設計畫中，曾經把疫苗生產設定為其中一項：配合當時本地卓然有成的 B 型肝炎研究，產生建立本土新疫苗生產能力的規劃。於是，在政府預算的支援下，從法國巴斯德疫苗廠引進當時最先進的第一代血漿疫苗技術，由新設立的保生公司來生產疫苗 Hevac B。但巴斯德疫苗廠把 Hevac B 技術移轉給台灣之後，並沒有順利推出第二代的基因工程疫苗。巴斯德的第二代 B 型肝炎疫苗 Genhevac B，除了比美商默克的疫苗晚推出，且因為被 Smith-Klein（也就是後來的葛蘭素史克藥廠）的專利卡住，沒辦法進入市場。台灣也因為政治、社會與經濟各種不同力量的運作（陳宗文 2013），最終採用進口的基因工程 B 型肝炎疫苗，未能捍衛自製的血漿疫苗，使得本地疫苗失去市場競爭力。

　　這個選擇與所造成的結果，適與南韓的情況相左。南韓在建立在地疫苗生產能力方面，採取市場競爭的模式，卻有世界衛生組織的市場保障作為支援。在這種情境下，南韓疫苗生產很快成為第三世界主要的 B 型肝炎疫苗供應者。更因為市場的保障，南韓疫苗廠順利轉型到基因工程疫苗的生產，得以順利跨越疫苗技術的典範轉移（Chen 2015）。反觀台灣，雖然藉由成功推動 B 型肝炎疫苗大規模接種計畫，順利建立起現代規格的防疫體系，卻因為本地生產能力不被肯定，不僅未能將生產疫苗發展為重要產業，反而因此失去建立疫苗本土供應能力的機會。連結到疫苗典範轉移的 B 型肝炎疫苗，同樣也是台灣疫苗技術史上一個重要的轉捩點，是技術生根與制度建立的分水嶺。

　　根據 2000 年頒訂的「嬰幼兒常規預防接種時間表」，在進入小學之前，針對十種傳染性疾病，孩童應接受十八劑常規免費接種的疫苗。進入小學之後，在一年級追加破傷風減量白喉混合疫苗、小兒麻痺口服疫苗、日本腦炎疫苗（涂醒哲

2002）。除了這些集中在學齡及學齡以下幼兒為接種對象的疫苗，另有針對特殊成年對象的疫苗，例如，提供給育齡產婦及入伍新兵的德國麻疹疫苗，自 1998 年起的老年流感疫苗，以及針對女性防治子宮頸癌的人類乳突病毒疫苗等。2008 年制定的「設立國家疫苗基金及促進國民免疫力計畫」，是二十一世紀以後對於相關防疫政策最具體的方案，其中列出五個預定實施項目，包括：Tdap、結合型肺炎鏈球菌疫苗、五合一疫苗、幼兒常規接種結合型肺炎鏈球菌疫苗，以及六十五歲以上老人接種多醣體肺炎鏈球菌疫苗，並陸續實施，其中如肺炎鏈球菌疫苗的常規化已經在 2015 年實現。

表 2 台灣預防接種類別及時程

疫苗種類		接種年齡群
卡介苗		出生 24 小時內
B 型肝炎疫苗	第一劑	出生 24 小時內
	第二劑	滿 1 個月
	第三劑	滿 6 個月
五合一疫苗	第一劑	2 個月
	第二劑	4 個月
	第三劑	6 個月
	第四劑	18 個月
麻疹腮腺炎德國麻疹混合疫苗（MMR）	第一劑	12 - 15 個月
	第二劑	小學 1 年級
日本腦炎疫苗	第一劑	15 個月
	第二劑	第一劑後 1 週
	第三劑	27 個月
	第四劑	5 歲至入國小前

水痘疫苗		12 個月
肺炎鏈球菌疫苗	第一劑	2 個月
	第二劑	4 個月
	第三劑	12-15 個月

資料來源：衛生福利部國民健康署（2015）。

對照表 1 和表 2 的資訊，可以看出基因典範下疫苗與傳統疫苗的治理，有相當不同的意義，至少可以歸納出以下幾項特徵。

1. 傳統疫苗退場或整併

傳統疫苗會因為疾病滅絕，或是許久不再有傳播現象而終止使用，例如，表 1 中的牛痘、霍亂疫苗和小兒麻痺口服疫苗等，在二十一世紀都不屬於例行接種的疫苗。有些疫苗則在效益檢討之後，不再使用，例如 DP（白喉、百日咳）混合疫苗，已經被更進步的五合一疫苗取代。這種現象一方面反映傳統疫苗的角色變遷，另一方面也顯現以疫苗進行防疫是一項與時俱進、不斷改變中的工作。

2. 新舊疫苗典範並存

技術典範不僅存在於傳統與基因之別，也在運用上造成典範。新興疫苗挑戰既有接種技術的極限，包括接種的對象與方式，表現出「疫苗種類的多元化」和「接種對象的全民化」特徵（劉定萍等 2007）。例如，新興疫苗跨越過往疫苗主要是給孩童使用的年齡界線，擴展到以青少年、青年、成人與老人為對象。在大部分傳統疫苗仍然需要使用，而新疫苗又可能出現的情況下，就呈現一種新舊疫苗典範並存的複雜情境。

3. 政治情境與溝通形態改變

傳統預防接種體制是伴隨軍事國家的力量而建立，晚近不僅面對新疫苗的典範，政治威權的弱化也使得政府在訂定防疫政策，包括選定疫苗並決定使用方式上，都必須保持透明、強化社會溝通、提高公信力，並且需要更長的預備時間，以將新疫苗納入常規接種。另外，也許對於在地疾病屬性的了解比過往多，在疫苗的使用上就更謹慎。例如，小兒肺炎鏈球菌疫苗的常規接種，就耗費了將近十年。《兒童健康手冊》的規劃與編寫，更是體制化的具體呈現。

4. 專業制度形成與變遷

新興疫苗多半具有較高的技術水準，在使用與評估方面更需要專業知識。這方面唯有專家可以在所屬的專業領域有發言的權力，並賦予疫苗社會意義，確保疫苗在社會上的採用具有正當性。「行政院衛生署預防接種諮詢委員會」（ACIP）即因此設立，以提供「免疫力的施為」（immunization practices）建議為主要目的。專業社群的自我組織與自律，一方面使社群具有共識，可以對疫苗採取一致的態度，另一方面也可以確認政策參與的專家具有社群的代表性，能夠在疫苗事務上全權行使專業社群所託付的職責。這些共識與代表性是專家市場不可或缺的重要條件，透過專家團體的督促，接種條件更趨於與國際法規相容。

雖然疫苗技術朝向全球化發展，但每個社會都有自己一套版本的故事，與在地的歷史和情境脈絡互動而產生的技術運用體系。即便是鄰近國家如南韓，雖然與台灣有許多相近的發展背景，也走出不同的接種之路（Chen 2015）。治理技術有著高度的脈絡性且不易變動，因此在走向後基因體時代時，新的治理技術就成為有待察看的標的。

四、後基因體疫苗的治理挑戰

後基因體時代的疫苗是基於尚未成熟的新技術典範，在治理面向上仍不明朗，但顯然必須向上追到基因或基因體，向下連結到產業和包括防疫制度在內的各種疫苗運用領域，不再以既有防疫制度為範疇，而擴展到健康、優生等更前瞻的生醫領域。以下就以個人化和非感染性兩種趨勢來進一步討論。

（一）個人化的疫苗

過往疫苗發展雖然漫長，但主要是基於「群體免疫」（herd immunity）的原理，以社會的整體安全為考量。巴斯德式的疫苗研究往往針對死亡率高、疾病負擔沉重的疾病而發展出來，不論在開發歷程中或後來的接種運用上，都相對具有高度的正當性。在後基因體時代的技術工具，雖然遠勝於過往巴斯德模式，但任何新興疫苗的推出，即便是以更高的經濟利益為主要考量，只要是基於群體免疫的原理，都必須經過比疫苗開發技術本身更為複雜之接種技術的考驗。尤其在全球化資訊時代，新興疫苗所面臨的安全要求比以往任何疫苗更高，任何可能的負面消息或擔憂，都可能發展成為拒絕疫苗的關鍵原因。

此外，後基因體時代的重要趨勢之一，在於透過基因的解碼使人與人之間的基因差異可以被確認出來，並針對差異性提供不同的預防或治療作為，此即精準醫療的理念。在這趨勢之下，針對個別需求而提供不同類別或劑量的疫苗更為可行。更進一步而言，建立在基因體、蛋白質體、轉錄體（transcriptome）與生物資訊基礎上，針對個人需求的疫苗接種方案將有可能實現，並使所謂「個人化的疫苗」（personalized vaccine）成為可能（Barrett 2016）。

個人取向的疫苗發展可以針對群體免疫所造成的問題，提供解決途徑。過往為了實現群體免疫，往往造成個人與群體之間的價值衝突，是一種典型的囚徒兩

難議題（Collins and Pinch 2005）。在傳統疫苗典範下，基因差異分布的事實被忽略，沒有考量到個體之間的差異。因此，個人必須冒著與疫苗可能並不完全配對，接種之後有可能產生較嚴重反應的風險。簡單來說，如果其他大部分的人都接種了疫苗，我就不用接種；但個人化的疫苗卻不是這樣。

然而，疫苗的個人化也將帶來一些問題。首先，建立於群體免疫基礎的傳統防疫將不再有正當性，公部門將不再有理由介入到全體民眾的常規接種。另外，在期待個人化的同時必須考量疫苗的經濟面向。疫苗從傳統到後基因體的關鍵轉變之一，在於伴隨著高度經濟利益的追求，用以彌補技術發展過程中的龐大成本。於是，個人化的疫苗產業可能成為所費不貲的高級服務產業，以至於在追求個人化的同時，可能是在放棄對群體的關照。一旦排除了個人與群體選擇上的囚徒兩難，是否會進入到犧牲群體、保障少數個人的新狀態，這是必須要去注意到的可能挑戰。

以台灣的情況為例，目前的疫苗供應並不在全民健康保險給付範圍內，而是透過特別預算來支援。這種現象相較於一些以社會保險制度來提供預防接種的國家，是一個很特殊的對比條件。美國就面臨到若干弱勢族群由於缺乏保險給付，無法接種疫苗的困境，此即「財務壁壘」（financial barriers）的現象，對於國家的防疫施為是一個嚴重的問題。台灣雖然沒有這樣的現象，反倒是過往傳統疫苗的價格低廉，公費給付沒有太大問題；但晚近新興疫苗價格都相當昂貴，政府資源有限的情況下，疫苗採用就面臨財務上很大的挑戰。目前雖然設立「疫苗基金」，以健全公費接種制度，唯基金來源與規模的穩定效果仍有待驗證。

雖然個人化的疫苗尚未出現，但顯然前述建立在社會分配基礎上的台灣公費接種制度，並沒有辦法支援為個人打造的高價疫苗。個人化的趨勢將會對目前以公共利益為初衷的疫苗接種制度，帶來公平性的衝擊，更進一步擴大社會中的健康不平等，這種治理上的挑戰不得不予以預先防範。

（二）非感染性疾病的疫苗

　　線性的巴斯德疫苗典範是從感染性疾病的傳播途徑去確認病原，甚至即使不能看到病原，也可以將致病的物質隔離出來，針對性地予以處理，藉此找出可能的疫苗。自從 B 型肝炎疫苗大規模接種以來，透過流行病學對接種經驗的長期追蹤分析，有學者因此主張疫苗可以產生肝癌防治的效果（Chang 1997），開啟了非感染性疾病的疫苗防治之路。在後基因體時代，由於許多病症可以追溯到基因源，使得一些非感染性的疾病，得以循基因體技術發展疫苗而獲得解決的機會。這正是發展疫苗的新興領域，目前正在積極尋求透過疫苗解決的病症，包括：癌症、肥胖症、神經衰弱、上癮症和動脈粥樣硬化等（Barrett 2016）。

　　這類新興疫苗有許多值得注意之處，特別是在接種技術方面，雖然原理不同於個人化疫苗，但其衝擊效應也不小。首先是這種發展根本上挑戰了既有的疫苗接種體制。傳統疫苗是防疫的工具，現行大部分的接種部署條件則是針對感染性疾病而設置。以台灣為例，癌症防治隸屬國民健康署的業務，疫苗防疫則是疾病管制署的工作，明顯是基於兩種不同的防治邏輯。目前推廣中的人類乳突病毒疫苗，以預防女性子宮頸癌為主要訴求，因此隸屬國健署業務，不同於其他傳統疫苗歸於疾管署管轄。這種行政管轄區分將進一步造成接種實踐、資源配置與效果評鑑等方面的差異。

　　跨界的新興疫苗還有可能發生醫藥化（medicalization）的現象。醫藥化是指將原本不需要經由醫藥處置的，像是因體質特性、生活習慣，甚至文化差異而產生的獨特生理狀態，都納入到醫藥處理的範疇之中。可以預見的，治療性或甚至養生的疫苗也可能步上新興藥品的後塵，走上醫藥化之路。

　　根據以上所論，疫苗技術不限於免疫學課本上所談的純技術內容，更應涵蓋與疫苗運用整體相關在地的經驗技術，包括前端的各種傳統疫苗使用歷程，後端的防疫決策與產業市場環境結構等，一併考慮所有經濟、社會與政治條件才算完

整。針對本文所提到的技術典範與治理模式，筆者歸納出三種類型（如表3），顯現後基因體時代可能的挑戰。從表中可以看出，在後基因體時代的大部分宣稱並未實現，甚至能否實現仍充滿變數。

表 3 三種疫苗典範

技術典範	疫苗發展基礎	技術模式	治理組織形態	使用對象
巴斯德	全細菌或全病毒	線性	小型製造中心	全人類
基因	次單元	局部	大型組織	特定族群
後基因體	免疫體	演算法	跨國企業	個人

五、結論：後基因體時代的免疫台灣？

台灣在過往雖有「顯赫」的接種疫苗經驗足為「典範」，但是目前的整體樣貌，多半仍建立在巴斯德典範的基礎上，與後基因體時代宣稱的典範樣貌，不論是產業面、專業技術運用，乃至於政策制度，都相去甚遠。面對疫苗技術的典範轉移，要更進一步地反思技術實踐與本土經驗之間的落差，當可從產業發展、專業知識與治理制度這三方面來思考。

首先，台灣將面對後基因體疫苗研究成果產業化的障礙。新疫苗技術的研究工作雖然一直在相關研究機構進行，像是中央研究院、國家衛生研究院，以及各大專院校的相關系所與研究中心等，但多半與產業端非常遙遠。以目前台灣的處境來看，由於缺乏新興疫苗產業化經驗，更受限於被國際組織、跨國企業所控制的市場門檻，一時並不足以建立後基因體時代著眼於全球市場的疫苗發展平台。本地研究單位的成果，比較有可能的運用實踐方式是採取技術移轉，若得蒙跨國疫苗廠青睞，可以將技術權利售出以換取經濟利益，並冀望透過大型企業有朝一

日可以實現技術的商品化。

　　其次，台灣在基因體相關疫苗專業知識方面並不夠完整。專業知識的範疇包括研發、產業化到接種實務。在傳統疫苗領域，由於領域狹隘、技術單純，專業知識較易整合，但後基因體時代的疫苗知識跨多重領域，且其運用相當複雜和分歧，尤其在台灣受產業端弱化的影響，連帶也使得實作領域的專家不足。所謂實作專家是指能夠連結基礎與應用，並有能力開展新興市場，或有辦法解決國際合作問題者。目前在疫苗政策諮詢的專家，多半仍以傳統疫苗領域為主，甚少有新興疫苗實作經驗，更難有相關跨國產業與政策經驗的專家。至於民間方面，對於新興疫苗的相關知識不僅相當缺乏，也沒有完善的知識普及機制：推廣與監督疫苗相關議題的民間團體並不發達。另外，也欠缺疫苗相關之即時且流通，得與國際連結的知識傳播管道。

　　最後，台灣整體疫苗治理制度尚未能承接後基因體疫苗的運用。雖然疫苗防疫制度經過數十年的養成，已經非常穩固，在疫苗接種的推動方面成效相當可觀，與疫苗技術先進國家相較，有過之而無不及；但這一體制是建立在傳統疫苗的技術典範下，面對新興疫苗各種跨界、顛覆傳統理念的可能性，並未有足夠的應變能力。上自疾病管制署、國民健康署，下至地區衛生主管機關，多半仍以既有的模式來處理例行的防疫接種事務。制度慣性可能為台灣面對新興疫苗的處境帶來何等效應，有待進一步觀察。

　　綜上所論，我們必須了解疫苗的技術演變，雖然有可能依循相對自主的技術軌跡與階段，但不會完全與其運用所在的社會脈絡條件抽離。尤其在不斷編織美麗夢想的新興疫苗領域，即便是透過比傳統方式更有效率的基因體技術，也必定要落在所對應的技術治理條件中，配合相應的制度方得以實現其運用。技術選擇與運用的後果不會只是偶然或零散的；相反地，技術的決策與實踐會刺激或形塑對應的知識體系，並且在社會中產生相容的制度，而制度亦將回頭限制技術的機會與發展。

引用文獻 |

徐慧玲、黃立民、李慶雲，2002，〈疫苗接種實務〉。頁 11-30，收錄於李慶雲、謝維銓編，《感染與疫苗》。台北：藝軒。

涂醒哲，2002，〈台灣預防接種的政策制訂及展望〉。頁 1-10，收錄於李慶雲、謝維銓編，《感染與疫苗》。台北：藝軒。

許須美，1998，〈台灣 B 型肝炎疫苗史〉。《疫情報導》14(3): 82-91。

許書刀，1972，〈國內生產之預防疫苗及其接種〉。《中華民國小兒科醫學會雜誌》13(4): 174-183。

陳宗文，2013，〈權力的技術與技術的權力：台灣疫苗採用的歷程分析〉。《台灣社會學》25: 45-87。

_____，2014，〈展演健康、建構市場：法國肺炎鏈球菌疫苗市場的展演性分析〉。《台灣社會研究季刊》95: 1-55。

_____，2018，〈疫苗的三種隱喻〉。頁 226-235，收錄於林文源、林宗德、楊谷洋編著，《科技社會人 3：STS 跨領域新驛路》。新竹：國立交通大學出版社。

張淑卿，2009，〈1950、60 年代台灣的卡介苗預防接種計畫〉。《科技、醫療與社會》8: 121-172。

廖明一，1999，〈臺灣疫苗的發展〉。《科學月刊》30(7): 541-543。

劉定萍、郭旭崧、侯勝茂，2007，〈我國預防接種疫苗政策〉。《台灣醫界》50(10): 37-38。

蘇益仁等，2013，《以啟山林：國衛院疫苗研發中心發展旅程》，曹詠青主編。苗栗：國家衛生研究院感染症與疫苗研究所。

衛生福利部疾病管制署，2014，《百年榮耀世紀傳承：1909-2014 台灣百年公立疫苗製造史》。台北：衛生福利部疾病管制署。

衛生福利部國民健康署，2015，《兒童健康手冊》。台北：衛生福利部國民健康署。

Barrett, Alan D. T., 2016, Vaccinology in the Twenty-First Century. *Npj Vaccines* 1: 16009.

Bertrand, Jean-Jacques and Pierre Saliou, 2006, *Les sentinelles de la vie: Le monde des vaccins.* Paris: Albin Michel.

Blume, Stuart, 2005, "Lock In, the State and Vaccine Development: Lessons from the History of the Polio Vaccines." *Research Policy* 34(2): 159-173.

Chang, Mei-Hwei, et al., 1997, "Universal Hepatitis B Vaccination in Taiwan and the Incidence of Hepatocellular Carcinoma in Children." *New England Journal of Medicine* 336: 1855-1859.

Chen, Tzung-wen, 2005, "Vaccine Innovations in an Age of Uncertainty: BCG in France." *Technology in Society* 27(1): 39-53.

_____, 2015, "Global Technology and Local Society: Developing a Taiwanese and Korean Bioeconomy Through the Vaccine Industry." *East Asian Science, Technology and Society: An International Journal* (EASTS) 9(2): 167-186.

Colgrove, James, 2006, *State of Immunity: The Politics of Vaccination in Twentieth-Century America.* Berkeley: University of California Press.

Collins, Harry and Trevor Pinch, 2005, *Dr. Golem: How to Think about Medicine*. Chicago: Chicago University Press.（李尚仁譯，《科倫醫生吐真言：醫學爭議教我們的二三事》，台北：左岸文化）

Galambos, Louis and Jane Eliot Sewell, 1997, *Networks of Innovation: Vaccine Development at Merck, Sharp & Dohme, and Mulford, 1895-1995*. Cambridge: Cambridge University Press.

Giese, Matthias, 2016, *Introduction to Molecular Vaccinology*. New York: Springer.

Moulin, Anne Marie, 2006, "Les Particularités Françaises de L'histoire de la Vaccincation. La Fin d'une Exception?" *Revues d'Epidémiologie et de Santé Publique* 54HS1: 1S81-87.

Hannoun, Claude, 1999, *La vaccination*. Paris: Presses Universitaires de France.

Plotkin, Stanley A., 2009, "Vaccines: The Fourth Century." *Clinical and Vaccine Immunology* 16(12): 1709-1719.

Rappuoli, Rino, 2000, "Reverse Vaccinology." *Current Opinion in Microbiology* 3(5): 445-450.

教學工具箱 |

問題與討論

1. 疫苗技術從全生物體到抗原決定位，亦即從細胞層次降到原子層次，在免疫機制的解析度上有非常大的改變，但卻沒有因此造成合用的疫苗數目爆炸性地成長，原因何在？

2. 疫苗技術典範轉移將如何改變疫苗的定義？疫苗與防疫之間的關係又有何變化？

3. 新興疫苗的個人化趨勢在預算壁壘的考量下，以疫苗作為社會價值的既有基礎將受到怎樣的衝擊？

概念辭典

群體免疫（herd immunity）

感染性疾病是以病原在人際間傳遞而造成流行。個體因染病或透過接種疫苗會產生抗體，病原傳到具有免疫力的個體就不會再繼續擴散，使得擴散網絡被阻斷。如果疾病擴散網路能被有效限制，病原也就會被隔離，無法造成流行。於是，在一個群體中，若有一定比例的個體對某一感染性疾病具有免疫力，使得此疾病無法在群體中擴散，就稱為「群體免疫」。有別於個體因體內免疫機制的運作而對疾病產生的直接免疫，群體免疫是以間接的方式，透過集體效應來保障個人免於疾病的威脅，因此，群體免疫又可稱為「社會免疫」（social immunity）、「社區免疫」（community immunity）、「人群免疫」（population immunity）等。這也是為何疾病管制署推動疫苗接種工作時，特別強調以接種率來衡量防疫成效的原因之一，就是期待利用群體免疫的原理，有效控制疾病的流行。附帶一提，由於病原傳遞的路徑差異，不同疾病的群體免疫門檻也有高低之別。透過空氣感染的疾病通常需要比較高的免疫人口比例，接觸傳染或體液傳染的人口比例要求比較低。

反向疫苗學（reverse vaccinology）

有別於對微生物（細菌、病毒或寄生蟲等）的全生物體隔離來發展疫苗，反向疫苗學是透過探勘微生物基因體，從基因體序列來發展可能的疫苗。這種疫苗的發展模式顯然是受到基因體解碼工作的啟發，大約在 2000 年左右由疫苗科學家 Rino Rappuoli 等人提出的理念。反向疫苗學的程序首先是確認病原的基因體序列，然後透過電腦就序列中的開放閱讀框（ORF）進行分析，用以預測可以生成表面抗原的 DNA 片段。一旦找到潛在的 ORF，就將之插入到如大腸桿菌的載體。透過這種方式取得表現蛋白質，再以此進行動物實驗，例如進行老鼠的免疫實驗，從接種蛋白質的鼠體中收集血漿，分析其細菌反應和表面位置等。如果從蒐集到的樣本中確認出蛋白質確實是可以誘發反應的抗原，就有可能找到了潛在的疫苗對象。由於反向疫苗學的重點是在生物體外進行大規模的生物資訊分析，以此篩選潛在疫苗，而不是經由耗時、費事的生物培養傳統途徑，在疫苗選擇方面非常有效率。然而，無法處理非蛋白質表現的疫苗，是最大的技術限制之一。

抗原決定位（epitope）

抗原可以與抗體結合，也就是被抗體辨識，因此在免疫反應中，抗原是致使入侵體內的病原被消滅的關鍵。抗原之所以能被免疫系統中的抗體、B 細胞或 T 細胞所辨識，是因為表面上具有決定出抗原獨特性的化學分子團，也就是抗原決定位（epitope，或 antigenic determinant）。抗原決定位通常由六到八個胺基酸組成，可以是蛋白質的三級結構，也可以是一級結構。三級結構就是構象表位（conformational epitope），是結構不連續的部分。一級結構是線性表位（linear epitope），是連續序列的一部分。以抗原決定位來發展疫苗，是進入到結構生物學的範疇，是一種在分子，甚至是原子層次上，屬於後基因體時代的疫苗技術。

6

痲瘋病的抗藥性與基因體科技

Drug Resistance in Leprosy and Genomic Technologies

洪意凌

本文以痲瘋病的抗藥性爭議說明基因體科技如何被用以重新定義一個在二十世紀中期已形成主要定義的疾病，以及在應用時所衍生的社會意義。首先，簡介十九世紀末到二十世紀中期的痲瘋病歷史，尤其是此時期對痲瘋病的主要定義方式，以及伴隨治療藥物使用所形成的痲瘋病治癒希望。本文聚焦在 1960 年代痲瘋病醫療中所浮現的抗藥性爭議，以及醫學研究者如何試圖用基因體科技找出抗藥性爭議的出路。為了因應抗藥性的出現，世界衛生組織（World Health Organization, WHO）在 1980 年代提出多藥治療方案（MDT），然而並未完全解決抗藥性爭議。2000 年以後，科學家將基因體科技應用於痲瘋病的抗藥性問題，在此基礎上形成了全球抗藥性監控網絡。然而，基因體科技應用的結果十分矛盾：它一方面提供了抗藥性的證據，另一方面使研究者持續主張抗藥性問題並不構成威脅。「痲瘋病可治癒」的信念並沒有被挑戰。相反地，WHO 雖然承認痲瘋病抗藥性的存在，卻仍主張必須持續推行 MDT。回顧痲瘋病的抗藥性爭議與基因體科技的應用，可以發現抗藥性監控網絡的建造並不是意在反映科學事實；如何使研究或醫療現場的工作能夠順利地進行也是醫學研究的重要考量，導致科技的應用似乎凌駕了疾病作為人的一種生存狀態。「痲瘋病可治癒」從一個醫學社群中的信念，逐漸演變為一個不再被開啟檢視的黑盒子。或許，在科技的黑盒子以外，不確定性始終存在。

一、前言：在痲瘋桿菌基因體之後

　　由於痲瘋桿菌基因體於 2000 年完成定序，科學家與醫療工作者對痲瘋病的抗藥性有了更多的知識與研究工具。2000 年 4 月 13 日，英國基因體研究機構 Wellcome Sanger Institute 在其網頁上發表了一則消息，宣布痲瘋桿菌的基因體已經完成定序。[1] 主持這次工作的研究者 Stewart Cole 指出，比較痲瘋桿菌與肺結核桿菌這兩個極為相像的細菌基因體將為痲瘋病與肺結核帶來可貴的資訊。例如，一個重要的發現是，有一些基因只存在於痲瘋桿菌基因體，而不存在肺結核桿菌基因體之中。這或許可以用來發展皮膚測試，並作為診斷工具。[2] 痲瘋病是沒有疫苗、潛伏期長、沒有簡便的實驗室檢驗工具的疾病，早期診斷一直是一項挑戰。因此，這個只存在於痲瘋桿菌基因體的基因若能應用於痲瘋病的診斷，將會是痲瘋病醫療史上具有指標性的發展。

　　如同完成痲瘋桿菌基因體定序的團隊所設想，2000 年完成的定序在接下來的幾年發揮了重要的影響。美國及日本的痲瘋病研究者以痲瘋桿菌基因體中一個重複的序列為目標基因，研發出可以直接在醫療現場採集到的檢體上進行實驗室檢驗的工具，用來檢測痲瘋桿菌的存在，以及是否具有抗藥性基因。世界衛生組織（WHO）利用基因檢測技術，在 2009 年發布全球痲瘋病抗藥性監控網絡，任何治療痲瘋病的診所若發現復發案例，可以將檢體送到位於七個國家的任一個參考實驗室。這些實驗室則對檢體進行檢測，以確認是否為抗藥性的病例（WHO 2009）。這個全球痲瘋病抗藥性監控網絡，是 WHO 首次對痲瘋病的抗藥性爭議

---

[1] 完成這項工作的是法國 Institut Pasteur 的細菌分子遺傳學部門（the Bacterial Molecular Genetics Unit）與英國 Sanger Institute 的病原體基因體定序部門（the Pathogen Genome Sequencing Unit）。這兩個研究部門合力在 1998 年與 2000 年分別完成肺結核桿菌和痲瘋桿菌的基因體定序。

[2] 這則 Sanger Institute (2000) 發布的消息見其官方網頁，"News: The Complete Genome of the Leprosy Bacillus has been Sequenced."

提出全球性的監控計畫。

其實痲瘋病的抗藥性是一個由來已久的問題。1960 年代已有醫療工作者發現治療後復發，並懷疑是抗藥性的病例，1964 年有英國研究者提出實驗室結果，證明有抗藥性的存在。然而，1970 年代的幾次 WHO 痲瘋病專家會議中，與會專家仍然認為抗藥性不重要。這個觀點在 1970 年代末開始有了一連串轉變：WHO 於 1977 年組織一個化學療法科學研究小組，為了因應抗藥性於 1980 年代提出以多藥治療方案（Multi-drug Treatment, MDT）取代之前的單藥治療方案，至今仍在各地積極推廣沿用。然而，抗藥性相關爭議並沒有完全消失，半個世紀之後，WHO 在 2009 年提出建基於基因檢測技術之上的全球痲瘋病抗藥性監控網絡。

這段二十世紀後半的痲瘋病歷史有許多值得深入討論之處。例如，為什麼 1960 與 1970 年代已經有科學家提出抗藥性的證據之後，WHO 於抗藥性問題上仍然傾向採取消極作法？為何又在 1970 年代末期到 1980 年代初期之間改變看法，承認抗藥性問題的嚴重性？因應抗藥性問題而提出新的治療方案，是否意謂 WHO 承認先前在 1960 年代推廣的單藥治療方案與流行病防治策略，並非像當時 WHO 專家會議認為的那麼有效？抗藥性是否正因為長期使用單藥治療而產生？事實上，雖然 WHO 在 1980 年代承認抗藥性問題的嚴重性且積極推廣 MDT 治療方案，並在 2009 年提出全球痲瘋病抗藥性監控網絡，卻從未回頭檢視 1960 年代推廣的治療方案與流行病防治策略是否過於樂觀。因此，非常值得討論的問題即是：「痲瘋病可治癒」的信念如何在不確定性之中，持續被視為是有科學證據的事實？

為了回答這個問題，本文將梳理二十世紀後半逐漸成形的全球痲瘋病防治網絡，並討論「痲瘋病可治癒」的信念如何在這個網絡中成為不再被挑戰的科學事實。1980 年代，全球痲瘋病防治網絡因為 MDT 的推行而逐漸成形，這個網絡乃是建基於二十世紀前期萌生的「痲瘋病可治癒」的科學信念之上，然而這個信念始終帶著不確定性。2000 年代以後，科學家完成痲瘋桿菌基因體定序，利用基因體知識研發了快速檢查法，2009 年 WHO 提出全球痲瘋病抗藥性監控網絡，但「痲

瘋病可治癒」的信念並沒有被挑戰。相反地，WHO 一方面承認痲瘋病抗藥性的存在，另一方面仍主張必須持續使用 1980 年代開始推行的 MDT。

　　本文採用 Joan Fujimura 等人所提出的研究工具與研究工作共構的觀點。這個觀點將科學工作視為形成衝接的工作（articulation work）（Clarke and Fujimura 1992）。在科學研究中，研究者之所以能形成有意義的問題，是因為能夠接合社會世界、實驗室、實驗三個層次的工作組織方式（Fujimura 1987）。筆者將藉用這個理解框架來梳理二十世紀後半的痲瘋病抗藥性爭議與抗藥性監控網絡，說明「痲瘋病可治癒」的科學事實，在二十世紀前期隨著大風子油與化學藥物 DDS（Diamino-diphenyl sulfone）的使用而出現，到 1980 年代因為 MDT 治療方案而開始形成、2000 年代以後變得穩固的過程，是各領域科學家長期合力工作的成果。在 1980 年代開始成形並隨著快速檢查法而鞏固的全球痲瘋病防治網絡之中，藉由發明能夠回答特定問題的工具，流行病學者、細菌學者、免疫學者和基因學者等，共同將「痲瘋病可治癒」建構為有科學基礎的事實。幾代研究者發明了不同的研究工具來建造「痲瘋病可治癒」作為一科學事實的穩固性，然而在科學事實的黑盒子之外，不確定性一直存在。

　　本文藉由重新檢視痲瘋病在二十世紀後半的歷史，試著打開「痲瘋病可治癒」這個科學事實的黑盒子，並且檢視這個盒子如何形成，又如何被關上。

二、二十世紀前期形成的痲瘋病治癒希望

　　痲瘋病在十九世紀後半葉（尤其是 1867-1898 年期間）成為英國的公共議題，並引起科學家的注意。此時對痲瘋病的成因有多種不同的解釋理論（Edmond 2006）。作為一種傳染病，痲瘋病對公共衛生構成的挑戰在於它沒有疫苗，也沒有有效的治療藥物，防治重點在於早期發現。甚至可以說在二十世紀之前，除了

隔離以外，並沒有實際可行的阻止傳染手段。到二十世紀有了有效治療藥物以後，國際醫療社群中關於痲瘋病的疾病因果關係與合適的防治方式，才開始有不同的主張與可能性。

　　1920 到 1930 年間曾流行於各地的，是用大風子油提煉出來的有效成分來治療痲瘋病。英國的 Burroughs Wellcome 製藥廠曾將它製作成可注射的藥劑 Alepol，有 25 克及 100 克兩種包裝，曾在 1935 年於痲瘋病重要期刊 *Leprosy Review* 內頁刊登廣告。廣告內稱 Alepol 為「一項對現代痲瘋病治療方式有價值的貢獻」（A valuable contribution to modern methods of leprosy treatment）。這時期一群在印度從事痲瘋病工作的英國醫師，尤以 Sir Leonard Rogers 為主，基於他們對大風子油製劑效果的信心，提出與主流不同的意見，認為採取痲瘋病門診方式既有效又較為人道，因為是比隔離更好的策略。

　　然而，大風子油的製劑並不便宜。這個問題後來因為 DDS（Diamino-diphenyl sulfone）的應用而得到解決。自 1930 年代起，痲瘋病研究者開始懷疑大風子油製劑的療效，並試圖找出更有效的治療方式。各地痲瘋病工作者嘗試了許多不同的藥物，最後是 DDS 被認定為特效藥。一度被認為有毒的 DDS 再次進入醫療的領域，是一段曲折的經歷。與 DDS 同為磺胺類藥物的 Promin 被發現對肺結核有效，因而也被試用於痲瘋病的治療。1949 年，英國的 John Lowe 醫師在奈及利亞試用 DDS 的口服治療，並發現只要 300 毫克即有成效。由於 DDS 便宜又容易使用，因而結合了之前在印度的診所制度，成為一套可行的防治方式（Lowe 1950）。

　　隨著 DDS 的應用，WHO 提出一套 "massive attack" 防治策略，工作流程包括標準化的皮膚抹片檢查、巡檢隊和地方診所。在這個工作流程中，醫療工作者不像過去一般被動地等待病人上門就醫，而是主動地尋找病患。當時，包括 WHO 在內的國際醫療社群對 DDS 作為痲瘋病特效藥都相當有信心。1966 年的 WHO 第三次專家會議報告中，從病原體的觀點如此開宗明義地闡述痲瘋病的流行病學：「最近以及過去的證據持續地支持這個廣為接受的假設：痲瘋病是由痲瘋桿菌引

起的，感染的源頭完全是由人類散播的病菌，以及傳播是透過直接或間接的接觸而發生」（WHO 1966: 5）。

今天看來已經是毋需爭議，而且也是許多痲瘋病醫學知識與實作基礎的「痲瘋病是由痲瘋桿菌所引起的傳染病」此一科學事實，是在十九與二十世紀之交形成的。十九世紀末痲瘋病引起了英國醫療社群與大眾的注意，二十世紀初由大風子油提煉的製劑為一些醫師帶來治療的希望，而二十世紀中期合成藥物 DDS 的發現，更使許多醫師相信發現了痲瘋病的特效藥，不僅可以將之用來治癒病人，也可以用來在人群中投藥，在一段時間後能將這個疾病從世界上根除。

三、1960 年代的抗藥性爭議與 1980 年代的 MDT 治療方案

痲瘋病究竟是否可以被有效治療？這是幾代痲瘋病醫療工作者與研究者從十九世紀末開始努力想回答的問題。這個問題的相關知識即使在特效藥 DDS 應用於痲瘋病的治療以後，仍然充滿不確定性。尤其 DDS 抗藥性的浮現，是造成醫療不確定性的主因，也是痲瘋病防治工作中最難解的一環。二十世紀中期以後，痲瘋病最重要的科學研究工具是 1960 年代美國疾病控制與預防中心由 Charles C. Shepard 所發明的以小白鼠腳掌培養痲瘋桿菌的方法。後來英國研究者利用這個動物實驗模型，提出證實抗藥性存在的科學證據。WHO 一開始認為問題並不嚴重，後來卻在 1982 年因應抗藥性提出 MDT 治療方案，並且於 1980 年代積極推廣，甚至免費提供藥物。二十世紀後半，痲瘋病研究者與醫療工作者如何理解痲瘋病的治療？又如何提出可以支持臨床實作的證據？WHO 轉向的關鍵是什麼？

事實上，DDS 應用於痲瘋病治療不久之後，就有醫療工作者觀察到疑似抗藥性病例的出現。然而，由於痲瘋桿菌無法在人工介質中培養，也一直沒有可用的動物實驗方法，研究者沒有辦法對抗藥性問題進行實驗室中的研究，導致 DDS 抗

藥性仍是爭議，而非研究社群共同接受的事實（Pettit and Rees 1964）。

　　抗藥性問題到了 1960 年代，在美國疾病控制與預防中心的細菌學者 Charles C. Shepard 研發出動物實驗方法之後有了證實的可能性。Shepard 自 1957 年開始研究麻瘋桿菌的培養，經過多番嘗試，在 1960 年提出從麻瘋病人鼻腔分泌物和皮膚組織取得大約一萬隻細菌，注射到一般實驗使用的小白鼠腳掌，數月後腳掌上的細菌會長到一百萬隻（Shepard 1960a, 1960b）的方法。雖然這樣的感染在小白鼠腳掌上引起的病灶只能在顯微鏡底下觀察得到，且這個方法需要密集的人力並耗時甚久。然而，這是研究者首次成功地在動物身上培養麻瘋桿菌。這個動物實驗模型後來被用於藥物的動物實驗，可以說是麻瘋病史上極為重要的發明。

　　1964 年，英國國家醫學研究所（National Institute for Medical Research）的細菌學者 Rees 與馬來西亞雙溪毛糯麻瘋病院（Sungei Buloh Leprosarium）的醫師 Pettit 合作，利用 Shepard 的老鼠腳掌方法，提出抗藥性的實驗室證據。當時雙溪毛糯麻瘋病院約有二千五百名病人，其中有一群人已經使用包括 DDS 在內的磺胺類藥物多年，但是皮膚抹片檢查仍然為陽性且細菌指數很高。Rees 與 Pettit 從這群病人中，選了七名接受藥物治療已達十三至十五年的病人進行研究。在研究之初，研究者在病人的病灶處採了兩個組織切片，一個用來做組織檢查，另一個則以乾冰空運到倫敦的國家醫學研究所 Rees 的實驗室，用來在小白鼠的腳掌上培養細菌（Pettit and Rees 1964）。

　　這個為期六個月的研究包含臨床與實驗室兩個部分。在臨床的部分，七名病人在六個月期間接受了每週兩次、每次三百毫克的 DDS 注射。在三個月及四個半月時，研究者在病人身上的六個部位採取皮膚抹片並記錄細菌指數，在六個月的治療之後給予最後的評估。在實驗室的部分，則以小白鼠測試由病人組織培養出來的麻瘋桿菌是否能被 DDS 抑制。在倫敦的實驗室中，之前曾在小白鼠上觀察到 DDS 可以完全抑制從未接受治療的病人身上培養出來的麻瘋桿菌（Pettit and Rees 1964）。

研究的結果是，六個月後，七名病人當中有四人病情好轉且細菌指數降低，而從其身上培養出來的細菌在小白鼠腳掌上可以被 DDS 抑制。另外三名病人病情只有輕微轉變或甚至惡化，且細菌指數未降低。從這三名病人身上培養出來的細菌，在小白鼠腳掌上無法被 DDS 抑制，而是如同研究者之前觀察過的未治療病人身上培養出來的細菌一樣地增生。藉由這樣將臨床上的觀察與實驗室的觀察連結起來，並且在小白鼠腳掌上操作，Rees 和 Pettit 的結論是病人身上存在 DDS 抗藥性（Pettit and Rees 1964）。

既然研究者已提出實驗室結果，證明病人身上確實出現抗藥性，那麼，應該如何治療痲瘋病呢？1970-1980 年代在英國牛津市的 Slade 醫院進行的一連串研究為這個問題提供不少相關知識。Slade 醫院的皮膚科在 1960 年代設立痲瘋病部門，設有六個床位可以讓在英國診斷出痲瘋病的病人住院治療。自 1970 年代起，這個痲瘋病部門由當時剛從非洲回到英國的醫師 Colin McDougall 負責，他積極地與牛津大學的解剖學家 Graham Weddell 合作（Weddell 的研究專長是光學及電子顯微鏡下的人類組織，他先前在一次會議上結識了以倫敦的實驗室為基礎的 Rees，而開始對痲瘋病感興趣）。於是這段期間，在 McDougall 與 Weddell 的合作下，Slade 醫院展開了痲瘋病組織學的研究。他們建立了研究群，主要的研究包括：用人類及動物組織來尋找最佳的治療藥物、痲瘋病神經損傷的機制、藉由九帶犰狳進行痲瘋疫苗動物實驗的可能性、痲瘋桿菌在動物體外存活的能力、鼻腔與口腔組織在痲瘋病傳染中所扮演的角色，以及治療藥物如何進入哺乳類動物末梢神經等（Robertson and McDougall 2005）。

這段期間 Slade 醫院吸引了不少研究者及醫學生，發表許多具有影響力的研究。而 Weddell 在 1975 年從牛津大學的職位退休後，也跟他的研究團隊移到 Slade 醫院，繼續為 WHO 與其他單位進行組織學檢查。在 Slade 醫院的研究後來也轉向以綜合幾種藥物取代實行已久的 DDS 單藥治療。McDougall 醫師主張痲瘋病的多方治療方案要像避孕藥一樣，以有日期的口服製劑包裝（blister-calendar packs）

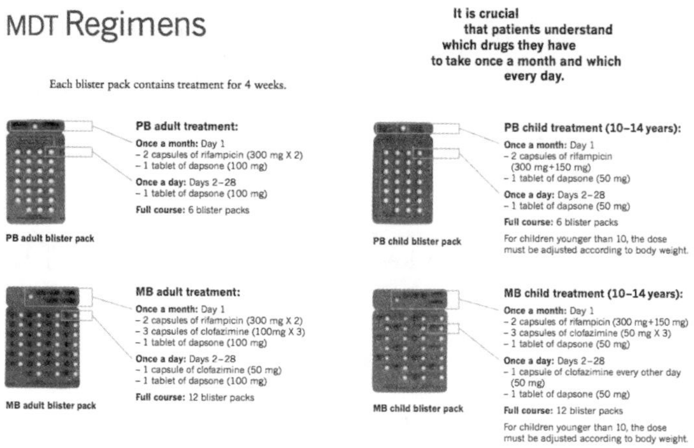

MDT Regimens

Each blister pack contains treatment for 4 weeks.

It is crucial that patients understand which drugs they have to take once a month and which every day.

PB adult treatment:
Once a month: Day 1
– 2 capsules of rifampicin (300 mg X 2)
– 1 tablet of dapsone (100 mg)
Once a day: Days 2–28
– 1 tablet of dapsone (100 mg)
Full course: 6 blister packs

PB adult blister pack

PB child treatment (10–14 years):
Once a month: Day 1
– 2 capsules of rifampicin (300 mg+150 mg)
– 1 tablet of dapsone (50 mg)
Once a day: Days 2–28
– 1 tablet of dapsone (50 mg)
Full course: 6 blister packs
For children younger than 10, the dose must be adjusted according to body weight.

PB child blister pack

MB adult treatment:
Once a month: Day 1
– 2 capsules of rifampicin (300 mg X 2)
– 3 capsules of clofazimine (100mg X 3)
– 1 tablet of dapsone (100 mg)
Once a day: Days 2–28
– 1 capsule of clofazimine (50 mg)
– 1 tablet of dapsone (100 mg)
Full course: 12 blister packs

MB adult blister pack

MB child treatment (10–14 years):
Once a month: Day 1
– 2 capsules of rifampicin (300 mg+150 mg)
– 3 capsules of clofazimine (50 mg X 3)
– 1 tablet of dapsone (50 mg)
Once a day: Days 2–28
– 1 capsule of clofazimine every other day (50 mg)
– 1 tablet of dapsone (50 mg)
Full course: 12 blister packs
For children younger than 10, the dose must be adjusted according to body weight.

MB child blister pack

圖 1 WHO 建議的 MDT 治療方案與口服製劑包裝
資料來源：WHO。
註：本文所使用的 WHO 圖片，皆獲得 WHO 授權。

發放。WHO 後來於 1980 年代提出並沿用至今的治療方案（見圖 1），便是採取具有日期的口服製劑包裝。

從 1970 年代 Slade 醫院的痲瘋病研究，到 WHO 正視抗藥性問題、推行 MDT 治療方案，涉及一些因素在此時期的聚合。1966 年 WHO 痲瘋病專家會議的共識認為，抗藥性不是一個重要的問題。1970 年痲瘋病專家會議再度開會時，也只有討論是不是低劑量會促使抗藥性出現，以及利用 Shepard 的小白鼠腳掌方法來測試抗藥性的可能性。曾參與這個時期痲瘋病工作的流行病學家 S. K. Nordeen 與 Sansarricq 後來回顧 1960-1970 年代的 WHO 痲瘋病相關決策，指出當時 WHO 的 Leprosy Unit（LEP）認為抗藥性不重要，可能是因為抗藥性的發現往往是在 DDS 療法進行很久以後，以及當時沒有頻繁發現到抗藥性。此外，也有可能是決策者不願意承認抗藥性的嚴重性，因為沒有其他較好的選擇（Noordeen and Sansarricq 2004）。

1972 年是 WHO 痲瘋病專家關於抗藥性理解的一個轉捩點。這一年，新德里

舉辦了痲瘋病免疫學研究者的會議，會議中宣布 Hubert Sansarricq 成為 LEP 的新部長，並說明 LEP 已經準備好要與科學社群合作，將利用科學新發現來改善痲瘋病控制方法。會議後，WHO 在 1974 年成立免疫科學研究小組 IMMLEP，並在「熱帶疾病研究與訓練特別計畫」（Special Programme for Research and Training in Tropical Diseases, TDR）下成立化學療法科學研究小組 THELEP，由 Sansarricq 擔任秘書長。在這樣的組織架構，以及來自日本財團（Sasakawa Memorial Health Foundation）五十萬美元的資助下，開始了痲瘋病的科學研究。1970 年代，THELEP 開始 DDS 抗藥性的田野調查與研究、化學療法實驗室研究、藥物臨床實驗、治療新藥研發，並在 1981 年提出使用 Rifampicin、Clofazimine 及 Dapsone 三種藥物的 MDT 治療方案（Levy 1999; Noordeen and Sansarricq 2004）。

1982 年，WHO 於日內瓦召集專家工作團隊會議，接受 THELEP 所提出的 MDT 治療方案，會議中並建議所有的痲瘋病例都採用 MDT 治療方案。在接下來的幾年，LEP 積極地說服區域組織、會員國、非政府組織、捐助機構、技術人員等接受 MDT 治療方案（Noordeen and Sansarricq 2004）。根據 WHO 統計，從 1985 到 2006 年，全球痲瘋病盛行率降低了 90%，至少有一千四百五十萬人因為 MDT 而被治癒（WHO 2006）。

由於登記病人數下降，且 MDT 使用率幾乎達到百分之百，世界衛生大會在 1991 年通過痲瘋病根除計畫（elimination strategy），並在 1994 年的第一次國際痲瘋病根除會議（International Conference on Leprosy Elimination）中接受日本財團五千萬美元的資助，用來在五年期間購買 MDT 藥物。痲瘋病根除計畫的目標是，在 2000 年之前使世界各國的痲瘋病流行率降到每萬人中少於一例。這項痲瘋病根除計畫執行到 1999 年，並於 2000 年宣布計畫目標已達成，痲瘋病作為公共衛生的問題已經被根除（Noordeen and Sansarricq 2004; WHO 2006）。

回頭檢視二十世紀的 1960 到 1980 年間，痲瘋病的科學研究有不少重要進展。雖然在此之前，痲瘋病特效藥 DDS 問世後，痲瘋病學者開始相信痲瘋病可治癒。

但若仔細爬梳 1960 年代以後的痲瘋病科學研究，可以發現「痲瘋病可治癒」並不是 DDS 問世後自然而然發生的信念，而是幾代不同領域的工作者共同達成的結果。1960 到 1980 年間最重要的科學進展莫過於小白鼠實驗方法。研究者透過這個方法確立了 DDS 抗藥性，解決了當時最重要的爭議，亦即是否有 DDS 抗藥性的存在。不無矛盾的是，大約也是從這個時候開始，各地的研究者與工作者確信痲瘋病可以治癒，只是需要提防抗藥性。1977 到 1983 年間，WHO THELEP 工作小組的主要目的，就是找出一種治療方案以持續在既有醫療框架下治癒病人。為了防堵抗藥性，WHO 接受 THELEP 的建議，在 1980 年代開始推廣多藥治療方案。至此形成的全球痲瘋病防治網絡把抗藥性框架視為一個單純的技術問題。

1960 到 1980 年間，痲瘋病醫療與科學研究中值得注意的是，雖然 1960 年代已觀察到抗藥性，但在沒有實驗室中可操作的工具時，並不足以成為研究者與決策者有切入點而探索的問題。就像社會學家 Adele Clarke 與 Joan Fujimura 在 *The Right Tools for the Job*（1992）一書中所指出，科學研究工作往往不是在一開始就有明確的目標。研究工具與工作目標這兩者往往是在工作現場一起形成，是研究者試著發展他們特定的科學或專業興趣時，在科學工作現場中才形成對所要解決的問題以及為解決問題所需要的工具。Fujimura 後來以基因體計畫的研究工具為例，更細緻地解釋了這個論點，例如，科學事實很少一開始就是科學事實，而比較常是一堆「雜亂」（messy）的資料。為了解讀這些資料，實驗室內的研究往往與社會世界中的現象相互形構（Fujimura and Rajagopalan 2011）。在痲瘋病的例子裡，醫師們在 1960 年代開始觀察到的復發並疑似有抗藥性的案例，一直到 1970 年代才受到 WHO 決策者的注意，而後在 1977 年到 1983 年的臨床實驗中才為了抗藥性而尋找適合的治療方式。

在還沒有找到實驗室研究工具之前，即使各地已經觀察到痲瘋病復發病例，但科學家與決策者並沒有形成問題意識。有趣的是，當研究者與決策者試著向實驗室尋求答案時，為了要進行實驗室中的工作，必得在既有社會脈絡中才能形成

研究問題以及對可能答案的詮釋方式。1970 年代當 WHO 開始組織臨床實驗時，幾個重要的痲瘋病實驗室已然鑲嵌在國際醫療網絡之中，例如，醫療工作者在工作現場中發現久治不癒，或者疑似復發的案例，如果要確定是抗藥株，要把病人的組織送到配備有在小白鼠腳掌培養痲瘋桿菌技術的實驗室，而當時只在美國、英國、法國、馬來西亞有這樣的實驗室。換句話說，在臨床上觀察到的抗藥性得要能夠轉換成在顯微鏡底下可以觀察到的小白鼠腳掌病灶與細菌，並被轉換為圖表，才會被科學社群視為是可信的知識。

然而，實驗室中小白鼠腳掌上的細菌增生該如何被解讀？到了 1970 年代，DDS 與大眾防治策略已經在各地使用多年。當 WHO 所組織的科學研究小組發現從病人身上取得並在小白鼠腳掌上培養出來的細菌確實無法被 DDS 所抑制，因而是抗菌株時，研究者的思考方向並非檢視因 DDS 而發生的「痲瘋病可以治癒」信念從何而來，而是試著找出持續讓大眾防治能夠發揮作用的治療方案。因此我們可以認為，實驗室中何謂「有效」、何謂「抗藥性」，其實與實驗室外的痲瘋病治理框架緊密相連。所謂「有效」不是在實驗室中決定，而是在與在地痲瘋病治理形成連結的時候，才能開始討論。對 1970 到 1980 年間試圖理解痲瘋病抗藥性的研究者來說，有意義的工作必須要顧及這個已經成形的全球痲瘋病防治框架。關於抗藥性的問題，必須找出讓痲瘋病的治療持續有效的方式，而二十世紀中後期的醫學界給出的答案是：使用更多的藥。

四、基因體科技與全球抗藥性監控網絡

雖然 WHO 在 1970 年代開始改變對抗藥性的看法，組織科學研究小組進行臨床實驗，並依臨床實驗結果開始積極推廣 MDT 的使用，但抗藥性爭議並沒有完全止息。為此，WHO 在 2009 年提出建基於基因體科技的全球痲瘋病抗藥性監

控計畫。基因體科技在二十世紀末的發展在抗藥性爭議中扮演獨特的角色，使得WHO的討論不是聚焦在治療方案的商榷，而是如何維持既有治療方案的效果。

WHO之所以得以在2009年提出全球痲瘋病抗藥性監控網絡，基因體科技於痲瘋病研究領域的發展與累積是關鍵之一。痲瘋桿菌基因體序列在2000年解碼完成，全長共3,268,203bp，科學家因此能夠指認抗藥性基因於癩瘋桿菌基因體中的位置（痲瘋桿菌基因體與抗藥性基因位置見圖2、3）。

對於1960年代浮現，而於MDT治療方案提出以後持續存在的痲瘋病抗藥性爭議，2000年代基因體科技的重要性有二。首先，它突破了只能用老鼠腳掌進行實驗此一限制。以老鼠腳掌培養痲瘋桿菌的實驗方法，自從1960年代發明以來，有很長一段時間被研究者視為痲瘋病研究的黃金標準，用以試驗治療新藥、尋找可能的疫苗及新的治療方案。除此之外，沒有可以在實驗室內操作的研究工具。然而，在小白鼠腳掌上培養痲瘋桿菌需要六個月，而且需要一定的細菌量，因此無法廣泛地在臨床上使用。即使採了病人病灶部位的組織，也往往無法送到能進行腳掌實驗的實驗室（位於美國、英國、法國、馬來西亞）。痲瘋病的確診只能靠醫師的經驗，以及病理組織片的判讀。

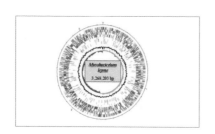

圖2 痲瘋桿菌基因體序列
資料來源：WHO（2009）。

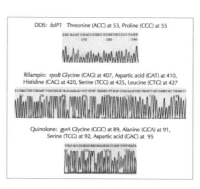

圖3 抗藥性基因於基因體中的位置
資料來源：WHO（2009）。

耗時且沒有足夠的細菌量等技術上的限制在 1990 年代開始改變。二十世紀末，聚合酶連鎖反應（Polymerase chain reaction, PCR）技術逐漸成為生物實驗室的基本配備。1990 年代，關於痲瘋桿菌的分子生物學知識、治療藥物的知識等都逐漸成熟，研究者開始了解痲瘋桿菌產生抗藥性的分子機制。美國和日本的痲瘋病分子生物實驗室也持續產出敏銳度更高的痲瘋病分子生物學檢測技術，其中最重要的是 real-time PCR 技術，應用這個技術，可以在診療現場即刻檢查由病人身上取得的生物樣本，不需要長時間等待實驗室結果。此外，檢測的對象是痲瘋桿菌的專一性重複基因片段 RLEP（Mycobacterium leprae-specific repetitive element），重複數可達二十八個片段重複。利用此片段為目標基因發展出來的痲瘋桿菌快速檢測法，可應用於抹片陰性檢體，提高個案檢測率。不僅不必像以往需要一定細菌量才能檢出，且即使是在顯微鏡下呈現皮膚抹片陰性的病人也有可能適用（WHO 2009）。

　　基因體科技對痲瘋病抗藥性爭議的第二個重要性，在於突破技術問題的同時，也矛盾地維護了從 MDT 治療方案提出時即已形成的疾病防治理解框架：抗藥性只是技術問題。曾參與 WHO 在 1980 年代抗藥性相關政策制定的 Noordeen 醫師回顧 MDT 治療方案提出前後的發展，認為 WHO 最重要的貢獻在於簡化痲瘋防治的技術要求，降低 MDT 的技術門檻（Noordeen and Sansarricq 2004）。這樣的思考方式將解決抗藥性問題等同於尋找更佳的多藥治療方案，並將「推廣 MDT」理解為只要挹注更多的資源，病人自然就會接受的解決方案。如此的思考方式迴避了社會性的討論，例如，為什麼對 1960 到 1980 年代的痲瘋病人來說，長期服藥其實有一定的困難性。

　　WHO 在 2000 年宣布「根除痲瘋計畫」目標達成之後，設計了奠基於基因體科技之上的監控網絡，並於 2009 年發布 Guidelines for Global Surveillance of Drug Resistance in Leprosy，提出痲瘋病的 "sentinel surveillance system"（筆者將之譯為前哨監控系統）。WHO 在這份指引中，發表一套調查並監控痲瘋桿菌抗藥性的

方法，設立了監控網絡，由位於不同國家的七個參考實驗室（分別位於巴西、法國、印度、日本、南韓、美國、瑞士）及世界各國痲瘋病診所組成。這個監測網絡調查及處理抗藥性情形的流程是：若在各國醫療院所發現復發的多菌型痲瘋病案例且細菌指數大於 2，則在獲得病人同意後將病人的皮膚抹片送到參考實驗室，進行 PCR 檢測抗藥性基因。如果 PCR 檢測出抗藥性基因，則在 WHO Leprosy Programme 中記錄，並將檢查結果送回原醫療院所，視結果決定治療方案（見圖4）。藉由這樣，參考實驗室可以累積抗藥性資訊（WHO 2009）。台灣疾病管制局也在 2010 年派員到日本學習這一套痲瘋病快速檢測及抗藥性基因分析。

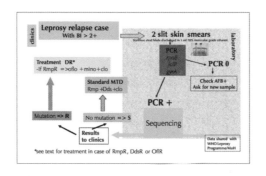

圖 4 全球痲瘋病抗藥性監控網絡的工作流程
資料來源：WHO（2009）。

2009 年 WHO 發布的全球痲瘋病抗藥性監控指引說明，雖然已確認有痲瘋病的初級抗藥性存在（亦即病人一開始感染到的痲瘋病就無法被藥物所抑制）。但是由於要檢測初級抗藥性的成本太高，其檢測並不包含在監控系統中。基因體科技應用的結果是，痲瘋病抗藥性有了基因層次的證據，但防治重點仍然是找出病例並投藥。於是，雖然抗藥性得到科學上的證明，在臨床端的改變並不多。1960到 1970 年代，WHO 專家會議認為抗藥性不是需要擔心的問題，即使後來改變態度，仍然認為抗藥性只是純粹的技術問題，只需要調整劑量、用特定的包裝、標準化的治療方式，並且持續地給藥，就可以將痲瘋病從人類社會根除。1982 年發

布的 MDT 至今仍是大部分國家的標準治療方案,「痲瘋病可治癒」也仍然被當作有科學證據的事實,在痲瘋病的跨國防治工作中成為 WHO 與許多非政府組織倡議的重點。

在二十世紀後半的抗藥性爭議中,基因體科技扮演了非常獨特的角色:使 WHO 可以貫徹在抗藥性爭議中一貫採取的立場,認為抗藥性對痲瘋病防治不會構成嚴重影響。基因體科技的應用雖然使抗藥性問題被正視,然而,似乎沒有研究者或決策者思考醫學界自二十世紀初開始將痲瘋桿菌作為疾病焦點是否太過簡化。於是,我們看到基因體科技應用的結果十分矛盾:它一方面提供了抗藥性的證據,另一方面又使研究者持續主張抗藥性問題並不構成威脅。可以說,基因體科技的發展把「痲瘋病可治癒」的信念更黑盒化。我們可以再次用 Fujimura 的研究工具與研究問題共構來理解這樣的矛盾現象:沒有研究工具的時候,研究者就沒有辦法定義關於抗藥性需要討論的研究問題;當有研究工具的時候,問題已經黑盒化。即使後來有研究者以基因體技術作為研究工具,提出可能有 MDT 抗藥性的菌株,WHO 仍然主張維持既存的全球痲瘋病防治框架(WHO 2016)。於是在二十世紀後半所謂的治療效果,既要有實驗室中的證據,也要能維持全球痲瘋病防治框架。

五、關上痲瘋病的黑盒子:全球痲瘋病防治網絡

二十世紀期間,痲瘋病醫療因為化學、細菌學、病理學、流行病學等不同領域的學者投入研究,而有了幾個不同的重要演變方向。當幾代研究者試著將新興的生物醫學研究工具應用於痲瘋病醫療,痲瘋病到底是什麼、對人類社會而言有待解決的問題為何,也不斷地被重新架構。對二十世紀後投入痲瘋病工作的科學家與醫療工作者來說,共通的重要問題是:痲瘋病究竟是否可被治癒?這個問題,

在 1980 年代 MDT 方案、2000 年代基因體科技應用於痲瘋病防治以後，已經逐漸變成不再被打開來檢視的黑盒子。

即使 1960 年代以後一直有研究者懷疑可能有痲瘋病抗藥性，抗藥性問題後來也促使 WHO 提出 MDT 治療方案，但痲瘋病抗藥性至今仍是未能完全克服，有待監控的一個難題。然而，「痲瘋病只要持續投藥就可以根除」，這個大約出現於二十世紀中期的思維方式，到今天仍然是痲瘋病醫療社群的共識。2000 年代開始，科學家發展基因體科技來辨認痲瘋病的抗藥性基因，這些技術的研發使得實驗室技術可以直接應用到臨床採得的檢體之上。然而，基因體科技的應用，卻也使得痲瘋病可治癒的論述在 2000 年代開始變得更加無法挑戰。

如果我們從「研究工具與工作目標一起形成且相互形塑」的這個觀點來看痲瘋病醫療在二十世紀期間的科學研究發展方向，以及這些發展方向如何在 1980 年代交會並促成全球痲瘋病防治網絡的形成，可以發現一些對科技與社會研究而言非常具有啟發性的現象。幾代科學家所發明的實驗室工具為痲瘋病防治工作提供模組化方式與工具箱，可以說，二十世紀期間不同領域的科學家共同成就了 Fujimura 所說的社會世界、實驗室與實驗三個層次間的銜接（Fujimura 1987）。

以下進一步討論前面三節中已經爬梳過的二十世紀後期痲瘋病科學知識與醫療實作歷史，以 Fujimura 提出的理論框架分析二十世紀痲瘋病知識與實作的幾個發展方向在 1980 年代的交會。筆者藉由這個討論切入點，說明 1977 到 1983 年間由 WHO 主導進行的跨國臨床實驗中，痲瘋病防治工作者，包括病理學家、微生物學家、流行病學家、醫師合力產出關於抗藥性問題的可行工作（doable job）。在形構這個可行工作的過程中，我們看到因為 MDT 的提出，1960 年代浮現的抗藥性爭議得到由跨國科學工作網絡合力產生的答案，使「痲瘋病可治癒」的信念更穩固。至於 1990 到 2000 年代開始累積與應用的基因體技術，則是關上痲瘋病黑盒子的最後一道工序。當我們如此審視二十世紀後半的痲瘋病歷史，可以看到其實在「痲瘋病可治癒」的黑盒子之外，何謂確定的知識、適當的治療方法、篩

檢的工具，都是變動不居的。以下討論「痲瘋病可治癒」從信念開始到成為被接受的科學事實——亦即黑盒化——的兩個重要面向：(1) 黑盒子形成的時機與方式，(2) 黑盒子的內與外（誰被視為應該接受黑盒子，對黑盒子以外的未確定部分由誰以什麼方式處理）。

（一）黑盒子形成的時機與方式

「痲瘋病可治癒」這個黑盒子的形成，歷時二十世紀中期到後期約半個世紀。二十世紀中期開始使用的 DDS 為已經對大風子油製劑開始失去信心的痲瘋醫療社群帶來了希望。WHO 於二次世界大戰後的幾次專家會議中都推薦 DDS 作為治療藥物，並提出 massive attack 的防治策略，由各國醫療體系在國內積極進行新案例的發現、投藥與追蹤。就在 WHO 開始推行這個由醫療人員主動發現案例的防治策略時，抗藥性問題開始浮現，但在 1960 年代只是沒有科學證據的爭議。1964 年，Pettit 與 Rees 首次利用小白鼠腳掌實驗提出抗藥性的證據，但 WHO 專家會議仍然相信 DDS 的效果。曾參與 1960 年代 WHO 防治工作的流行病學家 Lechat 回顧這一段歷史時曾說，那時人們對於 massive attack 很有信心：DDS 只需要一名醫務人員（paramedical worker）與一輛腳踏車，就可以在樹下、河流的交會處進行施藥（Lechat 2004）。當時研究者樂觀地認為痲瘋病防治所需要的只是派遣帶著特效藥的人員到病人那裡去。WHO 一直到 1970 年代末期才開始正視痲瘋病抗藥性的嚴重性，並理解抗藥性問題可能導致以 DDS 為核心的防治策略失效，因此開始組織跨國的臨床藥物實驗，並以後來的實驗結果支持 MDT 治療方案。

如同科技與社會研究者經常說明的，單純的技術問題並不存在，所謂的技術問題必然伴隨著社會關係或組織的重組，這也是我們在 MDT 的臨床實驗與推廣中所看到的。WHO 為了推廣 MDT 治療方案做了許多組織工作，包括：重整痲瘋病醫療研究的組織方式、募款、進行宣傳、訓練世界各地工作人員、訂定新的防治工作目標等。繼 2000 年宣布達到痲瘋根除計畫目標後，訂定後續的防治計畫。

然而，在進行這些組織工作的同時，WHO 開始把抗藥性問題框架為純粹的技術問題。決策者認為抗藥性問題的關鍵只是如何把 MDT 的實行變得簡單。至於 2000 年痲瘋桿菌基因體定序、痲瘋病的基因體科技成熟以後，關於抗藥性的討論有了更聚焦的方式，集中在「次發性抗藥性」的監控上面，亦即為何有的病人在完成療程以後會復發，而未曾回頭理解抗藥性的社會成因。

我們可以把 WHO 在 1980 年代為了 MDT 所做的科學研究與政策制定，以及在 2000 年代將基因體科技應用於全球痲瘋病防治，視為是一種「銜接的工作」，為社會世界、實驗室與實驗三個層次的工作組織，提供了整合方式。1980 年代的臨床藥物實驗只整合了實驗室與實驗層次的工作，當時唯一的動物實驗（小白鼠腳掌實驗）只有少數實驗室能夠進行。1970 到 1980 年代由 WHO 主導的臨床藥物實驗串連起可能有抗藥性的地區、英國牛津市的 Slade 醫院、倫敦的研究室，提出以 MDT 作為抗藥性問題的解答。基因體科技則是另一次整合工作，在這次的整合之後，抗藥性爭議擁有對科學工作而言有意義的問題切入點：監控復發的案例。

（二）黑盒子的內與外

然而，如此來理解以 WHO 為代表的國際醫療社群如何形成問題的切入方式以後，我們也會發現，治療方案加上監控網絡只是多種可能的切入方式之一。這個切入方式在經過 1970 到 1980 年代間的臨床實驗，獲得在醫療社群內受到認可的證據，並成為主流觀點以後，其他的可能切入方式卻沒有得到同等的資源挹注。例如，原發性的抗藥性病例，在 WHO 2009 年監控網絡中就沒有被納入討論。當我們再次深入檢視 MDT 治療方案的由來，可以發現即使在二十世紀後半，這個治療方案仍然有不少爭議，還是有在地工作者指出 MDT 治療方案有待商榷。其中一個最重要的原因是，MDT 在許多地方仍難以實施，例如，多菌型痲瘋的治療需要兩年之久，法國的研究者發現馬利共和國的人們由於住在鄉村，沒辦法定期回診，而這些病人之中不少有復發的現象，需要比較短期的治療方案（Ji et al.

1997）。此外，治療後復發並不只在馬利共和國發生。關於抗藥性的流行病學調查發現，在亞洲地區的三個國家（印尼、緬甸、菲律賓），不管是新個案或復發案例中，都有一定比例的病人對 MDT 的三種藥物（Rifampicin、Clofazimine 及 Dapsone）有抗藥性（Matsuoka 2010）。

2000 年代，一些研究者藉由基因體科技，提出 MDT 抗藥性存在的可能性。然而，同樣也是這些研究者藉由基因體科技說明 MDT 或許仍然是當前最好的作法。在這樣的科學共識下，WHO（2016）最新版的 Global Leprosy Strategy 2016-2020 中，把目標訂為 2020 年達到全球有可見殘障的新案例小於百萬分之一。

雖然抗藥性爭議並未落幕，但是在這份 Global Leprosy Strategy 2016-2020 策略中，WHO 重申 MDT 治療方案不會改變，並指出有二十二個國家應該持續使用 MDT。至於已經發生的抗藥性，除了被動地監控以外，WHO 並未進行任何積極的措施或討論。2009 年建基於基因體科技的監控網絡沒有將原發性抗藥性包括在內，而且這個網絡只有在發現治療後復發的案例時才會啟動。至於癩瘋病抗藥性的相關知識與實作下一步會如何發展？或許得等到 WHO 對抗藥性問題持續在全球進行若干年的監控與資訊蒐集以後，我們才能開始討論。

六、結論：黑盒子之外，不確定性始終存在

「癩瘋病可治癒」是否是一個科學事實？這是二十世紀幾代生物醫學研究者努力想回答的問題。科學工作中，為了形成有意義的問題，研究者需要找出社會世界、實驗室、實驗三個層次組織工作間的連結。在癩瘋病的例子裡，這個連結的形成經歷了半個世紀之久。本文回顧這個歷程，指出科學家與醫療工作者在二十世紀中期對癩瘋病治療藥物的樂觀與期待最早可以上溯到 1930 年代。這些樂觀與期待在 1950 年代因為治療藥物 DDS 的應用而具體實現，並在二十世紀後半

因為研究工具與 MDT 治療方案的發明而延續至今。WHO（2018）在官方網頁上將「痲瘋病是可治癒的」（Leprosy is curable with multidrug therapy [MDT]）列為痲瘋病的關鍵事實之一。此外，WHO 主張已經在 2000 年達成根除痲瘋病。然而，在痲瘋病的歷史上，研究者如何形成對科學工作而言有意義的問題，又是誰以什麼方式回答問題，誰被視為應該接受答案的對象，對科學工作未能確定的部分由誰以什麼方式處理？這些提問對科技與社會研究來說仍然有值得深入探討之處。

1950 年代 DDS 應用於痲瘋病治療，為醫療工作者帶來治癒痲瘋病的希望。隨著 DDS 的應用，1960 年代 WHO 所提倡的痲瘋病防治策略（massive attack）是積極尋找新案例，使之進入療程的疾病防治方式。這種大眾式的防治策略背後的想法，源自二十世紀前期開始對疾病因果關係的解釋以及對特效藥的追尋：既然人是唯一的傳染源，藉由把人群中受到感染的人找出來，納入管制及投藥，這樣就可以在人口中把這個疾病移除。這個策略背後的想法是，過去在殖民時期建立的療養院或各地的醫院可以作為中央的管理機構，然後痲瘋病的治療可以逐漸轉入一般醫療機構，不用在特定機構「隔離」。

隨著疾病防治與實驗室研究的進展，1970 到 1980 年代開始可以在實驗室內驗證與探索防治工作中的難題。極具啟發性的是，與其說這段時期的科學工作是提供新知，不如說是實驗室與實驗需要在既存的防治框架中發揮作用。1977 到 1983 年間，WHO 組成痲瘋病化學療法研究小組，以臨床實驗的方式試著確認抗藥性存在與否，並尋找有效的對應方式。這段期間的研究發現，未經治療的新案例中確實有不小比例的病人，其身上的病菌可以被認為具有原發性的抗藥性。此外，這個研究也發現 MDT 治療方案的效果。在這一階段的研究基礎上，全球痲瘋病防治網絡在 1980 年代逐漸成形。WHO 的研究群組在 1981 年建議採用 MDT 治療痲瘋病，提出簡化且標準化的治療方案。WHO 並在推行二十年後宣布痲瘋病已經被根除，痲瘋病根除計畫目標已達成（流行率低於萬分之一），繼而發布現階段的全球痲瘋病防治策略。

然而，二十世紀中期到 2000 年左右，關於痲瘋病是否可治癒、如何衡量和判斷治癒，始終充滿不確定性。直到幾個重要的痲瘋病科學研究之後，科學家與醫療工作者，包括細菌學者、組織學者與病理學者等，才逐漸提出足以支持「痲瘋病可治癒」的信念。二十世紀痲瘋病歷史上兩次重要的研究工具問世（1960 年代的小白鼠腳掌實驗與 2000 年代的基因體技術）都伴隨研究問題的重新框架。關於抗藥性問題，1960 年的小白鼠腳掌實驗為細菌論提供了證據、說明化學治療藥物的機制，同時發現抗藥性的存在；但決策者直到 1970 年代才正視抗藥性問題。2000 年代的基因體技術則使研究者開始可以調查抗藥性的範圍。有趣的是，在痲瘋桿菌基因體定序完成數年後的 2004 年，仍有流行病學者抱持對化學藥物的樂觀，認為是化學藥物帶來治療的希望（Lechat 2004）。這並不完全是流行病學者的知識不曾更新之故，事實上，這種樂觀正是二十世紀以來痲瘋病防治網絡積極建構的結果：痲瘋病可治癒。後來新發明的檢測工具、防治策略、監控網絡目的等，都有助於維持這個科學事實建構的穩定性。

　　回顧二十世紀幾代研究者關於化學藥物與檢測工具的追尋，以及在化學藥物的基礎上所發展的防治策略，目的並不是要否定研究者的努力。但需要指出的是，科學研究無法帶來絕對的確定性。事實上，在科學研究與醫療工作中，不確定性一直都在。在二十世紀的痲瘋病歷史之中，即使是當下認為合適的治療方式，在研發與執行過程中都需要一定的整合工作。這些整合工作使社會世界、實驗室、實驗三個不同層次的組織可以形成連結。然而，這個過程充滿機遇性，需要工作現場中的各種協商，無法事先預期。以痲瘋病來說，「痲瘋病可治癒」雖然在二十世紀初就已經是許多研究者與醫療工作者的信念和行動出發點，但真正成為科學領域的共識，其實是 1980 年代各種知識與實作的交會下，促成全球性痲瘋病防治網絡後才形成。

　　1980 年代開始成形的痲瘋病全球防治網絡影響了許多病人，它所實踐的 MDT 治療方案使得「痲瘋病可治癒」成為具有實驗室與臨床根據的事實。然而，除了

二十世紀中期樂觀的政策制定者之外，很少人能夠確定地說：痲瘋病可以治癒。我們很難指認在這個網絡中生物醫學研究的行動者，更難談論介入，因為這個網絡的形成歷史中，研究工具與研究目標經常是一起形成的。另外，研究工具的難以取得，使得研究目標一直在重新定義當中。例如，1960年代開始浮現的抗藥性，當時在缺乏工具可以形成問題的框架和治療藥物的情況下，抗藥性不被視為是需要處理的問題。

2009年建基於基因科技的全球痲瘋病抗藥性監控網絡，可以被視為對痲瘋病科學研究與醫療工作所涉及的不確定性回應，但這個回應方式同時也使一些觀點消音。關於抗藥性的爭議其實從未消失，只是1990年代以來的分子生物工具使得抗藥性的監控網絡在技術上變得可行；基因體科技讓「痲瘋病可治癒」的神話經歷抗藥性爭議，仍然維持可信性、持續成為黑盒子。到了二十世紀後期，關於痲瘋病的抗藥性爭議，以WHO為代表的國際健康治理組織的立場仍然是——抗藥性不是太大的問題，雖然對原發性抗藥的病人來說，事情並非如此。

回顧痲瘋病的抗藥性爭議與醫療社群所提出的解決方案，我們可以發現，在「痲瘋病可治癒」的黑盒子以外，不確定性一直都存在，代價也頗為昂貴。對已出現抗藥性，用藥很久都未痊癒，或者復發的病人來說，唯一的選擇就是用新的藥。在幾代知識與技術演變中，在二十世紀中的DDS時期開始接受治療的病人，成為最不可見的一群人。在台灣，今天仍然存在一群以痲瘋病為主要認同、生活在病人社群之中的人，他們的生命經驗不為現行主流痲瘋病醫學解釋框架所肯認。為此，我們必須細緻地討論醫療不確定性的代價，特別是不確定性的代價由病人所承受，社會中仍然有一群人因為痲瘋病而承受痛苦與歧視，並且持續地經歷邊緣化的時候。

引用文獻 |

Clarke, Adele E. and Joan H. Fujimura, eds., 1992, *The Right Tools for the Job: At Work in Twentieth-Century Life Sciences*. Princeton, NJ: Princeton University Press.

Edmond, Rod, 2006, *Leprosy and Empire: A Medical and Cultural History*. Cambridge: Cambridge University Press.

Fox, Renée C., 1959, *Experiment Perilous: Physicians and Patients Facing the Unknown*. Glencoe, IL: Free Press.

Fox, Renée C., ed., 1980, *The Social Meaning of Death*. Philadelphia: American Academy of Political and Social Science.

Fox, Renée C. and Judith P. Swazey, 1992, *Spare Parts: Organ Replacement in American Society*. New York: Oxford University Press.

Fujimura, Joan H., 1987, "Constructing 'Do-able' Problems in Cancer Research: Articulating Alignment." *Social Studies of Science* 17(2): 257-293.

Fujimura, Joan H. and Ramya Rajagopalan, 2011, "Different Differences: The Use of 'Genetic Ancestry' versus Race in Biomedical Human Genetic Research." *Social Studies of Science* 4(11): 5-30.

Ji, Baohong, Pierre Jamet, Samba Sow, Evelyne G. Perani, Issa Traore and Jacques H. Grosset, 1997, "High Relapse Rate among Lepromatous Leprosy Patients Treated with Rifampin plus Ofloxacin Daily for 4 Weeks." *Antimicrobial Agents and Chemotherapy* 41(9): 1953-1956.

Lechat, Michel F., 2004, "The Sage of Dapsone." Pp. 1-7 in *Multidrug Therapy Against Leprosy: Development and Implementation Over the Past 25 Years*, edited by H. Sansarricq. Geneva: World Health Organization.

Levy, Louis, 1999, The THELEP Controlled Clinical Trials in Lepromatous Leprosy, UNDP/World Bank/WHO Special Programme for Research and Training in Tropical Diseases (TDR). http://apps.who.int/iris/handle/10665/66423

Lowe, John, 1950, "Treatment of Leprosy with Diamino-diphenyl Sulphone by Mouth." *The Lancet* 255(6596): 145-150.

Matsuoka, Masanori, 2010, "Drug Resistance in Leprosy." *Japanese Journal of Infectious Disease* 63(1): 1-7.

Noordeen, S. K. and H. Sansarricq, 2004, "The WHO Leprosy Unit." Pp. 143-159 in *Multidrug Therapy against Leprosy: Development and Implementation Over the Past 25 Years*, edited by H. Sansarricq. Geneva: World Health Organization.

Pettit, J. H. S. and R. J. W. Rees, 1964, "Sulphone Resistance in Leprosy: An Experimental and Clinical Study." *The Lancet* 284(7361): 673-674.

Robertson, Jo. and A. Colin McDougall, 2005, "Leprosy Work and Research in Oxford, UK: Four Decades in the Pursuit of New Knowledge about an Arcane Disease." *International Society of Dermatology* 44(8): 695-698.

Sanger Institute, 2004, " News: The Complete Genome of the Leprosy Bacillus has been Sequenced." http://www.sanger.ac.uk/news/view/2000-04-13-the-complete-genome-of-the-leprosy-bacillus-has-been-sequenced

Shepard, Charles C., 1960a, "Acid-Fast Bacilli in Nasal Excretions in Leprosy, and Results of Inoculation of Mice." *The American Journal of Hygiene* 71(2): 147-157.

_____, 1960b, "The Experimental Disease That Follows the Injection of Human Leprosy Bacilli into Foot-Pads of Mice." *Journal of Experimental Medicine* 112(3): 445-457.

WHO, 1966, *WHO Expert Committee on Leprosy Third Report. World Health Organization Technical Report Series* 319: 1-31.

_____, 2006, *Report of the Global Forum on Elimination of Leprosy as a Public Health Program.* Geneva: World Health Organization.

_____, 2009, *Guidelines for Global Surveillance of Drug Resistance in Leprosy.* New Delhi: World Health Organization Regional Office for South-East Asia.

_____, 2016, *Global Leprosy Strategy 2016-2020: Accelerating towards a Leprosy-Free World.* Geneva: World Health Organization.

_____, 2018, "Leprosy." News, Fact sheets. http://www.who.int/en/news-room/fact-sheets/detail/leprosy

Worboys, Michael, 2000, "The Colonial World as Mission and Mandate: Leprosy and Empire, 1900-1940." *Osiris* 15: 207-218.

教學工具箱 |

問題與討論

1. 從近年來的哪些疾病中可以看到因為基因體科技的應用而發生的重新定義？其應用怎樣影響人們對疾病的理解？

2. 在瘋瘋病與其他疾病的例子中，基因體科技是否可以為難解的醫療問題帶來最終的、確定的答案？為什麼？

概念辭典

銜接工作（articulation work）

社會學者 Joan Fujimura 將 articulation 理解為不同層次的工作組織方式串連起來的過程，意指透過計畫與整合所進行的串連。Fujimura 認為一項科學研究之所以能夠形成有意義的提問，乃是由於研究者能夠藉著串連社會世界、實驗室與實驗三個層次的工作組織方式，最後形成一個可行的問題。

醫療不確定性（medical uncertainty）

醫療社會學者 Renée C. Fox 指出，醫療不確定性是現代醫學的重要特徵。討論醫療不確定性之所以重要且有趣，是因為醫學觸及人類既基礎又親密的身體和心理面向。Fox 曾在許多醫療的不同層面探討醫師與病人如何理解和面對不確定性。

族群、國家基因資料庫與治理
Governance of Racial/Ethnic and National Biobank

7

台灣客家族群基因溯源研究：
社會學與生物學對話

Study of Taiwan Hakka Genetic Origin:
Interdisciplinary Dialogue between Sociologists and Biologists

潘美玲等「客家基因溯源與好發疾病關聯性分析：
社會學與生物學的對話」整合型研究計畫團隊成員[1]

　　客家源流的釐清，不論是採取血緣論或淵源論，都是有待證實的問題。隨著研究工具的發展，分子生物學基因研究出現後，有助於辨析這些說法，但在這個議題上，必須謹慎避免掉入基因差異本質化的陷阱，同時也不該執取傳統的「社會建構」路徑，應該正視新近科學發展所帶來的知識內容，以「生物社會建構論」的角度思考生物學帶來的新資訊和說法，對於研究種族與族群的社會科學家所造成的挑戰和機會。本文簡述客家基因溯源整合型研究計畫的研究過程與結論，包括：一、遺傳結構上面的相對距離，如何解釋族群間親緣的親疏遠近，牽涉到人

---

[1] 計畫團隊其他成員包括：國立交通大學張維安（人文社會學系教授）、鐘育志（生物科技系教授兼生物科技學院院長）、黃憲達（生物科技系教授兼生物科技學院副院長）、劉奕蘭（教育研究所教授）、許維德（人文社會學系副教授）、林勇欣（生物資訊及系統生物研究所副教授），以及國立中央大學陳明惠（客家語文暨社會科學學系博士生）。

群分類的基本問題與預設，必須避免將相對距離上的遠近，當成基因上的絕對差異。二、不同學科領域學者的合作研究，對於當前的學術知識生產具有啟發的意義，以客家基因資料蒐集與溯源的跨領域研究來說，一方面為社會科學領域的族群建構論者，提供生物基因的參考資料，得以重新省思對於人群分類的看法如何不落入基因差異化本質論的陷阱，並開展出新的族群建構與想像；另一方面，參與的生物醫學領域學者則認知到，與社會科學學者合作進行社會人群分類與族群研究的科學知識生產，有諸多的挑戰與可能性。因此，透過不同學科的對話與合作，能夠「共構」並共享當前生物科技對族群起源研究的貢獻。

一、前言：研究簡介

　　國立交通大學結合客家研究與生物科技的學者，在 2014 年 7 月到 2015 年底之間進行「客家基因溯源與好發疾病關聯性分析：社會學與生物學的對話」整合型研究計畫。這個跨領域學者的合作研究計畫，客家族群研究學者希望藉助新進發展的分子生物學基因體研究技術，解決客家研究當中有關族群源流的爭議，而生物醫學領域的學者則藉由客家研究學者的協助，得到台灣客家人的「族群樣本」，從而可以與當前多數有關亞洲、漢民族，以及非常少數的客家族群分子遺傳學的文獻對話。

　　然而，這個跨領域研究計畫的重要性，不只是研究結果能為客家源流的論辯，提供來自基因科學的檢證，並且檢視在台灣客家族群的基因特質。此外，社會科學和生物醫學領域學者如何共同進行研究，尤其是有關族群與基因的課題，涉及到不同學科對於「族群」的定義與運用，以及基因在族群議題所扮演的角色，都是有待整合的議題。值得注意的是，這樣的研究可能對於社會科學領域當中已經成為共識的族群建構論，透過從分子生物學所得到的資料，帶來重新建構族群的觀點，以及為未來有關人體基因的研究，如何透過社會科學學者和生物醫學學者的交流，走出科學與社會二分的架構，建立更健全的學術發展機會。本文接下來說明這個整合型研究計畫執行的過程與結果，以及在後基因體時代，分子生物學如何與社會科學共構一個新的研究平台。

二、誰是客家人？

（一）個人族群身分認定的選擇

　　台灣是一個多元族群的社會，根據中華民國政府行政院官方網頁中呈現的住民分布（行政院 2018），台灣住民以漢人為最大族群，約占總人口 97%，十六族的原住民約占 2%，來自中國大陸的少數民族、大陸港澳配偶及外籍配偶等約占 1%。漢民族則由福老族群[2]（閩南文化）和客家族群為主要組成。從人口統計資料來看，每個人都有一個族群身分的歸屬項目，並且以「類別」項目作為測量的基準，達到周延而互斥的調查原則。然而，若就社會的現實情境而言，情況就會變得很複雜。以現任的中華民國總統蔡英文為例，她的父親是帶有排灣族血統的客家人，母親是福老人（閩南人），就以一般祖宗三代的血統而論，蔡總統身上至少有三種族群的成分，按照比例來看，約有一半的福老血統、各四分之一的客家和排灣族血統。此外，按照《客家基本法》第二條的定義：「指具有客家血緣或客家淵源，且自我認同為客家人者」（行政院客家委員會 2011），蔡英文總統可以算是客家人。

　　不只是蔡英文總統，按照這個定義，台灣歷屆的民選總統，可以說都有客家血統或客家淵源，例如，李登輝的祖籍是福建永定，有著名的「客家土樓」，也就是客家原鄉所在。陳水扁的祖籍是福建詔安，在台灣已經是第九代的移民，福建詔安是閩客混居的區域，而在台灣的詔安客，由於與福老族群長期互動，成為所謂的「福老客」。馬英九也有客家淵源，曾有一則媒體報導寫道：「馬還提及自己也是客家人，因為他的祖先最早在春秋戰國時代的陝西，然後遷往江西、湖南然後才到台灣，當他在苗栗馬家庄看到陝西扶風堂的堂號，才發現原來大家在

---

[2] 日本時期以來，許多研究台灣語言本地學者普遍使用「福佬」，基本上「河」、「福佬」、「福老」、「佬」、「Holo」等都是同音，本研究團隊認為「佬」帶有貶抑的意義，選擇採用「福老」為名。

2200 年前是一家人，歷經各自遷徙流離才在台灣碰面。」[3] 馬英九 2008 年當選總統之後，當時的苗栗縣長劉政鴻特別在馬家莊蓋了一座「馬英九奮鬥館」（俗稱「馬奮館」），與馬家宗祠一起作為吸引遊客的觀光景點。

台灣這個多元族群的社會，歷經數百年來的族群通婚與互動，族群間的界線，尤其屬於漢人的福老和客家幾乎難以分辨，大多數台灣人身上都流著不同族群的血液（林媽利 2010）。幾任的民選總統，除了蔡英文曾努力學習客語之外，其他幾位都不會講客語，他們的父親也不會講客話。其中，陳水扁和馬英九的客家淵源年代更久遠，但在目前台灣客家人的官方定義之下，都是客家血統或客家淵源，甚至如果他們主觀地認定自己是客家人，就算具有客家族群身分。雖然這幾位總統的客家身分，通常只有在面對「客家鄉親」時，才會浮現。

如同歷屆民選總統的例子，在社會現實情境中，個人的族群身分可能是多重的，身分選擇相對於情境或社會脈絡而定，更何況大多數台灣人都能使用多種語言。在日常生活中，也不見得能輕易分辨出個人族群身分。

（二）台灣客家族群界定的流變

至於客家人的界定，也隨著台灣社會在不同政權的治理下，以及社會發展脈絡而有不同，具體地呈現在「官方人群分類架構」的差異當中。日治時期的日本殖民政府對於台灣「本島人」的內部分類，是以「種族」類屬進行，分為「漢民族」與「蕃族」。漢民族根據祖籍細分為「福建人」、「廣東人」和其他，客家人則被歸類在粵人的範疇之下。戰後國民政府接收台灣之後，國民政府直接繼承沿用，但「種族」別的資料在政權轉換過程中，直接轉變成「籍貫」，以省分為行政單位的新分類。在籍貫制度之下，客家族群以「廣東祖籍」的方式呈現在政府機關的統計資料中。在進行戶口調查時，以「祖籍」為主要原則，若調查人遺忘或無

---

[3] 《蘋果日報》，2013 年 9 月 25 日報導。

法判別時，則以「語言」作為判斷的標準（施添福 2013：29）。然而，客家人並不等於粵人，台灣客家人的祖先由粵東的嘉應州、惠州府、潮州府，以及閩西的汀州府遷入，陳運棟評論 1956 年國民政府戶口普查資料時，就指出：

「廣東省系」，係指其祖籍來自粵東的居民，一般稱之為「客家人」。其語言大多操「客家話」；但原居潮州及汕頭一帶的居民則操「閩南語」。又福建省汀州府之居民，卻操「客家話」。是以台籍客人之劃分，殊難十分準確。（陳運棟 1978：126）

也就是說，客家族群並不限於粵人，國民政府沿用日本政府所使用的台灣漢人祖籍區分，和客家語系的範圍並不一致（王甫昌 2005：92-93）。

以台灣社會而言，族群概念是誕生於 1980 年代中期的新生現象，根據王甫昌的觀點，台灣的客家現象是 1980 年代之後的社會建構，是「政治力量互相較量、妥協、以及與民眾互動的社會建構結果」（王甫昌 2003：3, 55）。客家移民來自不同的原鄉，有海陸、四縣、饒平、大埔、詔安等腔調，桃竹苗的客家人和南部六堆的客家人也沒有密切的往來；1988 年「還我母語」運動的集體行動是客家族群建構的重要里程碑。民進黨執政後在 2001 年成立「行政院客家委員會」（2012 年改制「客家委員會」），號稱「全球唯一的中央級客家事務專責主管機關，以振興客家語言文化為使命」（客家委員會 2016），自此之後，客家成為中華民國制度化的族群。

（三）客家族群源流的問題

台灣社會在 1990 年代出現「四大族群」論述，是一種對抗「我們都是炎黃子孫」的中華國族論述，是對籍貫制度的翻轉，凸顯台灣社會在歷史文化經驗上的特殊性。當時為了回應社會內部不同的聲音與政治需求，將「外省人」保留下來，

又為了迴避「福老沙文主義」的指控，將「本省人」分為「福老人」、「客家人」與「原住民」（李廣均 2008：101）。上述的族群分類成為台灣社會從政治選舉、文化活動，甚至學術研究重要的參考架構，並成為影響政治行為、文化理解，甚至政策施行的焦點（王甫昌 2003, 2005），「族群主流化」也被政府納入未來施政的目標。

　　台灣社會的「族群化」現象，普遍展現在一般民眾的思維與菁英學者的論述上。值得注意的是，對於人群分類的研究，當代社會科學族群研究的共識是「建構論」的主張，「不將族群、種族和國族看待為實體或具體的存在，也就是說，將族群化、種族化和國族化想成政治的、社會的、文化的和心理的過程」（Brubaker 2004: 9-10）。2010 年 1 月《客家基本法》正式三讀通過，確定客家人的官方定義：「指具有客家血緣或客家淵源，且自我認同為客家人者」，就是根據「社會建構論」的觀點。根據這個定義的客家人口數是 420.2 萬，約占台灣 2,300 萬人口的 18%（客家委員會 2014）。

　　然而，儘管納入建構論的觀點，但在族群化的社會發展趨勢之下，將起源或「血緣」作為族群認同根據的作法，依然相當普遍。對客家族群源流的探索，是近代「客家研究」學者爭論的焦點。有關客家源流目前有三種觀點：「客家純種漢人／中原起源說」、「客家南方土著融合說」與「客家中原漢人融合說」。

　　「客家純種漢人／中原起源說」是學者羅香林把客家源流與中國移民史結合，將客家先民的南遷與歷史上幾波重要的大規模人口遷徙接合在一起，建構出客家「民系」[4]是漢民族中一個優秀支系的說法。他指出：「客家為漢族裡頭的一個支派，已是一般學者公認的事實」（羅香林 1992[1933]：14）。羅香林及其後的追隨者（如，陳運棟 1978；張衛東 1991；鐘文典 1996）樹立了客家先民源自中原，是中

---

[4] 「民系」是羅香林所創造的概念，用來說明一個族群內部的分支團體，客家因為歷史遭遇等因素，而成為漢族的支派。

原衣冠南渡士族的論述，使客家人對祖先歷史念念不忘並引以為榮。上述前總統馬英九的客家淵源，就是建立在這個論說基礎上。然而，對於客家人是北方漢人的說法，卻有學者提出質疑。

房學嘉在 1994 年出版的《客家源流探奧》一書中，從考察客家地區古代文明入手，透過歷史學、文化人類學和社會學的觀點，結合大量的考古和田野調查資料，發現在中原文化入主現今閩、粵、贛客地以前，該地早就有一個百越文化存在，其文化並非中原漢人南來以後才產生的（房學嘉 1994：48-57），因此「客家人並不是中原移民。他們既不完全是蠻，也不完全是漢，而是由古越族殘存者後裔與秦統一中國以後來自中國北部及中部的中原流人，互相混化而成的人們共同體」（房學嘉 1994：2）。換句話說，客家先民的構成元素是以南方土著為主，然後再融合中原南遷的漢人而形成。

「客家中原漢人融合說」是結合上述兩種立場，雖然贊同羅香林所言，客家先民是以中原漢族為主要成分，但卻兼融當地土著的文化和影響，成為以中原漢人為主並融合當地土著的一群人（謝重光 1995[1933]：12-84；陳支平 1997：123）。

無論是「客家純種漢人／中原起源說」、「客家南方土著融合說」，抑或「客家中原漢人融合說」，這些文獻所依靠的主要證據，不是族譜或其他史料，就是田野調查或語言相關材料，屬於傳統的文史哲或社會科學式的探究。這些討論客家族群起源的學者大多利用歷史文獻和考古文物的材料，以社會集體記憶的內容為根據，試圖重建過去發生的事實。然而，如同史學家王明珂指出：「族譜所表現的不一定是生物性的親屬關係。事實上，族譜記載中經常忘記一些祖先，特別記得或強調一些祖先，或竊取攀附他人的祖先，甚至創造一個祖先」（1994：128）。由於過去的歷史事實已然無法重現，人們通常為了現實的需要而重建過去的歷史，上述幾種觀點所使用的材料都有同樣的問題，因此無法產生定論。

三、族群基因資料庫

有關族群起源的研究工具，隨著分子遺傳學在理論概念和實驗方法上的進展，越來越多的文獻討論「人類基因差異」（human genetic variation）（如 Pennisi 2007; Sankar and Cho 2002; The Human Genome Structural Variation Working Group 2007）。以族群層次建立的人口基因資料庫（population-based genetic database）也開始出現，例如，1991 年著名人口遺傳學者卡瓦利 - 斯弗札（Luigi Luca Cavalli-Sforza）與其他演化生物學家，倡議採取不同人群的組織和血液樣本，設立蒐集非洲、亞洲、美國、歐洲與大洋洲的原住民人口血液為主的「人類基因體多樣性計畫」（the Human Genome Diversity Project），以了解不同人群間的差異，並進一步探討人類起源、遷徙與演化的歷史。問題是如何界定和挑選合乎計畫所需的「人群」，出現了重大的爭議和困難，原住民團體則擔心研究結果會損及權益而群起反對，最後這個計畫在「人群分類」看法沒有共識，以及原住民團體強力抵制之下，宣告終止（李尚仁 2009：81-83）。

然而，在「人類基因體多樣性計畫」中不被視為是「生物上有意義的團體」的非裔美國人（African-Americans）（李尚仁 2009：83），有學者透過 DNA 資料，追溯他們從非洲不同地區被帶到美洲的歷史，以及 1910 年代以後，從美國南部大規模地往美國各城市遷移的歷程，並從這些基因資訊中，看到非裔美國人在蓄奴制度下所受的壓迫，以及女性所承受的性迫害。針對這個群體的研究，雖然從非洲的來源不同，但因為在美國經歷了共同歷史，從而呈現出基因的類型與多樣性，提供進行族群基因研究的參考（Baharian et al. 2016）。

2000 年人類基因圖譜完成初步定序後，雖然指出人類基因只有 0.1% 的差異，但因為基因科技的進步挑戰了社會科學對於族群研究的建構論觀點，原本被摒棄的人群分類之生物性基礎，由於生物科學技術的突破，基因知識得以介入有關種族／族群、民族等議題，構成研究上「生物學重返」（The return of biology）的重

大變化（Brubaker 2015: 48-84）。面對新興基因科技發展，學者建議不應回到獨尊科學決定論，但也不能完全只從社會建構論的方式理解族群議題，必須走出生物科學和社會科學各說各話的老路，以生物與社會共構的角度進行分析（蔡友月 2014：11-15）。

目前的亞洲或漢民族的族群研究，針對客家族群源流的研究並不多，客家族群通常只是研究涵蓋範圍內的一小部分組成。以台灣而言，主要的人類族群遺傳學研究者是馬偕醫院的林媽利醫師，從早期利用單一的體染色體 HLA 基因，到後期把父系遺傳的 Y 染色體 DNA 與母系遺傳的粒線體 DNA 也納入研究中（Lin et al. 2001; 林媽利 2010）。林醫師的研究目的主要是探討在台灣人的遺傳組成成分中，平埔族與漢民族的貢獻分別各占多少，因此客家族群在研究中只是台灣人的一部分，以主觀認定的台灣客家族群進行取樣，客家族群的源流問題並非該研究所關心的問題。

實際企圖探討客家源流而成為主要引用的文獻，是 2003 年中國復旦大學金力的研究團隊，由李輝為首在中國《遺傳學報》期刊所發表的論文（李輝等 2003）。這個研究在福建長汀採樣一百四十八人，涵蓋絕大部分長汀主要的客家姓氏，在後續另一篇探討漢民族遷徙的文章中，再度使用同樣是福建長汀一百四十八個樣本的資料（Wen et al. 2004）。在這兩篇文章中，父系遺傳的 Y 染色體 DNA 與母系遺傳的粒線體 DNA 同時被拿來分析，研究結論是：福建長汀的客家人，父系的祖先大多承襲自北方漢人；母系的祖先則多半來自南方的原住民。

然而，整體客家族群的源流，並未就此獲得解答，主要的問題在於「樣本的代表性」，或者應該說是研究者對於客家族群的看法，預設了取樣的策略所得到的研究結果。例如，研究中只取樣福建長汀的客家族群，但這批樣本並無法代表其他的客家族群；福建長汀位於福建與江西交界的山區，族群的源流歷史有可能與其他地區的客家族群不盡相同，像是廣東靠海的客家族群，還有待檢證。唯有廣泛地採樣，才能了解整體客家族群的源流歷史。

2008 年以後開始出現利用生物晶片分析基因體大量單核苷酸多態性（single nucleotide polymorphism, SNP）資料的技術，人類族群遺傳學的研究因此有了大幅度的進展。新加坡的研究團隊在 2009 年使用生物晶片分析，探討漢民族的遺傳結構，發現在漢民族當中，遺傳結構呈現從北到南逐漸改變的狀態（Chen et al. 2009）。在他們的主成分分析（principal component analysis, PCA）結果中，廣東的粵、客家、潮州人是可以被區分開來的，也就是分析的生物晶片 SNP 數量夠大、解析力夠高，是有機會將南方族群間的遺傳結構差異分析出來。這對於探討整體客家族群的源流，以及不同客家族群間的差異，提供重要的參考訊息。

四、跨科際的台灣客家族群基因研究

上述的分子生物學在族群基因研究上的發展，以及林媽利醫師對台灣人遺傳基因的研究，漸漸開展出一個新興的學術研究領域。國立交通大學的生物科技學院和客家文化學院在 2014 年的暑假，由兩個學院的院長領軍成立跨領域研究團隊，由交通大學的研究發展處提供研究經費，[5] 進行台灣客家人的族群基因溯源研究。有關族群基因的研究，交大客家文化學院的社會科學研究者雖然長期關注，但限於生物科學的技術門檻，並沒有進行對話的能力，直到交大生物科技學院的前任黃院長主動向當時的客家學院院長提議，共同進行相關的研究，並在繼任的生科院鐘院長的支持之下，形成跨學院的研究團隊。

兩個領域的學者為了相互理解彼此的學術領域，先利用讀書會的方式共同閱

---

[5] 國立交通大學是以理工資訊科系為主的大學，1994 年成立第一個生物科技相關的研究所，2003 年獲准成立生物科技學院，客家文化學院則是於 2002 年開始籌設的客家學院單位，當時客家人已經成為中華民國制度化的族群。這兩個在 2000 年之後成立的學院，反映了台灣社會對新興生物科技的創新發展，以及台灣社會發展多元族群文化的脈絡。

讀客家源流的相關文獻，以及有關人類起源的基因、族群和語言的演化歷史，特別是卡瓦利-斯弗札的兩本著作：《人類大遷徙》（*CHI SIAMO: La Storia Della Diversità Umana*）與《追蹤亞當夏娃》（*Geni, Popoli e Liugue*）。接著確立整合型計畫以「認同研究」的視角探索「客家認同」，另一方面以「分子生物學」的觀點研究「客家基因」的相關議題。客家學院中的族群研究學者，進行客家源流的文史與社會科學文獻的資料蒐集，生科院的學者則負責規劃進行人體基因採樣的研究設計，包括檢測晶片的類型與樣本的採集原則。

　　首先處理的問題是釐清台灣五種客家語言腔調的使用者，他們的族群認同的社會、文化與生物類別。根據五種客語腔調分類，著重的是客家族群不同語言群體間的比較，分別探討族群文化面向的「客家性格」、社會面向的「族群認同強度」，以及生物面向的「基因組成」，繼而以三個面向蒐集到的資料進行比對，理解彼此之間的重合或差異程度，以作為理解台灣客家人是否為社會、文化、生物同質的群體？或者只在其中一個或兩個面向上是同質的群體？而五種腔調群體彼此之間若呈現顯著的差異，又可能呈現哪些形態？研究進行的方式分成兩個部分：第一、針對五種客家語言腔調的人群進行「性格與族群認同問卷」調查，以了解客家人的族群認同強度與性格特質。其二、進行口腔黏膜檢體的採樣，運用所取得的各客家族群 DNA 資訊作為測試資料集合（Test Set）；最後將問卷蒐集到的資料和生物晶片檢測到的基因資料，分別以語言、源流、性格、族群認同強度、好發疾病等變項，進行分析。

　　問題是，要如何找到「血統純正」的客家人？台灣的客家移民由於祖先來自不同的地區，一般分成「四縣」、「海陸」、「大埔」、「饒平」、「詔安」五種腔調。研究計畫因此設定必須包含這五種腔調的客家人，希望每種腔調能夠找到六十個樣本，立意是藉此檢驗語言腔調上的差異，是否在基因資料也有差別？這群人若與其他亞洲人群既有的基因資料比對，會與哪些族群相近？從而可能解決有關客家族群起源的爭議嗎？然而，長時期以來，客家人與周邊其他族群通婚

的現象非常普遍，特別是早期客家先民遷徙到台灣時，很多隻身來台並與原住民結婚的案例；近年來客家族群也是最明顯的外婚族群。因此從台灣的客家人當中，如何找到具有客家族群「純正」血統的樣本，是一個很大的挑戰。

如何取得合適的樣本的標準，由生科專業的團隊成員擬定原則，以擁有「客家血緣」，包括父母親、祖父母等三代，都講該種腔調的客家人為對象。個別研究樣本並且避開同一家族成員，也就是一個家族以一名為限。為了召募到合適的樣本，受試者必須符合以下所有的條件：出生在台灣的客家人；祖父、祖母、外祖父、外祖母都說「同一種客語腔調」；同一個祖父母或外祖父母的後代，只能有一位受試者。換句話說，受試者彼此之間不能有太近的血緣關係，自己如果成為受試者，則其父母、祖父母、外祖父母、兄弟姊妹、叔叔伯伯姑姑、舅舅阿姨，或是兒女、孫子女，都不能再成為受試者。受試者三代之內的資訊必須可以掌握，若三代祖先當中有任何在血緣或腔調上無法確定的情況，為了樣本的適用性，就不能成為研究樣本。

實際進行取樣與調查由客家學院的計畫成員負責。研究採取立意抽樣，進行抽樣時同時留意其他佐證，例如，族譜、姓名的輩分規則、堂號等，足以判定身分源流的佐證因素。首先根據民國 99-100 年（2010-2011 年）的全國客家人口基礎資料調查研究，各種客家腔調在客家人口集中的縣市的分布規劃樣本蒐集地區。根據其表 5-1 從縣市別觀察客語腔調分布情形，大部分縣市的客家人以「四縣」腔為主要溝通腔調，尤其苗栗縣當中「四縣腔」的使用比例高達八成以上，居各縣市之冠。新竹縣市則是使用「海陸腔」的比例大於其他腔調。使用「大埔腔」的客家人較少，以行政區改制前的台中縣使用比例達三成以上（31.3%），與「四縣腔」及「海陸腔」的比例接近。使用「饒平腔」的縣市以新北市、新竹市、雲林縣及台南縣等較高，但都不及使用「四縣腔」及「海陸腔」的比例。雲林縣則以「詔安腔」的使用比例最高，接近縣內的近半數（48.2%）客家人。

由於要符合計畫原初設定的受試者，必須是沒有跟其他腔調或族群通婚的後

代，但在目前的台灣社會要找到符合標準的樣本並不容易，採樣的過程比原先預期的困難許多。其中「饒平腔」到計畫結束時，勉強只找到兩位合乎條件的受試者，研究者於是調整計畫的採樣架構，將原先的「四縣腔」再分成南、北四縣腔，取代「饒平腔」的樣本數。從 2015 年 2 月 8 日起，到 9 月 15 日期間，從第一次到台中市石岡區下田野開始，研究團隊透過各種方式與管道找尋合格的受試者，足跡遍布台灣西半部的客家庄，北至台北南港、南到屏東佳冬。在採樣過程中，研究團隊就發現到族群通婚、語言使用混雜的程度相當普遍，甚至有研究人員發現自己親戚的家族成員，原來和福老人、道卡斯竹塹社有血緣關係。[6]

圖 1 進行 DNA 採樣與問卷調查
資料來源：陳明惠等（2017）。

---

[6] 上述段落內容，以及圖 1、圖 2，摘自陳明惠等（2017）。

圖 2 到客家人祭拜來台祖的場合尋找合適的樣本
資料來源：陳明惠等（2017）。

　　研究團隊以主成分分析法分析所取得的二百八十四個有效樣本 [98% 的基因標記被定序（call rate）[7]]，初步發現不同客家腔調族群之間，並沒有呈現明顯的結構差異。另外，研究團隊也與 HUGO Pan-Asian SNP Consortium （Chen et al. 2009）和新加坡研究團隊的原始數據（Li et al. 2008）進行比對，發現台灣的客家族群遺傳結構，與北方漢人的距離較遠，而與南方族群較近，但也從分布中看到台灣的客家人和廣東的客家人之間有明確的區隔。如圖 3 初步結果所示，台灣五種客語腔調人群集中且重疊地分布在右上方，往左依次是廣東的潮州人、廣東的客家人，左下方則是廣東的廣東人。這個結果顯示，來到台灣後的客家族群可能有各種複雜的通婚歷史，也就是說，雖然研究採取嚴格的採樣標準（受試者的三代都說同

---

[7] Call rate 又稱作 Genotyping completion rate，是指在所有標記（markers）中，被定序出來的比例。

樣腔調的客家語），目的是讓樣本能反映五十年前不同客語腔調人群的遺傳組成成分，但是，似乎在五十年前的更早之前，族群間的通婚就可能已經頻繁地發生，導致樣本都表現出類似的遺傳組成成分，並且與目前廣東的客家族群有明顯的差異。這種頻繁的「混血」情況可能發生在不同的客語腔調人群之間，可能發生在閩客之間，也可能發生在移民的漢人與原住民之間。所採樣的五個主要客語腔調人群間類似的遺傳組成成分，可能是來到台灣後才形成的。

　　研究團隊針對這個初步的結果，舉辦工作坊邀請相關領域的專家學者評論，進行跨領域的對話。對於族群遺傳結構的分析，牽涉到樣本的群體如何劃分，可

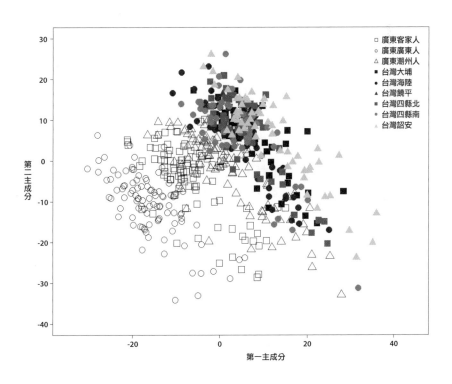

圖 3 台灣客家族群與廣東三個族群的第一與第二個主成分分析圖

能是採取既定的族群分類，亦可按照主成分分析之後樣本座標分布的狀態進行事後的分群。而群體間的比較分析，有一種做法是透過每個樣本在空間上相對應的座標，以各分群內座標的平均值建立各群中心點，再比較各群體間中心點的距離，從而定義各群體之間的親疏遠近。此距離比對方式，通常較適用於群體內同質性高而群體間差異性大的情況。另一種分析方式則是直接比較不同群體的分布狀態，以及群體間的重疊程度。因此，事先預設或事先不預設樣本的分類，以及分析比較的方法，基本上就有可能會是影響族群遺傳結構分析的關鍵因素。對於台灣客家人是否為北方漢人，或者畬族漢化而來的問題，生科學者通常採取假設驗證的方式，用是非題來比對客家族群與其他族群的關係。社會科學者則建議採取相對的方式解釋，因為這是一種相對性的距離，如何判定親、疏、遠、近的標準，恆常有討論的空間，而非絕對的。舉例來說，既有幾個與客家基因溯源有關的基因研究，比對的樣本如中國北方漢人、南方漢人，以及南方少數民族如苗族、傣族、畬族等，基本上是直接採取實驗室之外的社會人群分類概念，有些族群的構成仍有爭議，例如畬族，而有些族群的採樣則有待檢證。因此，即使在分析遺傳結構上呈現差異，對於族群間的親緣關係，仍不宜採取定論式的說法。此外，在研究過程當中，如何進行基因結構的比對，是透過資料進行分群，或者以預設的群體分類，生科學者之間也有不同的意見，呈現彼此對於族群概念定義的差異性（蔡友月 2012）。

從以上的分析中，可以看出族群基因研究牽涉到不同學科對於人群分類、族群定義、採樣程序、資料分析等內容與過程的認識論和方法論。儘管如此，研究團隊仍有一致的共識：若要確定客家族群的遺傳基因結構，必須透過與台灣其他的族群進行比較，才能確定是否是客家族群獨有，或者與其他族群共享。當然，如何在台灣取得其他族群的有效樣本，同樣是艱鉅的研究挑戰。

五、結論

　　客家源流的釐清，不論是採取血緣論或淵源論，都是有待證實的問題。隨著研究工具的發展，分子生物學基因研究出現後，有助於辨析這些說法，但在這個議題上，必須謹慎避免掉入基因差異本質化的陷阱，同時也不該執取傳統的「社會建構」路徑，就如主張「生物社會建構論」的學者 Brubaker 所提議的：「重返生物學對於研究種族和族群的社會科學家同時帶來挑戰和機會，不論是主觀論者或建構論者皆然……它帶來的機會是從基因的基礎上思考種族和族群（先不管有沒有效度），已然帶來新的資訊和說法」（2015：55）。

　　研究團隊在客家基因溯源研究的過程中，發現族群樣本與基因晶片會影響研究結果，因此以最嚴格的三代都使用同一種客語腔調為取樣標準，卻得到台灣族群間通婚混血的情況，在五十年前已經頻繁發生的事實；亦即使用不同客語腔調的客家人，在生物基因上無法區分。採取的晶片所讀出來的資訊，以及可供選擇的晶片限制，也會影響到DNA資訊的蒐集和分析，這些都是影響研究結果的因素。此外，對於遺傳結構上的相對距離，如何解釋族群間親緣的親疏遠近，牽涉到人群分類的基本問題與預設，必須同時對這些預設進行檢證，避免將相對距離上的遠近，當成基因上的絕對差異，才能確實掌握研究數據的意義。

　　最後，不同學科領域學者的合作研究，對於當前的學術知識生產具有啟發的意義，以「客家基因溯源與好發疾病關聯性分析」整合型研究計畫來說，一方面為社會科學領域的族群建構論者，提供生物基因的參考資料，得以重新省思對於人群分類的看法如何不落入基因差異化本質論的陷阱，並開展出新的族群建構與想像。另一方面，參與的生物醫學領域學者則認知到，與社會科學學者合作進行社會人群分類與族群研究的科學知識生產，有諸多的挑戰與可能性。因此，不同學科的對話與合作，「共構」並共享當前生物科技對族群起源研究的貢獻，進行創新的族群源流方法，對於往族群主流化發展的社會將會扮演重要的角色。

引用文獻 |

王甫昌，2003，《當代台灣社會的族群想像》。台北：群學。

_____，2005，〈由「中國省籍」到「台灣族群」：戶口普查籍別類屬轉變之分析〉。《台灣社會學》9：59-117。

王明珂，1994，〈過去的結構：關於族群本質與認同變遷的探討〉。《新史學》5（3）：119-140。

卡瓦利 - 斯弗札（L. L. Cavalli-Sforza）著，樂俊河譯，2000，《人類大遷徙》。台北：遠流。

卡瓦利 - 斯弗札（L. L. Cavalli-Sforza）著，吳一丰、鄭谷苑譯，2003，《追蹤亞當夏娃》。台北：遠流。

行政院，2018，官方網站，中華民國國情簡介：土地與人民／人民。http://www.ey.gov.tw/state/News_Content3.aspx?n=7C222A52A60660EC&s=FFD5D521BBC119F8（取用日期：2018/1/10）

客家委員會，2011，〈行政院客家委員會委託研究報告：99 年至 100 年全國客家人口基礎資料調查研究〉。台北：行政院客家委員會。

_____，2014，《公布 103 年度台閩地區客家人口推估及客家認同委託研究成果》。台北：客家委員會。

_____，2016，官方網站，機關介紹／本會簡介。http://www.hakka.gov.tw/ct.asp?xItem=126452&ctNode=2371&mp=1&ps=（取用日期 2016/3/8）

李尚仁，2009，〈人群分類的難題〉。《科學發展》434：81-83。

李廣均，2008，〈籍貫制度、四大族群與多元文化：國家認同之爭下的人群分類〉。頁 93-110，收錄於王宏仁、李廣均、龔宜君等編，《跨戒：流動與堅持的台灣社會》。台北：群學。

李輝等，2003，〈客家人起源的遺傳分析〉。《遺傳學報》30（9）：873-880。

房學嘉，1994，《客家源流探奧》。廣東：廣東高等教育出版社。

林媽利，2010，《我們流著不同的血液：以血型、基因的科學證據揭開台灣各族群身世之謎》。台北：前衛。

施添福，2013，〈從「客家」到客家（一）：中國歷史上本貫主義戶籍制度下的「客家」〉。《全球客家研究》1：1-56。

陳支平，1997，《客家源流新論》。南寧：廣西教育出版社。

陳明惠等，2017，〈台灣客家人尋蹤：「客家基因溯源與疾病關聯性分析：社會學與生物學的對話」田野紀要〉。《全球客家研究》9：207-248。

陳運棟，1978，《客家人》。台北：聯亞。

張衛東，1991，《客家文化》。北京：新華出版社。

蔡友月，2012，〈科學本質主義的復甦？基因科技、種族／族群與人群分類〉。《台灣社會學》23：155-194。

_____，2014，〈基因科學與認同政治：原住民DNA、台灣人起源與生物多元文化主義的興起〉。《台灣社會學》28：1-58。

謝重光，1995[1933]，《客家源流新探》。福州：福建教育出版社。

羅香林，1992[1933]，《客家研究導論》，台一版。台北：南天書局。

蘋果日報，2013，〈國民黨歷任黨魁　馬英九：客家人比例高〉。2013 年 09 月 25 日，http://www.appledaily.com.tw/realtimenews/article/new/20130925/264515/

鐘文典，1996，〈客家與客家研究的幾個問題〉。《客家研究輯刊》2：14-29。

Baharian, Soheil, et al., 2016, "The Great Migration and African-American Genomic Diversity." *PLoS Genetics* 12(5): e1006059.

Brubaker, Rogers, 2004, *Ethnicity Without Group*. Cambridge, MA: Harvard University Press.

_____, 2015, *Grounds for Difference*. Cambridge, MA: Harvard University Press.

Chen, Jieming, et al., 2009, "Genetic Structure of the Han Chinese Population Revealed by Genome-wide SNP Variation." *American Journal of Human Genetics* 85(6): 775-85.

HUGO Pan-Asian SNP Consortium, 2009, "Mapping Human Genetic Diversity in Asia." *Science* 326(5959): 1541-1545.

Human Genome Structural Variation Working Group, 2007, "Completing the Map of Human Genetic Variation." *Nature* 447(7141): 161-165.

Lin, Marie, et al., 2001, "The Origin of Minnan and Hakka, the So-called 'Taiwanese', Inferred by HLA Study." *Tissue Antigens* 57(3): 192-199.

Li, J. Z., et al., 2008, "Worldwide Human Relationships Inferred from Genome-wide Patterns of Variation." *Science* 319(5866): 1100-1104.

Pennisi, Elizabeth, 2007, "Breakthrough of the Year: Human Genetic Variation." *Science* 318(5858): 1842-1843.

Sankar, Pamela, and Mildred K. Cho, 2002, "Toward a New Vocabulary of Human Genetic Variation." *Science* 298(5597): 1337-1138.

Wen, Bo, et al., 2004, "Genetic Evidence Supports Demic Diffusion of Han Culture." *Nature* 431(7006): 302-305.

教學工具箱 |

建議閱讀

王明珂，2016，《蠻子、漢人與羌族》（二版）。台北：三民。

王甫昌，2003，《當代台灣社會的族群想像》。台北；群學。

_____，2005，〈由「中國省籍」到「台灣族群」：戶口普查籍別類屬轉變之分析〉。《台灣
社會學》9：59-117。

陳明惠等，2017，〈台灣客家人尋蹤：「客家基因溯源與疾病關聯性分析：社會學與生物學的
對話」田野紀要〉。《全球客家研究》9：207-248。

Brubaker, Rogers, 2015, "The Return of Biology." Pp.48-84 in *Grounds for Difference*. Cambridge,
MA: Harvard University Press.

網站

客家委員會，全國客家人口暨語言基礎資料 http://www.hakka.gov.tw/Content/Content?NodeID
=626&PageID=37585

問題與討論

1. 客家委員會歷年「客家人口基礎調查資料」的客家人身分認定方式有幾種？你／妳如何詮釋
   不同的定義與人口數量的變化？

2. 請找出自己家族的族譜，並且記錄父母、祖父母、外祖父母的族群身分，最後思考如何認定
   自己的族群身分？

3. 若要「科學地」驗證客家基因溯源的問題，需要蒐集到哪些樣本？並且評估獲得這些樣本的
   可能性。

概念辭典

生物社會建構論（biosocial constructivism）

不同於傳統的社會建構論，生物社會建構主義強調打破將生物與社會放置在二元對立的解釋架
構，主張研究過程應進一步深入討論生物過程如何受社會形塑，以及社會過程又如何受生物面
向影響的雙向過程。

人口基因資料庫（population-based genetic database）

1980 年代以來，分子生物醫學中的差異基因（genetics of difference）研究蓬勃發展，出現包括國家、族群等不同層次的人口資料庫。其中使用人群原有的族群／種族分類，蒐集生物檢體建立特定族群／種族的 DNA 生物資料庫，包括美國史丹佛大學蒐集並建立居住在美洲（包括墨西哥、南美洲、加勒比海地區）和非洲的各種原住民族群的 DNA 資料庫。

8

台灣人的基因利基：
Taiwan Biobank、科學家與國族建構

Taiwanese Genes as a Niche: Taiwan Biobank, Scientists and Nation-Building

蔡友月、李宛儒

2000 年後全球以國家為單位的人體生物資料庫相繼出現，本文分析「台灣人體生物資料庫」（Taiwan Biobank，以下簡稱 TBB）的建置與台灣國族想像如何交織共構。1990 年代台灣逐漸民主化後，政府成立的科技溝通平台，使科學家獲得參與科技政策和決策的機會，是科學家想像得以實踐的結構化條件。TBB 的建置也承載了以創新科學知識推動台灣未來知識經濟轉型的國家目標。此外，解除戒嚴之後，實驗室外以「台灣」為範疇的人群分類想像內滲至實驗室，產生 TBB 有關「台灣必須建立台灣人自己的實驗室」、「多元族群的台灣獨特基因組成」等論述。TBB 以具有公民身分的國民人口為召募對象，透過「台灣人一起努力，為下一代台灣人健康」的宣傳，外溢至實驗室外，形塑台灣人對未來共同體的集體想像與情感。本文指出科學家的想像不是純粹實驗室內的「純科學」操作，對於未來性的想像是科學的一部分，具有實踐性。

---

[1] 本文改寫自蔡友月、李宛儒，2016，〈想像未來：台灣人體生物資料庫、基因利基與國族建構〉，《台灣社會學》32：109-169。

一、前言

　　2000 年人類基因圖譜初步定序完成後，大型人群基因資料庫在世界各地如雨後春筍般出現。特別是以國家為單位的基因資料庫，透過基因科技來尋找國家人口所共享的生物性標記（biological marker），例如，冰島的 the Icelandic Health Sector Database、英國的 UK Biobank、瑞典的 National Biobank Project、愛沙尼亞的 the Estonian Genome Project、日本的 Biobank Japan Project 及韓國的 the Korean Biobank Project 等等。DNA 作為國家資源與特質的儲存所，成為各國科學與知識經濟競爭的有力資源。在台灣，2012 年 10 月 24 日獲得衛生署正式許可而成立的「台灣人體生物資料庫」（TBB），[2] 是這一波全球化生物醫學發展潮流中所出現，以國家為單位的大規模人口基因資料庫之一。Bob Simpson（2000: 3）以「想像的基因共同體」（Imagined genetic community）一詞說明基因技術的快速發展，將人們共享的集體認同與特質以 DNA 的標記再現，在當代國族、族群的建構上扮演更重要的角色。當今國家型基因資料庫所建構的各種「想像的基因共同體」，可以說是 DNA 標記所交織的國族性建構（Simpson 2000; Fletcher 2004: 7; Busby and Martin 2006）。

　　本文分析 TBB 發展的幾個重要面向：(1) 台灣近年來從科技島到生醫科技島的國族競爭發展脈絡，(2)TBB 科學家所建構的台灣人基因利基的共同體想像，以及 (3)TBB 如何打造下一代健康國民人口論述的國族情感。本文探究科學家對科學、基因科技的未來想像，如何被帶入國家科技政策的決策過程，並指出這些想像又如何鑲嵌在台灣社會、文化的歷史脈絡，因而形塑了現今 TBB 知識形成與計畫的建置。

---

[2] 衛署醫字第 1010267471 號函核准通過設置許可。

二、從科技島到生醫科技島

台灣科學和技術的發展，大致可分為兩個階段：1952-1985 年的勞力密集階段，以及之後的技術密集階段。1980 年代政府開始支持科技研發與技術密集工業，1982 年政府頒布「科學技術發展方案」，將「生物技術」列為八項關鍵技術之一，主要理由認為生技產業需有高度智慧財產權保護，並有低污染、高效益、高風險的特性。整體而言，雖然生技產業耗時費資、回收期長，但耗能少又商機無限，對於遭遇石油危機並有產業升級壓力的台灣而言，具有一定的吸引力（林崇熙1999；科技部生命科學研究發展司 2012）。因此，政府認為一旦以代工製造為基礎的傳統產業，無法維持國家經濟的永續成長時，具高附加價值、以創新為導向的生物科技與產業，將有機會為台灣帶來下一波的經濟奇蹟（科技部生命科學研究發展司 2012）。

面對創新知識為主的生醫製藥產業，政府官僚在決策過程中必須仰賴專家的專業知識。由於行政院科技顧問會議的主題涵蓋廣泛的科技議題，討論不易聚焦，行政院特別於 1997 至 2001 年連續召開「生物技術產業策略會議」(Strategy Review Board, SRB)，希望透過會議討論，具體整合生技方面產官學的意見，並作為推動政策的依據。參與第一屆 SRB 的十四位生技專家中有五位是中央研究院院士，分別是王義翹、鄭永齊、李國雄、翁啟惠與陳定信。之後行政院依據 SRB 結論，於 2004 年成立具國家政策位階的「生技產業策略諮議委員會」（Bio Taiwan Committee, BTC），無疑將生技政策諮詢機制進一步制度化。BTC 涵蓋重要的科學家、學界與產業界代表，對於國家生技政策的重點方向、投資策略等提出的主張，相當程度上都成為各部會政策的依據。[3] 由政府所建立的行政院科技顧問組、

---

[3] 見行政院科技會報網站，<2005-2017 年行政院生技產業策略諮議委員會議 >，http://www.bost.ey.gov.tw/news.aspx?n=BBF2DDAD69A41B16&sms=E1CE7A91363ABB7D（取用日期：2015 年 10 月 28 日）。

SRB、BTC 等組織溝通平台，讓具有生物醫學、基因科技背景的專家顧問（其中中研院生命科學組的院士占有一定的比例）的意見得以被聽見，推動台灣基因科技的發展方向，並具體落實到科技的專案計畫與政策，同時推動 TBB 的建置（見圖 1）。

2005 年 4 月，政府宣布國家將轉型為「生醫科技島」，期望台灣能成為亞洲基因體醫學及臨床研究中心。相關計畫企圖整合生物醫學的上游（研發）、中游（技術移轉）與下游（生技製藥產業），其中包含三個範疇：國民健康資訊基礎

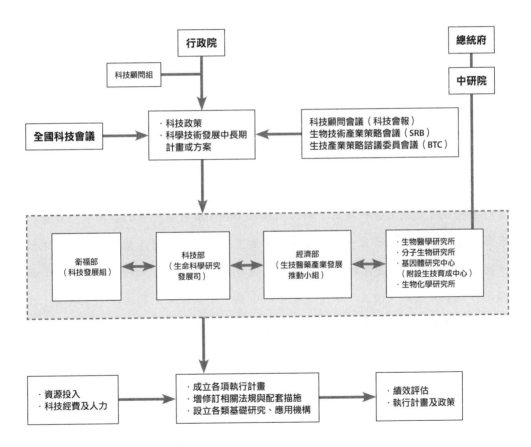

圖 1 Taiwan Biobank 與生醫政策形成圖
資料來源：筆者整理繪圖。

建設、臨床試驗與研究體系，以及建置 Taiwan Biobank。[4] 為何 TBB 會被納入國家「生醫科技島」計畫？一位曾任職衛生署科技發展司的官員指出菁英科學家在科技政策規劃的重要角色，他說：

一方面國科會委託中研院生醫所陳垣崇院士完成 Taiwan Biobank 可行性評估報告，指出建置 Taiwan Biobank 對台灣很重要。另一方面，科顧組委員李遠哲、賴明詔、陳定信、吳成文等一些重要科學家也在科顧組會議中，強調 Taiwan Biobank 對於台灣未來基因體醫學發展的重要性。所以行政院科顧組委員，才決議生醫科技島計畫要納入 Taiwan Biobank，作為日後重要的基礎建設。（訪談紀錄 2016-03-J2）

換句話說，1990 年代之後，上述菁英科學家參與政府不同單位的科技決策，希望透過 TBB 的建立，深化台灣生物醫學的基礎科學研究。此外，在這個國家型計畫中，TBB 被視為在未來全球的國族競爭中，促進台灣知識經濟轉型與產業升級的重要基礎建設。一位負責推動 TBB 的科學家這麼說：

當時考慮台灣變成生醫科技島，納入 Taiwan Biobank 計畫，我們推國家型計畫時有個考量，台灣不能只靠一個產業讓台灣活下來，尤其台灣產業所有組裝都跑到中國大陸，剩下來的是比較高科技的，IC 設計、IC 製造、平面顯示器，可是平面顯示器沒多久也到大陸去。台灣這麼小的小島，要讓台灣能夠在世界上永續，我們沒有什麼自然資源，我們不像中東國家有石油，我們什麼都沒有，我們只有人腦，我們要用 human brain 去發展，生醫產業是很 knowledge intensive、research intensive 的產業，我們認為台灣可以。（訪談紀錄 2015-10A）

---

[4] 目前只有「國民健康資訊基礎建設」計畫完全結束，「生醫科技島」四年計畫結束後，另兩個計畫繼續轉交其他相關部門執行。

生醫產業是知識創新所推動的產業，科學家強調大腦中的知識具有轉化為未來經濟價值的潛能，根本的創新需要基礎科學研究為基石，研發則是成功的關鍵。這種看法，形塑了他們對未來台灣在全球國族競爭中必須占有一席之地的社會技術想像，因此，TBB、基因科技與醫藥產業發展被賦予提升國家知識經濟與產業轉型的重任。

三、Taiwan Biobank 建置與國家知識經濟

　　2000 年 7 月 3 日，中央研究院召開第 24 次院士會議。會議中莊明哲院士提議建立「台灣基因資料庫」，獲得多數院士表決通過，這個提議此後開始受到國家的重視與支持。建立「台灣基因資料庫」計畫的發展，大致可以分成五階段：**第一期**「TBB 可行性評估計畫」（2003 年 9 月至 12 月）；**第二期**「TBB 可行性研究計畫」，又稱「台灣地區生物資料庫建立與多重疾病多重危險因子之世代追蹤計畫」（2005 年 8 月至 2007 年 7 月）；**第三期**「建置 TBB 先期規劃」（2005 年 12 月 1 日至 2010 年 10 月 31 日）；**第四期**「建置 TBB 先期規劃」之延續計畫（2010 年 12 月至 2011 年 12 月），由原衛生署出資、中央研究院執行，於 2011 年 11 月 12 日達成追蹤一千人的目標。**第五期**則是 TBB 正式啟動（2012 年 10 月 24 日開始迄今），在行政院衛生署正式許可成立，開始進入新的階段。2012 年 TBB 正式核准後，預計募集國內三十至七十歲、以四大族群為主的一定比例樣本，共二十萬名的健康者參與；對照組則邀請十萬名常見的十至十五種疾病患者加入，收案時間為 2012 年至 2017 年，進行長期健康追蹤研究。

　　在這個大規模的國家型基因計畫的建置過程中，科學家對 TBB 未來的想像呈現在下列兩方面：

　　第一，TBB 的可行性、先期規劃計畫的科學報告與論述，都極力強調 TBB 在

未來科學搶得先機、參與國際競爭的必要。一位曾參與 TBB 先期規劃諮詢，具有公共衛生、流行病學背景的醫界重量級人士說道：

國際上都在做，台灣起步有點晚，台灣這麼小，又有對岸大陸這麼大，我們如果不做，將來很難競爭。你不做將來沒有台灣的基因資料，如果未來你沒有材料，你有想法，你只能為別人做嫁，你自己有材料就可以做。（訪談紀錄 2012-12 H1）

李遠哲更直截了當表示：「若不努力，三、五年後就一切結束，因為這些基因體的功能都被別國發現光了，台灣人就會變成菲傭」（聯合報 2001）。2000 年「後基因體時代」來臨後，功能性基因體的研究更被視為是全球生物醫學競爭、搶進未來先機的關鍵，大型的國家生物資料庫又被認為是進入全球科學競爭的入場券。台灣於 1971 年退出聯合國，也被迫退出隸屬於聯合國的世界衛生組織（World Health Organization, WHO），一直到 2009 年才以不受主權國家限定的觀察員身分，有限度地參與每年為期一週的 WHO 大會。一位參與 TBB 建置的科學家說到台灣被排擠的處境：

WHO 因為中國的關係，台灣一直困難不能進去，even 人家開會一直用台灣非常好的研究成果，但我們就是進不去。陳建仁和他老師的研究團隊，根據台灣烏腳病的研究，訂出砷超過多少 ppm 以上的話就是危險的，WHO 是根據陳建仁的報告來制訂公衛標準。我們 B 肝疫苗接種是全世界最早，他們在裡面開會引用台灣的研究報告，但我們就是進不去。（訪談紀錄 2016-11H）

這種因為國格定位不明的國際政治現況，使得台灣既有的醫療成果沒有在 WHO 受到尊重，也促使醫界更致力於讓台灣醫療相關的研究與議題能受國際重

視。對台灣科學家來說，生物醫學全球化的年代，TBB 的建置有助於台灣走出被國際孤立的處境，憑藉醫學累積的實力加入國際科學結盟。

　　TBB 主要執行的科學家沈志陽於 2016 年 10 月 12 日在中研院「幹細胞產業發展新方向：iPSC 研究現況暨未來應用趨勢」[5] 公開演講中表示，由於 TBB 的建置，台灣被正式邀請成為美國 Cancer MoonShot 2020 國際合作計畫的一員，他指出：

美國歐巴馬總統，提出 cancer 是重要的醫療問題，所以人類應該共同發展一個叫做 Cancer MoonShot 的計畫。今年 9 月 19 號，美國副總統拜登宣布 Cancer MoonShot 當中的一個 Apollo 計畫正式邀請加拿大、中國、德國、瑞士、台灣、日本、南韓共同加入，把台灣和美國有邦交的國家一起列入，這是一個很大的 progress。因為中華民國所建立 Taiwan Biobank 有很好的基礎，才可以獲邀加入 Cancer MoonShot。[6]

換句話說，TBB 的建置承載了國家與科學家進入全球生物醫學競爭、提升台灣國際地位的想像，希望透過台灣生物醫學累積的成果，走出台灣一直以來被排除在國際之外的焦慮感。

　　第二，相關科學家的另一個論述重點為，TBB 是知識創新與研發的基礎，蘊含著未來的各種可能性，以此說服過去不重視基礎科學研究的政府投入經費、支持研發，作為發展國家知識經濟的來源。TBB 不僅被界定為上游科學研究的基礎，也被視為未來研發機構移轉技術給廠商的重要基石。一位科學家提到 TBB 所生產的科學知識是以創新為導向的基礎研究，是台灣知識經濟升級的關鍵：

---

[5] iPSC 全名為 Induced pluripotent stem cells（人類疾病誘導型多潛能幹細胞）。
[6] Cancer MoonShot 詳細計畫請見 http://www.cancermoonshot2020.org/home/ （取用日期：2016 年 10 月 29 日）。

要發展生醫須找更大附加價值的東西，要有 groundbreaking 的東西，一定要有基礎研究，你才能發現創新的東西，不是 copy 人家的，才有主導性。Taiwan Biobank 我把它看成是一個基礎建設，未來可能性很多，比如說我發現某個疾病的 biomarker（生物標記），有 Taiwan Biobank 這個 system，我們就可能找到疾病發生的機制。找到機制，未來才可能根據研究發現，研發藥物。Taiwan Biobank 對於疾病本身了解是重要的，沒這個基礎，後面的防治或治療就很難進步。（訪談紀錄 2016-11H）

雖然主導 TBB 的科學家不斷強調科學基礎研究的重要，但是從基礎研究到生產具有商業價值的產品中間，仍有非常遠的路要走。早期 TBB 的規劃雖有產業界人士參與，但由於 TBB 是由國家預算以公共財資助的計畫、具公共性，使得政府、科學計畫團隊必須與產業界保持一定的距離，到了後期產業界因為缺乏實質利益而逐漸退出。此外，TBB 具有研發與追蹤時程長，尖端科技的創新需要大量資本與人力投資的特質，2012 年正式建置後，幾乎都是由中研院生醫科學團隊的科學家所主導。這也顯示前述所提知識密集生技產業的研究與發展，越來越依賴類似中研院的國家級研究單位提供知識創新的能量，科學家主導的創新想像，也讓 TBB 建置更往基礎研究的方向札根。

四、台灣必須建立台灣人自己的實驗室

「台灣」人體生物資料庫，英文名是 Taiwan Biobank。事實上，這種以「台灣」為範疇作為科學想像主體的浮現，必須扣連到台灣認同政治轉型的脈絡。1999 年時任國家衛生研究院院長的吳成文，以發展人類基因體研究等尖端科技研究為國衛院未來三大方向之一，強調台灣人需要有自己的生物資料庫。他曾說：

「我們應有自己台灣人的基因資料庫，比如我們的原住民的基因組合是什麼樣子呢？我們都不知道，這樣不行。其次，我們有些國病像肝癌、鼻咽癌、烏腳病是什麼基因造成的？我們不能靠美國人幫我們做啊，你得自己做」（李瑟、楊玉齡1999）。2000 年莊明哲院士在中研院院士會議提議建立 TBB，當時草案中也指出：「台灣人具有獨特的基因遺傳，生活形態以及致病的危險因子也和其他國家有所不同，所以我們希望為台灣建立一個生物資料庫……確保台灣人民的健康」（Zhuang 2000）。

上述吳成文與莊明哲的論述，強調台灣民眾的遺傳基因與生活環境具有獨特性，因此必須建立台灣人自己的實驗室，事實上，這回應了從 1990 年代開始，台灣政治和文化邁向「本土化」或「台灣化」的發展（Makeham and Hsiau 2005）。在本土化的過程中有越來越多民眾認同自己為台灣人，而非中國人。[7] 在這種政治態度與民眾國族認同改變的社會氛圍下，以台灣為主體的想像也滲透到自然科學，TBB 的構思與誕生正是鑲嵌在生物醫學全球化，以及解嚴後認同政治的轉變過程中，具體凝聚了以台灣為主體的生物醫學想像，並且積極朝向國家未來發展、承諾下一代台灣人的人口健康。

在 TBB 先期規劃之延續計畫執行的說明中，也指出台灣過去的研究在缺乏大型基因資料庫之下導致的科學缺陷，包括：樣本小、缺乏對照組、不足以提供完整資訊、只能利用回溯性病例等。因此在 TBB 建置過程中，推動的科學家大多強調大型本土實驗室對未來科學研究的助益，以說服政府全力支持國家型基因資料庫。一位科學家即表示：

醫學了解疾病的原因有很多方法，一種是找一群病人，去問他過去歷史，就像找氣喘的人，請問他過去有沒有抽菸，但事情發生再回溯有時會失真。比較好的作

[7] 見國立政治大學選舉研究中心所進行的系列調查：http://esc.nccu.edu.tw（取用日期：2015 年 10 月 28 日）。

法是找一群健康的人進行長時段追蹤，這是一種世界趨勢，作法更具因果時序的正當性。這不是一些個別實驗室有辦法做到，最好是用國家力量幫大家建立一個資料庫，既然個別實驗室沒有能力去追蹤，那國家幫你追蹤，建立為下一代科學家探討台灣人疾病發生原因的 database。（訪談紀錄 2011-02C）

　　TBB 的科學規劃報告，指出基因資料庫應利用前瞻性世代研究（prospective cohort study）的設計，找一群健康的參與者，在發病前蒐集完整資料，可釐清疾病與危險因子的因果時序，長時間觀察參與者健康變化（見圖 2）。這樣能夠避免只能研究單一疾病，以及缺乏具可信度資訊的缺點。此外，高品質的國家型基因資料庫，必須搭配國家人口資料的基礎設施。台灣在日治時期便已建立人口監督的戶政系統，1997 年政府更整合、電腦化全國戶政系統。1990 年代政府開始建置人口的癌症登記與死因資料庫等，1995 年實施全民健康保險，建立長期追蹤的疾病資料、重大傷病卡核發紀錄等。上述這些蘊含豐富的人口健康、疾病、遷移、流動等資料，都被認為是 TBB 長期追蹤參與者健康資料的基礎。[8] 對於科學家與相關主事者而言，TBB 若能有系統地與台灣各種完善的資料庫結合，加上臨床醫療水準高，有足夠能力蒐集高品質檢體，能成為未來在全球與東亞各國國家基因資料庫競爭的重要利基。

[8] 衛生福利部於 2008 年籌備「健康資料加值應用協作中心」規劃建置計畫，在 2011 年正式啟用，整合健保資料庫、死因統計檔、出生通報檔等共三十三種不同類型的健康相關資料庫，並連結地理資訊、人口統計等資料庫。

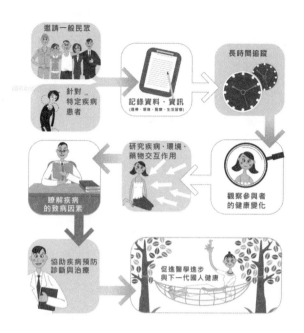

圖 2 TBB 的運作邏輯
資料來源：台灣人體生物資料庫說明手冊。

　　TBB 於 2012 年正式啟動之後，亦開始研擬與各大醫學中心、醫院合作，蒐集特定疾病的樣本，包括：肺癌、胃癌、乳癌、腦部腫瘤、心血管疾病、肝炎、腎臟病、腦外傷、阿茲海默症、糖尿病、腦中風等十萬名特定疾病患者的生物資料，目的是針對本土常見疾病，進行長時間的追蹤與研究。換句話說，建立自己的基因資料庫，受益的終究是國族本身的成員。一位推動 TBB 的科學家強調：

要了解台灣疾病類型，建立自己的 Biobank 才有辦法，我們環境、生活、飲食習慣不同，有不同遺傳背景與遺傳基因，台灣一般都向國外買藥，他們臨床試驗標準，吃到我們身上，藥物變化就有差異。台灣有自己的基因資料庫與實驗室，獲利最大的還是我們自己。（訪談紀錄 2015-10C）

從 TBB 最初的草案到正式成立，科學家不斷強調建立台灣人自己的實驗室與國家級大型本土基因資料庫的必要性，這種以台灣為主體的知識想像與實踐範疇的浮現，是 1990 年代之後政治、文化往「本土化」或「台灣化」的認同轉變過程所促成。在 TBB 的科學計畫與接受訪談的科學家論述中，都充滿了「台灣人的疾病，自己了解」、「台灣人下一代的健康，自己預防」的論點，這些都創造了台灣命運共同體的認同感。

五、多元族群的台灣獨特基因組成

莊明哲院士當時在中研院院士會議所提交的提案報告中強調：

台灣人的基因資料庫有許多種可能的用途，或許能幫助我們學到更多有關人類的基因結構、台灣的遷徙史，以及台灣人在基因上與其他亞洲族群異同的程度……因為在西方族群中所發現的標記，並不一定在台灣人中也具有變異度，所以有必要專門針對台灣人來進行研究（Zhuang 2000: 3）。

在台灣獨特基因組成的想像下，誰可以代表「台灣人」？台灣人指稱的範圍是什麼？莊明哲在提案報告中寫到：[9]「**在台設立『人群基因庫』，為求具代表性，應依漢人、客家人、九族等人口比例蒐集自願者捐出 DNA，作為研究資料。**」莊明哲院士提案報告對於「台灣人」內涵的想像，大致就是以 1990 年代台灣開始盛行的福老（閩南）人、客家人、外省人、原住民「四大族群」為準。四大族群的分類，在當時的院士會議上也引起討論。例如，陳建仁院士強調台灣族群複雜，

---

[9] 見中央研究院第二十四次院士會議紀錄之提案二。

全球華人與歐洲人也有明顯差異，可藉基因庫找出差異，也可進行語系、文化、民族研究（聯合報 2000）。此外，也有院士表示疑慮，認為基因數據有可能被用來證明某個種族在生物學上比另一個種族優越，會造成「種族歧視」。諾貝爾物理學獎得主楊振寧院士關切以基因區分種族差異是個敏感議題，建議生物科學組的成員解釋人類族群之間存在多大的基因差異。彭汪嘉康院士指出，東方人開刀時的麻醉藥需要量比西方人少，這說明兩者的藥物吸收代謝不同，在醫療上有很大的意義，但她認為如果種族說詞會引起爭議，可考慮用個體差異的說法來替代（中國時報 2000b）。當時的國家衛生研究院院長伍焜玉院士則表示，族群的基因多形性研究當然有助於醫學發展，但國內目前面臨的問題是：誰能代表台灣人？他強調由於台灣族群相當多樣，從早期和荷蘭人混血，到後來日治時代及國民政府遷台，加上原住民等，本島基因多形性已有太多不確定性，如何有效蒐集樣本以及是否具有代表性，困難度相當高（中國時報 2000a）。儘管各領域的科學家與社會輿論都對提案報告有所保留，或是表示懷疑，但是並沒有更進一步的公開討論，提案還是很快在後續的院士會議中通過。[10]

　　TBB 建置計畫沒有引發持續爭論的主要原因，一方面是當代生物醫學強勢發展下，越來越多頂尖科學期刊提出「科學證據」，宣稱區域、國家、族群等不同人群分類具有生物差異的基因標記，這類研究被視為有助於未來建立個人化醫療的重要成果。另一方面，1990 年代之後，以「四大族群」代表台灣人的想像，已經廣泛地被主流與公共論述接受。2006 年兩位推動建置計畫的主要科學家陳垣崇與沈志陽曾在報紙上發表公開信，爭取社會大眾支持 TBB 計畫。文中強調：「*以台灣地區來說，最重要的因素就是民族，包括有閩南人、客家人，外省人、以及原住民等，因為不同民族帶有的基因會不同；因此，若要探討基因對於疾病的影響，就要挑選不同民族的人來觀察……*」這裡所謂的「氏族」，實際上就是台灣

社會普遍指稱的四大族群。

「建置台灣人體生物資料庫先期規劃報告」中更明白指出，預計從台灣三個區域蒐集四大族群的血液樣本和個人資料。其中地域劃分的假設，認定北台灣的桃園縣、新竹縣、苗栗縣等地居民多數為客家後裔；南台灣的嘉義縣、雲林縣、台南縣等地居民多為福老人；原住民則常見於東台灣的花蓮縣及台東縣。至於 1945 年之後來台的外省人，則散布在北、南、東台灣各地。[11] 從先期規劃到正式計畫，符合 TBB 收案的「四大族群」[12] 必須是持有中華民國身分證，居住在中華民國疆界的公民。TBB 的正式參與同意書上清楚地指明，參與對象以「年齡在 30-70 歲之間，具行為能力的民眾」，排除「不具本國籍、外國血統或經由醫師確診為罹患癌症者」。[13] 科學家強調「本計畫排除外國血統之目的乃為建立具有本土性之生物資料庫，未來的研究成果將可推論至全台灣之民眾」（陳垣崇等 2007：46）。筆者在 2016 年 7 月再度訪談一位推動該計畫的科學家時，他指出 TBB 預計明年納入具有中華民國國籍的外籍配偶，他說：「**大概明年通過倫理審查就會更開放，從影響台灣人健康的醫學立場，任何會受到影響的人都應該收進來，明年連那個外籍媽媽也要收進來，變成台灣人的一部分……不過現在是法律上有我們身分證才能參加**」（訪談紀錄 2016-7C）。

台灣是一個移民社會，不同族群先後到來。科學家從「台灣人具有獨特的基因遺傳」[14]「台灣人致病基因有其族群的獨特性」[15] 等科學論述來正當化 TBB 計畫，

---

[11] 見「建置台灣生物資料庫先期規劃」之網頁，http://www.twbiobank.org.tw（取用日期：2010 年 4 月 3 日）

[12] TBB 問卷中詢問參與民眾「親生父母親」身分的選項，包括：1 台灣閩南人、2 台灣客家人、3 大陸各省分、4 台灣原住民、5 其他。回答大陸各省分與台灣原住民的參與者，再進一步填答來自大陸哪一省分與屬於原住民十六族中哪一個族別。見「台灣人體生物資料庫」官網／相關檔案下載／一般參與者問卷內容，https://www.twbiobank.org.tw/new_web/download-1.php（取用日期：2016 年 11 月 9 日）。

[13] 見「台灣人體生物資料庫」官網／相關檔案下載，https://www.twbiobank.org.tw/new_web/download/ 同意書 _ 健康人版 .pdf（取用日期：2016 年 8 月 17 日）。

[14] 見「台灣人體生物資料庫」官網，可行性研究計畫介紹，http://www.twbiobank.org.tw/nsc/intro.html，（取用日期 2015 年 10 月 26 日）

[15] 見「台灣人體生物資料庫」官網，先期規劃目的與執行問與答，http://www.twbiobank.org.tw/DOH_Pilot1/question.htm（取用日期：2015 年 10 月 26 日）

強調台灣需要一個以四大族群代表、具有本土特色的國家基因資料庫。事實上，「籍貫制度」原是國民黨政府於 1940 年代末期實施的一種人口分類與管理方式。1987 年解嚴後官方戶政登記上的「籍貫」也隨之廢止，民進黨立法委員葉菊蘭在 1993 年提出的「四大族群」（福老人、客家人、外省人、原住民）分類概念也逐漸流行。TBB 以四大族群為台灣基因共同體想像的代表，雖然呈現為「科學的」藍圖規劃，事實上反映了從「中國」為範圍的「省籍」制度，轉變到以「台灣」為範圍的「四大族群」人群分類，鑲嵌在晚近提倡「台灣主體性」、「多元文化」、接納「新移民」的政治、社會與文化的歷史趨勢中。

六、邀請台灣人一起打造健康的下一代

　　TBB 計畫的正當化論述中，除了凸顯未來二、三十年長時間追蹤國民人口的必要性外，也顯示對未來世代什麼是好的、可欲的社會世界想像。推動 TBB 的科學家之一沈志陽（2010）在〈台灣生物資料庫追求之理想〉一文中明確地提到，建置 TBB 是為了增進下一個世代台灣人的健康。替下一代科學家建立資料庫、追蹤民眾疾病變化、追求健康下一代的論述，代表了這些科學家對台灣「未來性」的想像，而這些想像必須建立在成功召募 TBB 所需大規模的國民人口樣本的基礎上。[16]

　　過去生醫研究參與者多為疾病的患者，對許多以召募健康人為主的人體資料庫而言，未來研究與應用的方向並不明確，因此要如何徵召更多未必能直接受惠

---

[16] 不同於英國 UK Biobank 以健康人為主，或是日本 Biobank Japan 針對特殊疾病患者收案，台灣 TBB 結合兩種收案對象，預計蒐集二十萬個健康人，以及十萬個特定疾病病人的生物檢體與個人資料，進行長期的追蹤與研究。

的民眾，是執行者關心的議題。TBB 大規模召募公眾的核心訴求為「**邀請台灣人一起打造健康的下一代**」，清楚地顯示在 TBB 的正當化論述與執行過程中。2012年 TBB 正式設置後，主要是以平面文宣（海報、宣傳摺頁、參與者資訊手冊），媒體廣告（影片與動畫、廣播節目、公車廣告），以及現場的召募說明會等方式，進行參與者召募。舉例來說，資料庫入口網站首頁曾以顯著的標題「打造健康新世代，需要你我一起來」（見圖 3）；發送的宣傳摺頁也以「我們沒有時光機，但可以透過 Taiwan Biobank 的努力，打造一把專屬於台灣的健康之鑰，邁向個人化醫學，就少一個你」（見圖 4），邀請民眾一起加入打造健康國民人口的行列。此外，TBB 也邀請公眾人物擔任推廣大使，藉由「一同加入台灣人體生物資料庫，健康愛台灣」的全國性推廣活動宣言（中國時報 2014），鼓勵民眾參與。TBB 透過這些論述促動台灣人對可欲未來的想像、連結對下一代台灣人的情感，鼓勵具有公民身分的民眾捐獻生物檢體。

　　Barbara Prainsack 與 Alena Buyx（2011）指出，大型基因資料庫在收案階段往往未能確定立即可見的效益，經常以團結、利他等倫理價值作為召募參與者的說詞，也唯有強化共享目標，才能有效說服參與者在可能承受特定風險的前提下，無償捐獻檢體與個人資訊。同樣地，TBB 以貢獻他人與健康世代為主要的召募策略，向民眾傳達利他、公民責任、互助等理念與價值，期望民眾將身為台灣人共同體的認同與情感，轉化成實際的參與行動。

▲圖 3 TBB 宣傳海報

▶圖 4 TBB 宣傳海報

　　TBB 自 2012 年正式開始收案，截至 2018 年 9 月，已有 105,946 人參與，預約報名人數則超過 45,000 名，民眾參與非常踴躍。對於這一點，主要的執行科學家沈志陽曾公開指出，志願參與的民眾是在「做功德」，許多中南部參與者認為，比捐香油錢給寺廟還要有意義（中央通訊社 2014）。另一位 TBB 的科學家曾這麼形容民眾的熱烈參與：「民眾到我們駐站大概要花兩到四小時，完全是一種奉獻，當地的話來講，就是做功德。就是為下一代建立資料庫這個功德，民眾認可這做法，這三、四年我們收案非常順利（訪談紀錄 2012-10C）。」台灣人口中接近四成是佛教徒，而做功德在台灣社會文化中，是常用來鼓勵他人行善的語彙。科學家以流行易懂的「做功德」文化概念來鼓勵民眾參與，不只訴諸行善、利他，事實上更訴諸其中對台灣共同體的想像，亦即面對下一代子子孫孫的責任與義務。

TBB 一方面以「貢獻、幫助台灣下一代健康」論述，訴求台灣社會流行的社會文化價值，鼓勵民眾跨越自身利益，建構以台灣為主體的命運共同體想像與情感。另一方面也以諸如失智症為主軸的召募微電影為宣傳，透過影片中失智症家屬尋求治療過程的不安，強調唯有基因與生活模式的追蹤評估，未來才可找到更有效的治療方式。這種訴諸若家人有類似經驗，會產生病痛受苦經驗的情感連帶，讓民眾更願意一起為下一代的健康努力。[17]

　　TBB 強調利他、做功德、不求利己的召募策略，深受國際倫理規範的影響。例如，聯合國教科文組織頒布的人類基因資料國際宣言（International Declaration on Human Genetic Data）（UNESCO 2003）中指明：「利用人類基因資訊、生物樣本所進行的醫學與科學研究，所產生的利益應由全體社會及國際社會所共享。」人類基因體組織（The Human Genome Organization, HUGO）於 2000 年制定的基因研究的惠益分享宣言（Statement on Benefit Sharing）[18] 也強調，不應該以分享特定利益而引誘民眾參與基因研究。2012 年 TBB 正式核准收案後，標準召募流程即強調必須在執行過程清楚告知民眾，TBB 並不是免費的健康檢查，並且確實讓民眾了解計畫目的與相關風險。[19]

　　後基因體時代，國家人口基因特質成為科學、醫藥、政治經濟上有價值的資源。以國家人口為召募對象的 TBB，說服具有公民身分的台灣人一起承擔責任，共同參與下一代的健康福祉。國家、科學家與受徵召民眾在這個過程中，一起勾勒以台灣為主體的健康治理工程。

---

[17] 見台灣人體生物資料庫 2015 ——公益微電影，https://www.youtube.com/watch?v=SqPEItAu2U8（取用日期：2016 年 2 月 25 日）

[18] 見 HUGO Ethics Committee (2000)。

[19] 見「台灣人體生物資料庫」官網／相關檔案下載，https://www.twbiobank.org.tw/new_web/download/ 同意書 _ 健康人版 .pdf（取用日期：2016 年 8 月 17 日）。TBB 的召募過程，一直受到台灣 ELSI 學者和公民團體的監督，要求完整的知情同意。相關討論請見李宛儒、蔡友月 (2016)。

七、結論

　　本文透過 TBB 的建置過程，指出台灣生物醫學與國族建構緊密結合的發展特色，以下提出三點綜合的反思。

　　首先，當代全球知識經濟的競爭日益激烈，在各國以各種方式進行科學競逐，維護國家統治正當性時，相當程度必須依賴對國族未來美好願景的承諾與實現。1990 年代台灣面對全球化生物資本競爭、知識經濟升級的挑戰時，生物科技被認為是台灣未來經濟發展的重要產業。加上處於國際社會邊緣的台灣，有一種「不能輸在起跑點上」的迫切感，正當化了 TBB 成為國家所支持的科學計畫。從科技島到生醫科技島的台灣基因體研究與發展脈絡中，TBB 計畫充分顯示出菁英科學家與國家發展目標相互配合並加以主導的發展模式。這些享有國際聲響的科學家，經由國家所建立的各種科技諮詢委員會、SRB、BTC 等溝通平台，進入政府決策部門，是科學家想像得以實踐的結構條件。接著透過 TBB 的建置強化國家過去不重視的基礎科學，主張未來的生物醫學必須具備無法輕易被取代的研發與技術能力，推動台灣生醫科技政策的發展方向。

　　其次，晚近全球各地國家型人體基因資料庫所形塑並逐漸浮現的「想像的基因共同體」，以具有公民身分的國民人口為召募對象，強調國族的人口基因利基，正是二十世紀末以來新興的「基因特殊性的生物政治」的具體展現。台灣政治在 1980 年代開始經歷本土化與民主化浪潮，1990 年代解嚴之後，追求「台灣主體性」的政治與文化運動，同時影響人文社會科學與自然科學的學術研究。TBB 以「台灣」為範疇作為科學想像主體的浮現，正是鑲嵌在台灣意識發展的政治、歷史與社會文化轉型脈絡之中。台灣是一個移民社會，不同多元族群先後到來，「台灣人具有獨特的基因組成」、「台灣人建立台灣人自己的實驗室」、「邀請台灣人一起打造健康的下一代」，這種以台灣主體性為認同基礎的共同體想像，無疑交織在晚近普遍提倡的「台灣主體性」、「多元文化」、「國族認同」等潮流中。

最後，全球各地國家型基因資料庫的論述，顯示當代國家嘗試治理未來國民人口品質的企圖。TBB 大規模召募公眾參與，以「邀請台灣人一起打造健康的下一代」為核心論述，運用社會流行的「做功德」文化象徵，促進民眾的參與。做功德指稱的不只是行善，而是將參與 TBB 的利他行為賦予公共性的道德意涵，從中形塑為了下一代台灣人的共同體想像，這種未來性指涉的是 Anderson（1983）所謂的政治上想像共同體的未來，也是被認為具有共同或相近基因特質的台灣人共同體的未來。

　　本文指出生命科學、科學家對未來社會世界的想像，將在國族建構上扮演更重要的角色。實驗室外以「台灣」為範疇、多元族群的人群分類想像，內滲至實驗室，TBB 透過「台灣人一起努力，為了下一代台灣人健康」的宣傳也外溢至實驗室外。這種大規模國家人口的科學召募過程，形塑民眾對未來共同體的集體想像與情感，也顯示出 TBB 科學計畫的知識生產與國族建構彼此交纏共構。

引用文獻 |

中央通訊社，2014，〈人體生物資料庫 雙和醫院駐點〉。4 月 22 日。

中國時報，2000a，〈誰的基因能代表台灣人〉。第 5 版，7 月 5 日。

＿＿＿＿，2000b，〈中央研究院研議設置國人基因庫〉。第 5 版，7 月 5 日。

＿＿＿＿，2001，〈中研院將設立基因體中心 鎖定研究與亞洲有關的疾病〉。第 A13 版，2 月 13 日。

＿＿＿＿，2014，〈加入台灣人體生物資料庫守護健康〉。8 月 31 日。

台灣人體生物資料庫，2011，〈台灣生物資料庫先期規劃之延續計畫執行說明〉。

李宛儒、蔡友月，2016，〈台灣人體生物資料庫的公共溝通與科學治理〉。論文發表於「台灣科技與社會研究學會年會：一大膽人文，小心科技：專業人文與 STS」研討會。台南：成功大學，2016 年 3 月 25 日至 27 日。

李瑟、楊玉齡，1999，〈吳成文談國衛院：從經濟大國到衛生大國〉。《康健雜誌》8: 22-29。

沈志陽，2010，〈台灣生物資料庫追求之理想〉。《法律與生命科學》4(4): 1-6。

林崇熙，1999，〈未來的撰造與再現：台灣生物技術發展論述的文化史分析〉。論文發表於「台灣產業技術發展史研究」研討會。高雄：國立科學工藝博物館，1999 年 12 月 28 日至 29 日。

科技部生命科學研究發展司，2012，生技醫藥國家型科技計畫 101 年總體規劃書（http://117.56.91.94/KMPublic/readdocument.aspx?documentId=208032，取用日期：2015 年 10 月 26 日）。

陳垣崇、范建得、李德財、黃明經、梁賡義、潘文涵、陳珍信、沈志陽，2007，《台灣地區生物資料庫建立與多重疾病多重危險因子之世代追蹤研究計畫》。行政院國家科學委員會補助專題研究計畫成果報告，計畫編號：NSC 94-3112-B-001-017。

聯合報，2000，〈台灣人群基因庫 籌備爭議大〉。第 6 版，7 月 5 日。

＿＿＿＿，2001，〈李遠哲呼籲政府：應投入更多經費研發生物科技 台灣不努力 會變成基因研究的菲傭〉。第 3 版，5 月 7 日。

Anderson, Benedict R., 1983, *Imagined Communities: Reflections on the Origin and Spread of Nationalism.* London: Verso.

Busby, Helen and Paul Martin, 2006, "Biobanks, National Identity and Imagined Communities: The Case of UK Biobank." *Science as Culture* 15(3): 237-251.

HUGO Ethics Committee, 2000, "Statement on Benefit Sharing." http://www.eubios.info/BENSHARE.htm, issued on 9th April.

Makeham, John and A-Chin Hsiau, eds., 2005, *Cultural, Ethnic, and Political Nationalism in Contemporary Taiwan: Bentuhua.* New York: Palgrave Macmillan.

Prainsack, Barbara and Alena Buyx, 2011, *Solidarity: Reflections on an Emerging Concept in Bioethics.* London: Nuffield Council on Bioethics.

Simpson, Bob, 2000, "Imagined Genetic Communities: Ethnicity and Essentialism in the Twenty-First Century." *Anthropology Today* 16(3): 3-6.

UNESCO, 2003, "The International Declaration on Human Genetic Data." http://www.unesco.org/new/en/social-and-human-sciences/themes/bioethics/human-genetic-data/, issued on 16th October.

Zhuang, Ming-zhe, 2000, "Research Proposal: A Population Genetic Data Base for Taiwan." In The Minutes of the 24th Academicians Meeting, Academia Sinica, 3 July.

教學工具箱 |

問題與討論

1. 在台灣從科技島到生醫科技島的轉型過程中，你／妳贊成或反對建立台灣人體生物資料庫，理由何在？

2. 2000 年人類基因圖譜初步定序完成後，以國家為單位的基因資料庫開始出現，這類大型人群基因資料庫在研究方法上有什麼特色？

3. 科學家強調台灣人需要自己的生物資料庫，你／妳贊成或反對這樣的說法？理由何在？

概念辭典

台灣人體生物資料庫（Taiwan Biobank）

依據不同遺傳氏族在台灣地區居住分布的特性，並針對本土常見疾病（如高血壓、糖尿病、癌症等）進行長期追蹤研究。研究設計上採取世代研究、病例對照研究與藥物基因體研究等多重方法。世代研究預計募集二十萬名健康者參與，病例對照研究與藥物基因體研究法，初步預計募集十萬名常見的十至十五種疾病患者加入。所蒐集的資料包含參與者的健康情形、疾病史、

生活形態、生活環境資訊與生物檢體，並長期追蹤參與者的健康變化情形，以進行常見疾病中基因與環境（包括生活習慣、飲食、行為、職業等）交互作用的相關研究。

國家型基因資料庫（national biobanks）

2000 年人類基因圖譜初步定序完成後，以國家為單位的基因資料庫在世界各國出現，透過基因科技來尋找國家所共享的人口生物性標記（biological marker），例如，冰島的 the Icelandic Health Sector Database、英國的 UK Biobank、愛沙尼亞的 the Estonian Genome Project、日本的 Biobank Japan Project，以及韓國的 the Korean Biobank Project 等等。DNA 作為國家資源與特質的儲存所，成為各國科學、知識經濟競爭的有力資源。

9

從老大哥到大數據：
國家大型人體生物資料庫的隱私權議題

From Big Brother to Big Data: Privacy Issues of National Large-Scale Biobanks

張兆恬

　　全球在後基因時代掀起建立大型人體生物資料庫的風潮，以作為生技研發的重要公共建設，我國目前也有「台灣人體生物資料庫」，試圖大規模蒐集民眾檢體，以研究台灣人常見疾病與相關治療和預防措施，但此計畫也引發包括隱私權在內倫理爭議的討論。實則，國家大規模蒐集人民身體資訊，並不是後基因時代才有的現象，只是國家過去蒐集資訊的主要目的，在於進行國家監控；而隨著科技發展，大量且系統性蒐集的人民檢體和健康資料成為具有經濟價值的資源，國家蒐集的主要目的也轉為促進資源有效利用，以追求公共福祉，但這並非意味國家必然良善，或者國家公益必然凌駕人民隱私權。本文分析我國法院過去的判決，發現法院大多採取利益衡量的角度，來判斷國家大型資料庫的合法性。本文認為，國家大型人體生物資料庫仍是國家統治權力的展現，因此除了必須保障人民隱私權以外，亦須強化資料庫的透明性要求與民主監督。

一、前言：國家大型人體生物資料庫的興起

在後基因時代，世界各國興起建置大型人體生物資料庫的風潮（Árnason 2007；Sleeboom-Faulkner 2009）。然而，大規模蒐集人民身體有關的資訊，並非二十一世紀才有的創舉，例如，美國國家生命倫理委員會（National Bioethics Advisory Commission）1999 年的報告顯示，當時美國政府所存有的人類檢體已經高達 2.8 億筆，並且以每年多出 200 萬筆的速度在增長（National Bioethics Advisory Commission 1999）。然而，進行系統性、高品質地蒐集，並且將檢體與健康資料進行連結，以作為研發的重要資源，卻是後基因圖譜解構時代因應科技發展所生的現象（Mitchell and Waldby 2010）。大型人體生物資料庫的建置，大多被賦予不同於國家其他大規模蒐集人民資訊的意義，許多國家的大型人體生物資料庫計畫，被形容為生技產業發展的公共建設。國家主張這樣的資料庫能夠實現「生物經濟」（bioeconomy），也就是資料庫中的檢體與健康資料能夠作為生醫產業研發的重要基礎建設，研究成果的商業化能為國民帶來福祉（Aðalsteinsson 2003）。人體生物資料庫也經常與國族認同連結，許多國家生物資料庫強調要找出國民基因的共同特徵，或者視檢體與基因為國家資源，應該加以利用以促進經濟發展，以使國家能夠在全球生技產業競爭中不落人後，或者主張應避免其他國家盜用人民的這項生物資源（Sleeboom-Faulkner 2009；Gottweis and Petersen 2008）。

在全球追求發展生技產業的潮流中，台灣並未置身事外。我國早有大型人體生物資料庫的設置計畫，「台灣人體生物資料庫」（Taiwan Biobank）從 2005 年便開始先期規劃，2010 年立法院正式通過實施《人體生物資料庫管理條例》後，乃根據此條例經行政院衛生福利部核准設立，設置目的在於針對國人常見疾病的致病因子進行研究，以有助改善疾病治療方針與預防策略，並降低醫療成本，預計募集世代研究二十萬名、疾病研究十萬名常見疾病患者加入。另一方面，由國

家大規模地蒐集人民身體的資訊，在台灣也並非毫無前例。政府有長期蒐集人民指紋的歷史，再者國家也透過公共衛生體系，以及納保率達 99% 以上的全民健康保險等管道，掌握許多與人民身體有關的資訊。然而，有別於威權時期，國家蒐集資訊的主要目的是對人民進行監控，在民主化後的今日，國家則是以追求其他公益目的為由，來正當化大規模的資料蒐集。究竟單憑這樣的立意良善的目的，是否足以正當化國家大規模蒐集的行為？除了國家監控的疑慮以外，倘若侵害隱私權的力量不是僅來自國家，而是其他機構或私人，應如何在資料的有效應用與個人隱私權保護間取得平衡？

在人體生物資料庫的倫理議題中，隱私保護是最核心且複雜的面向之一。根據幾個有大型人體生物資料庫的歐盟國家民調，隱私是受訪者最在意的倫理議題（Nordal 2007）。日新月異的儲存技術和資料電子化，使得蒐集並儲存檢體與資料的技術日益進步，資料庫的內容也更具可用性，但是資料匯集與串連的風險也隨之而來。再者，相較於其他的大型資料庫，人體生物資料庫的隱私權風險其實更高，因為從檢體中可發掘的個人資料非常廣泛，也不限於檢體提供者本人，而是包括提供者的家族，甚至所屬族群相關的資訊。隨著人體生物資料庫的資料交換機制建立，檢體與資料在何地、被何人、如何被使用，顯然更難特定，使得隱私權的問題更為複雜。然而，檢體與健康資料也是進行研發的重要素材，如何在隱私與公益間取得平衡，是當代倫理學家與管制者須面臨的問題。

本文探討國家建立大型人體生物資料庫的隱私權議題，認為國家蒐集人民身體相關資訊，雖然已從**老大哥**國家監控與社會控制，轉變為**大數據**這類訴諸資源有效利用的公益目的，但標榜公益目的的資訊蒐集並非必然良善。除了以法律保障人民隱私權以外，國家大型人體生物資料庫亦應受到民主監督。接續第一部分的引言，第二部分探究人體生物資料庫的隱私權挑戰，探討隱私權的基礎理論，以及人體生物資料庫所涉及的資訊隱私權問題；第三部分檢視國家大規模蒐集人民身體資訊之情況，回顧我國政府過去資料蒐集的歷史，以及法院過去的見解對

於此類資料庫的合法性要求;第四部分檢視「台灣人體生物資料庫」所面臨的挑戰,以及我國法制上隱私權保障的局限;第五部分為結論,本文提出強化透明性與民主監督之觀點,來應對國家大型人體生物資料庫的隱私疑慮。

二、人體生物資料庫的隱私權挑戰

(一)隱私權的概念

　　「隱私權」(right to privacy)相較於言論自由、財產權等古典的基本人權,是在十九世紀末才逐漸浮現的權利。1890 年兩位美國學者 Samuel Warren 與 Louise Brandeis 在《哈佛法學評論》發表〈隱私的權利〉(*The Right to Privacy*)一文,有感於科技進步後,政府、媒體和企業能夠入侵過去無法進入的私人領域,法律應該做出因應,透過法律來確保公共與私人生活中間的界限,以保障個人的人格。作者之一的 Brandeis 後來成為美國最高法院大法官,在 1920 年代的聯邦最高法院判決 *Olmstead v. United States* 一案中,指出憲法保障人民有獨自不受干擾的權利(the right to be let alone)。直到 1965 年,美國最高法院才在 *Griswold v. Connecticut* 一案,明文承認隱私權是憲法所保障的權利。在各國際人權公約上,也都直接或間接承認隱私權為基本人權,例如,《聯合國世界人權宣言》第 12 條規定:每個人的私生活、家宅、家庭生活、通訊得免於恣意侵害的權利,並且有法律上的權利可以對抗此種侵害;又如《公民政治與權利公約》第 17 條、《歐洲人權公約》第 8 條都有類似規定。有鑑於隱私權豐富的內涵,學者歸納隱私權主要包括幾個面向:(1) 資訊隱私:不得任意揭露與個人相關的資訊,以及個人有決定接近使用其資訊的權利;(2) 物理隱私:個人空間不被入侵的權利;(3) 決定隱私:個人對於其事務有自主決定的權利;(4) 財產隱私:個人資訊有財產價值的部

分，例如個人的肖像或健康資訊，有免於被侵害的權利；(5) 結社隱私：個人有選擇加入哪些團體的權利（Allen 2007）。以上隱私權的各面向中，與人體生物資料庫最相關的是**資訊隱私權**。而在資訊隱私權的討論中，**自主權**的面向（或稱**資訊自主權**）特別被強調，也就是保障個人對於自己資訊的自主決定權利，能夠處分個人的資訊以對抗外在的妨害，這樣的自主權也與個人人格發展密不可分（邱文聰 2009；劉靜怡 2006）。

圖 1 隱私權的主要面向
圖片來源：筆者繪製。

　　歸納上述法律、判決與學說見解，隱私權保護最初從「不受干擾的權利」出發，是一個人基於自主，決定關於自己的資訊該如何被運用，以維持自己的身分定位與自我認同，以及免於外界環境干擾的權利（劉靜怡 2006）。除了個人資訊之外，隱私權也包括個人的私密性、人際關係，以及他人如何認識自己的方式（Stanford Encyclopedia of Philosophy 2013）。保護隱私權的目的，在於維護人性尊嚴與人格發展，保障個人實現自我的空間，以及給予個人定義自我的權利。

　　在我國法上，與前述美國法相似，雖然《憲法》沒有明文，但是大法官已經透過多號解釋，承認隱私權為基本人權。大法官最早在釋字第 293 號中提到，《銀

行法》規定銀行對人民的財務資訊應守密，以維護人民的隱私；在釋字第 585 號解釋，則第一次明文表示隱私權是《憲法》第 22 條概括條款所保障的基本權利，並提到隱私權保障的目的為：「基於人性尊嚴及個人主體性之維護及人格發展之完整，並為保障個人生活祕密空間免於他人侵擾及個人資料之自主控制。」之後在多號解釋中也再次提到隱私權的概念，例如，釋字第 603 號提到指紋資料為資訊隱私權的保障，釋字第 689 號則認為人們在公共場所中有免於他人持續注視、監看、監聽、接近等侵擾私人活動領域的權利及個人資料自主權。

從前述大法官解釋的見解，可以發現《憲法》上隱私權的概念逐步具體，並且受到西方法的影響。值得注意的是，隱私權既然是保障個人自我實現與免於他人侵擾的界限，勢必涉及社會大眾對於人我分際的觀念，亦隨著社會文化的變遷而改變。舉例來說，在 2005 年釋字第 603 號的論辯中，主管機關提出當時行政院研究發展考核委員會的數據，顯示高達八成以上的民眾同意全民指紋資料庫建檔，僅有 16% 民眾認為侵害人權（劉志原 2005），主張多數民眾認為提供指紋的隱私疑慮，不如治安或國家身分辨識的正確性來得重要。相較之下，2016 年一項關於多卡合一晶片國民身分證的網路民調中，卻有六成五以上民眾不贊成提供指紋，理由大多是基於隱私或資訊安全的考量（公共政策網路參與平台 2016），由此可以推知民眾的隱私權意識逐漸提高，對於隱私權與追求其他利益間的平衡點也有所改變。

（二）健康與基因資訊隱私

人體生物資料庫蒐集參與者（檢體提供者）的檢體並加以分析，甚至將之和參與者的健康資訊加以連結，所涉及的健康與基因資訊也具有特殊性，使得所涉及的資訊隱私權問題更為重要。歐盟法中有**敏感性個資**（sensitive data，或稱特別個資 special categories of personal information）的概念，認為某些特殊的個資應該受到較高度保護，包括：個人種族或族群資訊、宗教信仰或哲學信念、工會會員

身分、基因資訊、用於辨識個人的生物特徵資訊、與健康有關的資訊、性生活或性傾向有關的資訊。這些敏感性個資原則上不得處理，除非經過本人同意，或者有法定的例外情況（Art. 9, EU General Data Protection Regulation）。與歐盟法類似，我國《個人資料保護法》（以下簡稱個資法）中也有敏感性個資的概念，個資法第 6 條規定「有關病歷、醫療、基因、性生活、健康檢查及犯罪前科之個人資料」為敏感性個資，除非有當事人書面同意或者有其他法定事由，否則不得蒐集、處理或利用。

敏感性個資的問題，在於這些資訊能揭露許多關於資訊主體獨特、專屬且不易改變的訊息，尤其基因所揭露的資訊不限於參與者本人，更擴及血親，甚至所屬的族群。有論者便認為，基因資訊相較於其他健康資訊更為敏感，因為基因資訊能夠廣泛預測個人的未來健康狀況，顯示個人的家系與血親的資訊，加上具有獨特、穩定的個人辨識性，曾有被作為歧視基礎的歷史（Bregman-Eschet 2006；Murray 1997）。由於檢體一旦被收錄於人體生物資料庫中，這些檢體經由研究分析，能夠發現許多與參與者的身體、健康，乃至於血緣相關的資訊，其中許多資訊甚至連參與者自己也不知道。倘若這些資訊被以可識別的方式向他人揭露，可能會對參與者的保險、就業、社會生活等產生影響，甚至對於參與者本人進行揭露，也可能造成本人的恐慌，影響其醫療、保險等決定。至於基因或血緣的資訊，顯示個人源自何處、屬於哪個群體，也會影響個人的自我認同。

尤有甚者，大型人體生物資料庫以系統性的方式蒐集、處理及利用資訊，會有資料串連（interlinkage）的問題。這類大型資料庫蒐集、連結大量資料，提供基因組、流行病學乃至於大數據研究充足的研究素材。這類研究的共同特徵是採取資料探勘（data mining）和交互比對（cross-referencing）方法，也就是廣泛且不具特定目的地蒐集資料並加以累積，以及將不同管道蒐集得來的資料連結以進行分析，找出相關性而非確切的因果關係（Tavani 2006）。尤其大數據分析的結果，通常描繪資訊主體的圖像（profiles），但參與者無從知悉大數據分析背後的

演算邏輯為何，也無法決定自己的資料如何被串連、被用於哪些研究或進行哪些分析，使得分析出來的圖像是本人所無法預期甚至失真的（Crawford and Schultz 2014）。這些敏感資訊以及對個人圖像的描繪，若是集中在政府手上，則會產生政府監控人民，甚至進一步影響人民權利的疑慮。[1]

大型人體生物資料庫的資訊安全問題也相當迫切，公部門與大企業個資外洩的案例時有所聞，尤其是人體生物資料庫匯集大量的敏感資訊，要如何保護這些資訊免於外洩或不當使用，以取得參與者乃至於公眾信任，亦為重要隱私權議題。

（三）資訊隱私保護機制所面臨的挑戰

法律上對於資訊隱私的保護機制主要有兩項：一為取得資訊主體的**告知同意**（informed consent），一為**資料的去識別化**（de-identification）。這兩項機制，在大型人體生物資料庫的脈絡下皆面臨挑戰（張兆恬 2016）。

1. 告知同意

人體生物資庫所蒐集的檢體與資料，可以作為生醫研究重要的研究素材，亦有助於促進科技研發與醫療進步，且更進一步對於公共衛生及公眾福祉有所貢獻。然而，人體生物資料庫所蒐集的資料屬於敏感性個資，原則上若未經參與者書面同意，就不能夠蒐集、處理或利用，但每次利用，都需要取得每位參與者就每筆資料進行同意，所耗費的成本相當高，將使得研究窒礙難行。

就**檢體**的部分，我國法目前容許**概括同意**模式（《人體生物資料庫管理條例》第 6、7 條），也就是考量人體生物資料庫的檢體是提供將來不特定研究使用，所以在蒐集檢體取得參與者同意時可以僅廣泛地告知使用目的、使用範圍、使用期

---

[1] 大數據影響人民的權利義務，舉例來說，國家運用大數據來進行犯罪預防，分析過去的檔案資料後，預測出某些時間、地點為犯罪熱點（hot pot），導致在這個區域內的人民行為，比較容易被當作犯罪而逮捕，而逮捕紀錄的增長又會導致這個區域成為更大的犯罪熱點，造成區域附近的居民在人口統計上被貼上貧窮、易犯罪等標籤（Crawford and Schultz 2014）。

間，而不需要每次就特定研究目的逐一取得當事人的同意。另外，研究者使用**資料**的部分，若涉及醫療、基因等敏感資料，我國法也規定，「公務機關或學術研究機構基於醫療、衛生或犯罪預防之目的，為統計或學術研究而有必要，且資料經過提供者處理後或經蒐集者依其揭露方式無從識別特定之當事人」的情況下，可以例外不必取得參與者（即資訊主體）的同意（個資法第 6 條第 1 項第 4 款）。

以告知同意作為保護機制，是從尊重參與者自主權的角度出發，也就是讓參與者可以獲得充分的資訊，進行利益衡量，以決定是否提供檢體。然而，參與者在概括同意模式之下，對於使用檢體的資訊相當有限，很難進行有意義的同意。在美國國家生命倫理委員會 1999 年的報告中，曾提出**分層同意**（layered consent）的替代模式，讓參與者能夠有更細緻的選擇（National Bioethics Advisory Commission 1999）。但是在參與者資訊有限的情況下，分層同意不見得能夠使參與者更有效地行使自主權，反而會使得同意過程複雜、參與者容易受到問題引導等疑慮（Elger 2008）。再者，現今資料庫間成立資料交換網絡的情形漸趨普遍，使得檢體的蒐集與使用呈現多點、多中心的狀況，造成參與者完全的知情幾乎難以達成。

2. 去識別化（de-identification）

另一項重要的資訊隱私保護機制是去識別化，亦即若無法識別資料屬於何人，則縱使沒有得到資訊主體（即本人）的同意，也不至於對資訊主體產生損害。我國個資法規定，公務機關或研究機構基於公益目的，或者為統計或學術研究所必要，且資料以「經過提供者處理後或經蒐集者依其揭露方式**無從識別特定之當事人**」的方式，就可以不必取得本人的同意（個資法第 6 條第 1 項第 4 款）。另外，人體生物資料庫的設置者對於檢體與資料的儲存、釋出，應依規定以編碼、加密、去連結，或其他**無法辨識參與者身分之方式**為之（《人體生物資料庫管理條例》第 18 條），以保障參與者的資訊隱私權，尤其是補充概括同意的不足。

然而，去識別化的問題在於技術上難以做到完美的匿名，尤其是大規模、系統性蒐集個人資料的管道建立，以及各資料庫間的資料交換或相互連結，使得已經去識別化的資訊也可能透過比對，而找出資訊主體的身分。加上檢體分析所得的基因資訊，是具有個人專屬性、識別性的資料，因此完全匿名更為困難。再者，個資法所要求的去識別化，僅規定「個人資料以代碼、匿名、隱藏部分資料或其他方式，無從辨識該特定個人者」（《個人資料保護法施行細則》第 17 條），相較外國法的規定，標準較為寬鬆且不明確。例如，美國法對於去識別化，明文規定應符合兩個標準的其中之一：一為專家認證模式，也就是經由具備一定知識與經驗的專家評估，依據一般廣為接受的統計或科學原則及方法，認定識別出個人的可能性很低；一為安全港（safe harbor）模式，也就是移除法定的 18 項重要的識別指標，包括：姓名、重要日期、醫療資料序號、生物辨識特徵（如指紋或聲音）（Privacy Rule § 164.514(b)、(c)）。而我國法律上對於「去識別化」的定義較為模糊，使得資料經過去識別化是否確實能夠保護個人隱私，難以檢證。

　　另外值得注意的是，敏感性資料的研究使用，除了資料以去識別化的方式釋出之外，我國個資法同時也規定應該受到公益原則（「醫療、衛生或犯罪預防之目的」），以及必要性原則（「為統計或學術研究所必要」）規範（個資法第 6 條第 1 項第 4 款），這也是立法者就隱私權與研究利益進行利益衡量的結果，將資料使用僅限於公益且必要的情況。這也意味著，去識別化後的資訊並非可以任意使用，仍然必須符合法定要件。

三、國家大型人體生物資料庫的隱私議題：從國家監控到國家資源

（一）資料庫之國

我國政府過去其實已經有過大規模蒐集人民身體資訊的資料庫，然而，今日國家大型人體生物資料庫所涉及的隱私權議題，遠較過去複雜。首先，政府蒐集與掌握人民身體資訊，從社會控制的目的，逐漸轉變為追求經濟與福利性質的公益目的。再者，隱私權的威脅來源除了國家，也來自其他私人的干擾，例如，大型企業或媒體，或者是科技進步後來自於他人的窺視。

台灣自日治時期以來，便有嚴密的戶籍制度，屬於警察體系的一環，國家藉由戶籍來作為社會控制的有效管道。其後於國民政府時期，戶籍雖然改為由戶政體系管理，但依舊採取「戶警合一」模式，國家仍將戶籍作為監控人民的重要管道。國家為求掌握人民的人際關係與行蹤，需要能夠有效辨識人別的機制，而指紋便是能有效辨識人別的資訊之一。在日治時期，殖民政府要求入監者錄存指紋，而在國民政府時期，指紋蒐集的範圍更為擴大，除了犯罪偵查程序中人民須按捺指紋之外，更進一步藉由兵役系統擴大蒐集指紋的範圍。早在 1960 年代，警察體系便要求身分證上應增加指紋登載，認為指紋對於犯罪偵防與治安維護有很大的幫助（郭詠華 2010）。在動員戡亂時期結束、步入民主轉型以後，國家仍持續透過犯罪偵查、兵役等管道蒐集指紋，尤其 1990 年代末期治安惡化，立法者便曾試圖建立全民指紋資料庫，並於 1997 年《戶籍法》修法時，增訂 14 歲以上國民換發身分證時須按捺指紋的規定（劉靜怡 2006）。其後於 2005 年大法官就《戶籍法》強制全民按捺指紋的規定，作成釋字第 603 號宣告此規定違憲。根據內政部當時的統計，政府從前述刑事偵查、兵役，再加上社福體系、邊境管制等管道蒐集到的指紋資訊，已達 900 萬筆（估計約 700 萬人次的指紋）以上（釋字第 603 號釋

憲聲請書之註腳 4）。另外，隨著去氧核醣核酸（DNA）辨識技術被運用於刑事偵查上，1990 年代我國《性侵害防治法》、《去氧核醣核酸採集條例》立法，建立刑事 DNA 資料庫（劉定基 2011）。又如國家透過公衛系統蒐集的人民資訊，例如，《傳染病防治法》、《人類免疫缺乏病毒傳染防治及感染者權益保障條例》等，都規定醫事人員、醫事機構在發現特定傳染病時有通報的義務，目的不僅是維護公共衛生，也在於透過資訊蒐集對感染者進行監視，避免因為傳染病造成社會秩序混亂。由此可知，國家蒐集人民的身體資訊，經常帶有國家權力對人民進行監控，以達成有效社會控制、穩固國家權力的色彩。

　　然而，隨著科技發展以及我國步入民主化，國家對人民身體資訊的蒐集，也出現新的社會福祉目的。一則國家監控會導致公民社會的抗拒，國家蒐集資訊需要有其他正當化事由；二則科技使得身體資訊成為資源，具有研發與經濟價值，能夠成為支持科技研發與經濟發展的資本。全民健保是國家蒐集人民身體資訊的重要管道之一，1994 年實施的全民健保涵蓋 99% 以上國民納保，國家因此取得大量的國民就診醫療紀錄，並從 1998 年開始，衛生福利部健保署（前衛生署健保局）將健保資料委託國家衛生研究院建置「全民健康保險研究資料庫」，對外提供學術研究利用，到 2013 年才停止提供資料。目前衛福部統計處「衛生福利資料科學中心」則匯集衛福部下各單位所蒐集的健保、社福等資料，並將資料釋出做加值應用。政府也試圖將已蒐集的資料進行系統性整合，例如，健保署推行「雲端藥歷」、「健康存摺」整合病人的健保紀錄，以作為醫療診斷之用。追溯「台灣人體生物資料庫」的成立，也是以發展生技產業，以及發現國民的主要健康特徵，並發展應對的預防或治療方式，為主要號召。

　　從以上國家蒐集人民身體資料的變遷，可以發現如果政府資料蒐集的主要目的並非監控，而是將資料視為資源加以利用，隱私權的威脅也從主要來自國家權力，擴大為來自國家以外的其他力量，例如市場或其他私人。在 2001 年出版的《資料庫之國：21 世紀隱私權之死》（*Database Nation: The Death of Privacy in the 21st*

Century）一書中，作者 Simson Garfinkel (2001) 指出，現代社會並不如喬治‧歐威爾的小說《1984》一般，有政府這位老大哥對於人民進行無所不在的監控，而是有無數我們不知道身分的老大哥在侵入、追蹤我們的生活，這些隱私的威脅並非來自極權國家，而是來自資本主義、市場、科技和資料交換的網絡，有系統且無所不在地蒐集我們的資訊。Garfinkel 認為隱私權保護，應該繫於政府的積極管制介入，因為科技並不是中立的，而是帶有價值選擇，選擇的正當性則必須透過政治程序產生。與《資料庫之國》的觀察相呼應，我國國家大規模蒐集人民的身體資訊並建立資料庫，除了國家對人民的監控之外，資訊的資本化問題也成為重要議題：資訊是否被私部門所濫用，以及使用的目的、結果是否符合公共利益。國家的角色不僅是節制權力以避免過度侵害人民的隱私權，也須扮演積極保護人民隱私權，以及權衡人民隱私權與資訊有效利用的資源分配者。

圖 2 監控我們的老大哥不僅是國家，也可能來自市場、其他個人。
資料來源：Thomas Backa，取自 https://www.flickr.com/photos/76297116@N00/9185646681，已授權公眾使用。

（二）國家大型資料庫的隱私權爭議案件

我國現今已有兩個重要判決，討論國家大型資料庫蒐集人民身體資訊的隱私權議題。這兩個案件呈現前述所討論的，大型資料庫的目的從社會控制轉為國家資源利用，以及所面臨的主要質疑，從國家監控逐漸轉為國家的保護不足。

1. 全民指紋資料庫案

《戶籍法》於 1997 年修正時，規定 14 歲以上國民在換發身分證時必須按捺指紋，目的是建立全民指紋資料庫，2005 年內政部積極推動此規定時，經立法委員三分之一連署聲請釋憲，並經大法官釋字第 603 號解釋宣告違憲。

大法官在此號解釋中首先指出，《戶籍法》限制的是人民自主決定個人資訊的**資訊隱私權**。資訊隱私權對人性尊嚴與人格發展相當重要，也是民主憲政所守護的核心價值，雖然並非絕對的權利，但也應受到較高的保護。國家對資訊隱私權的限制，必須以法律明確規定，也就是若要對資訊隱私權加以限制，必須經過立法者的民主程序討論通過，以法律條文明確寫出限制為何。

大法官接著分析「指紋」這項資訊的特性，認為指紋屬於敏感性個資，因為指紋有每個人不同、終身不變的特性，具有高度人別辨識的功能；指紋容易到處殘留，若大規模蒐集建檔，將使國家可以藉由指紋開啟個人完整的檔案，故此項敏感性個資應該受到較高的保護。國家若要強制大規模蒐集指紋，必須是為了達成重大公益目的，手段也應該與目的具有密切關聯性，且採取侵害較小的方式。大法官認為違憲的原因，在於國家強制蒐集指紋的目的不明，主管機關既不願意承認犯罪防範是強制蒐集指紋的目的，所提出的其他蒐集目的，例如，防偽造、防冒用、識別失智者、路倒或無名屍體等，在利益衡量之下，都不足以正當化對人民資訊隱私權的限制。

值得注意的是，大法官雖然宣告本案《戶籍法》的規定違憲，但也認為國家並非不能大規模蒐集指紋並建立資料庫。大法官提出幾個指紋資料庫的合憲要件：必須以法律明定蒐集目的，並且採取與目的相符的適當手段。此外，大法官並提

到國家應該採取適當的科技措施，對所蒐集的資訊加以保護。

2. 健保資料庫案

健保資料庫案的原告是幾位公民，2012 年間向健保署表示拒絕將自己的健保資料提供給健保署以外的第三方，作為健保以外之其他使用，但遭健保署拒絕，因此提起行政救濟。[2] 相較於指紋資料庫的主要隱私爭議是國家監控，本案的隱私爭議，在於政府將人民的資料作為資源釋出給私部門。雖然本案最後為最高行政法院駁回確定，但原告所提出的資訊隱私權疑慮，實反映出大數據時代下，對於告知同意與去識別化保護的諸多挑戰。

本案的第一個主要爭點，在於**資料用於本來蒐集目的以外的用途**，也就是健保署、衛福部可不可以把因為實行健保而蒐集的資料，建立資料庫並用於健保以外的用途，像是學術研究之用？個資法雖有例外容許公務機關基於醫療、衛生或犯罪預防之目的，為統計或學術研究而有必要，且資料經過去識別化之處理，則可對健保資料這類的敏感性資訊進行蒐集、處理、利用（第 6 條第 1 項第 4 款）。然而公務機關對於個資的蒐集、處理、利用，皆必須在「執行法定職務所必要」的範圍內（第 15、16 條），但是健保資料庫是不是健保署、衛福部執行法定職務所必要？原告等認為學術研究並非健保署、衛福部的業務，而且 1998 年以來使用健保資料庫產出的研究，究竟應用於健保、醫療改善上的程度為何，缺乏實質的證據。法院最後採取較寬鬆的解釋，認為只要有助於健保、醫療衛生相關發展的研究，都是健保署、衛福部法定職務所必要的範圍內。

第二個主要爭點，在於健保資料庫的資料是否已經適當地**去識別化**，以平衡個人資訊隱私權與公益。對此，原告等主張去識別化應該是達到匿名化

---

[2] 本案經台北高等行政法院 102 年訴字第 36 號判決駁回原告之訴，上訴後為最高行政法院 103 年判字第 600 號判決發回，更一審台北高等行政法院 103 年訴更一字第 120 號判決仍駁回原告之訴，再次上訴後經最高行政法院 106 年判字第 54 號判決駁回上訴確定。本章節法院見解之描述，以最終的最高行政法院確定判決理由為主，以下級審法院之理由為補充。

（anonymization）的程度，然而只要先掌握特定個人之完整個資，再依據該個資比對從資料庫申請所得的資料，便可以確認比對出資料屬於該特定個人，因此健保資料庫的資料並未符合去識別化的標準。對此，法院肯定健保資料庫的資料，並未完全達到切斷資料內容與特定主體間之連結線索的程度。然而法院也認為，健保資料庫已有採取加密、解密鑰匙僅由少數衛服部負責資訊秘密業務的公務員持有等保護措施，使得資料能夠連結到特定主體的可能性大為降低；而且去識別化的目的，是在使運用資料的社會大眾，無法輕易辨別資料內容為何人，至於原告等主張透過掌握特定個人資料以用於辨識、比對資料庫資料的方式，並不是個資法去識別化所要防免的範圍。

第三個主要爭點，則是公民有沒有**事後退出或請求停止使用個資的權利**？由於全民健保是強制納保，若依據個資法在符合公益目的、必要性及去識別化的要件下，可不經過本人同意使用敏感性資訊，則公民若是沒有事前同意權，是否有事後退出權？對此，法院認為事前同意權與事後退出權是兩個獨立的權利，並不因政府可以不經事前同意，而使人民同時喪失事後退出的權利。然而，法院基於利益衡量的角度，認為健保資料已經有適當地去識別化保障，且為了保障統計所需採樣品質的完整性，避免因為有部分人民主張退出而使採樣產生偏頗，因此在公益大於私權的情況下，人民仍舊不得主張事後退出。[3]

3. 國家大型資料庫合法性的判斷

由以上兩個案件的法院見解可以得知，法院認為國家建置大型資料庫蒐集人民身體的資訊，不必然是違憲或違法的國家行為。法院從利益衡量的角度來檢視這些資料庫，亦即檢視資料蒐集所要達成的目的是否符合重要公益，並且決定相應的資料保護措施應該要求到什麼程度。然而，兩個案件都提及資料庫的資料連

---

[3] 然而，就本案的確定判決，原告等認為法院所據以判決的個資法相關規定有違憲之虞，而已經於 2017 年 11 月提出釋憲聲請（台灣人權促進會 2017）。

結對於隱私權的威脅，尤其在健保資料庫案中，法院也意識到，去識別化不等於匿名、資料完全無法辨別為何人所有，因此去識別化的資料仍受到個資法的保護。但法院並非一律要求最高程度的保護，而是透過利益衡量，以判斷資料去識別化的程度是否足夠。

值得注意的是，除了資料庫建置的目的與對人民隱私權侵害的程度，應該通過利益衡量的檢驗之外，另一重點在於如何落實人民的**資訊自主權**。釋字第 603 號除了指出大規模資料蒐集的目的應該符合重大公益，也明文表示公益目的應以**法律**明確定之，亦即應該由立法院經過民主程序討論，透過民主程序讓全民行使自主權，決定是否要建立這樣的全國性大型資料庫。個資如何被應用，會牽涉到資訊主體如何被描述、如何自我認同的問題，尤其身體的資訊具有一身專屬性，基因相關的資訊更涉及群體認同。雖然國家大規模蒐集人民的資訊，其目的已經從監控逐漸轉為資源利用，然而人民要如何保有自我定義的權力，而非淪為被研究或被分析的客體，是現代國家大型資料庫所面臨的挑戰。

四、我國現況與法制的檢視

「台灣人體生物資料庫」自先期規劃以來，即有來自公民社會關於倫理性的質疑（劉靜怡、劉宏恩 2009；台灣人權促進會 2009）。其後 2010 年《人體生物資料庫管理條例》通過，建立適用於所有人體生物資料庫（包括「台灣人體生物資料庫」在內）的規範依據，其中也對各倫理問題制訂一定標準。隱私權保護上較具體的規定，在於《人體生物資料庫管理條例》第 18 條規定：設置者對資料應進行加密或其他去識別的處理，以及對不同資料間的比對應回復原狀。另於第 11 到 13 條間則規定資料庫設置者的資料外洩通知義務、相關人員的守密義務、制定隱私保護政策的義務等。

《人體生物資料庫管理條例》能處理的隱私權議題，其實相當有限，對於資料串連、基因資訊的群體性，以及個資法中最為困難的，是否具有公益目的、利益衡量的標準等，並未提供明確的指引。《人體生物資料庫管理條例》通過後，人權團體指出幾項此條例未能處理的問題，包括：告知同意沒有落實；檢體與資料到底怎樣被處理、利用；缺乏資訊公開；沒有退出機制；資料串連沒有經過當事人同意；檢體將來是否可以移轉給第三人不明等等（邱依翎 2012）。這些問題也顯示出共通的資訊隱私問題，在於依賴參與者知情同意的困境，因參與者於概括同意時很難完全知情，同意後也對於自己的檢體與資料缺乏自主性，難以掌握其後的資料串連、利用乃至於資料移轉等情況，使得參與者的資訊自主權難以落實。

再者，中央研究院醫學研究倫理委員會（IRB）在 2016 年底指出應停止執行「台灣人體生物資料庫」，原因之一在於資料庫在未經中研院 IRB 審查同意的情況下，擅自透過限制性招標與醫院合作蒐集檢體（羅雨恆 2016），這個爭議凸顯了多點、多中心的檢體蒐集與運用模式的倫理議題。資料庫間檢體與資訊的交換國際上亦有案例，例如，歐盟於 2013 年建立 Biobanking and BioMolecular Resources Research Infrastructure（BBMRI）平台，讓各會員國資料庫的資料能夠相互流通運用；這種檢體交換的模式，雖然有助於檢體蒐集與資料的最大利用，但同時也使得參與者更難以預測自己的檢體與資料流向何方、為何人使用及作何使用，進而使得參與者對檢體與資料的控制權難以實現。

觀諸前述國家大型人體生物資料庫所面臨之挑戰，或可發現參與者資訊自主權的不彰，似乎是目前的核心議題。在《人體生物資料庫管理條例》中，除了告知同意的要求之外，與資訊自主權相關的規定相對較不足。對於此類大型資料庫的應用，《人體生物資料庫管理條例》與個資法所採取的保護機制，主要是依賴去識別化或資安標準而建立，對於如何強化人民資訊自主權的行使，卻因為事前告知同意的鬆動（放寬為概括同意，甚至如個資法第 6 條第 1 項第 4 款不需要同意），而較少被論及。細究我國個資法上，除了事前同意以外，其實不乏與資訊

自主權高度相關的權利，例如，關於停止使用權、請求接近使用資訊的權利、更正資訊的權利等，但在健保資料庫案中，原告等曾提出事後停止使用或退出的主張，法院卻在利益衡量下否認原告等的這項主張，認為有完整資料作為統計採樣更為重要。究竟這些與資訊自主有關的權利，在人體生物資料庫的脈絡下應該如何落實，又是否因為沒有事前的告知同意權，更應強調其他資訊自主權相關面向的權利？這些都是有待解決的重要問題。

再者，由國家來建立大規模資料庫，對人民的資訊蒐集能力往往更強——不論是透過國家權力強制、全面性地蒐集，或者串連其他國家擁有的大量資料。至於法律所要求的公益目的，意味著資料庫的使用必須具有公共性。生命倫理學家曾形容國家人體生物資料庫也是一種治理（governance）手段，許多國家都將國家人體資料庫視為重要的國家資源，是國族認同的象徵，或者是加入全球生技產業競爭的天然資本（Gottweis and Petersen 2008）。回顧「台灣人體生物資料庫」的建置與發展過程，亦可見以此資料庫作為知識經濟的基礎，尋找台灣人多元族群獨特基因等，呈現的是追求台灣政治主體性，以及塑造對未來共同體的認同與情感（蔡友月、李宛儒 2016）。是以，國家的大型人體生物資料庫不僅是促進科學發展的公共建設，也是集體自我定義、重塑集體認同的過程，這樣的過程若缺乏公民資訊自主權行使的管道，將使國家治理缺乏民主監督，不僅讓個別公民的人格權未受到充分保障，也會使國家大型人體生物資料庫的存續缺乏正當性。

五、結論：強化透明性與民主監督

世界醫師會（World Medical Association）在 2016 年 10 月於台北通過「世界醫師會台北宣言：健康資料庫與生物資料庫之倫理考量」（簡稱台北宣言，WMA Declaration of Taipei on Ethical Considerations regarding Health Databases and

Biobanks）。台北宣言指出，善用這類資料庫於研究上，往往可以提升健康、疾病、有效診察、治療及預防方法等（Art. 5）；然而在此同時，也對於資訊的個別主體及群體產生人性尊嚴、自主、隱私、保密、歧視等問題，故宣言的目的，在於揭示針對這類資料庫的普世性倫理原則（Art. 6，8-10）。值得注意的是，宣言中除了揭示保護參與者隱私、守密義務的重要性，也提出強化資訊自主權面向，例如，請求接近使用資料的權利、資料更正的權利（Art. 14），以及強化參與者參與資料庫治理的權利（Art. 20）。

回顧我國政府大規模蒐集人民身體資訊的歷史，國家蒐集目的由社會控制，逐漸轉為將資訊視為國家資源而加以運用。然而，國家所標榜的促進科技研發、作為生技產業基礎建設等目的，雖屬正當，並不代表隱私權的疑慮較低，涉及到人民究竟願意用多少隱私，換取便利、科技或經濟的利益。我國個資法、《人體生物資料庫管理條例》試圖在資訊有效利用與個人資訊隱私間取得平衡，主要依賴告知同意與去識別化兩項機制，但在國家大型資料庫的幾項特徵（國家強制或半強制、大規模蒐集、資料串連）之下，這兩項機制恐無法落實隱私保護。台北宣言提出應該強化參與者的資訊自主權，例如，接近使用資料的權利、更正權等，然而資訊自主權的落實，必須建立於人民有一定資訊，並因此具備權利意識的前提之上。是以，僅訴諸法律保障個人隱私權，恐怕未必足夠，因為資訊流通及運用的程度難以達到完全的知情同意，堅強的資安機制仍難免於百密一疏。

本文認為，如何定義隱私與資訊有效運用之間的平衡，並且建立適當的責信（accountability）機制，或許才是解決隱私疑慮的根本，這有賴於提升資料庫治理的透明性及民主監督來加以達成。國家大型資料庫治理的透明性，有助於人民在最初告知同意之後，仍能夠持續取得資訊，以有意義的選擇是否繼續將資料留在資料庫中。國家大型資料庫作為公共資源，其設立、用途也應具有民主正當性，究竟人民願意為何種研究、提供何種程度的隱私，亦須透過民主程序加以討論，或者應受民意檢證的議題，國家應有向人民主動說明並且回覆質疑的義務。《人

體生物資料庫管理條例》對於資料庫治理面的規範不足，最相關的規定是設置倫理委員會並包含社會公正人士成員（第 5 條第 2 項），或許可歸因於此條例適用於所有的公私大小資料庫，無法彰顯國家大型人體生物資料庫應符合的透明性與民主監督要求。大數據之國看似良善，但如何確認人民資訊被以符合公益的方式運用，實有賴於公眾的監督與參與。

引用文獻 |

公共政策網路參與平台，2016，〈內政部研擬全面換發「多卡合一的晶片國民身分證 (eID)」，歡迎大家來談談您的想法及建議，謝謝！〉。https://join.gov.tw/policies/detail/ad918bbe-0139-4e4b-8c8f-01a76f68979a，取用日期：2017 年 12 月 6 日。

台灣人權促進會，2017，〈你的個資，他的研究和商機？：強迫中獎的全民健康資料加值應用是否違憲？〉。https://www.tahr.org.tw/news/2110，取用日期：2017 年 12 月 6 日。

_____，2009，〈科學逾越倫理，犧牲人權代價！〉。http://www.tahr.org.tw/node/166，取用日期：2017 年 2 月 24 日。

吳全峰，2016，〈個人資料保護之界線：從去識別化談起〉。http://irb.sinica.edu.tw/doc/education/20161220handout_1.pdf，取用日期：2017 年 2 月 24 日。

邱文聰，2009，〈從資訊自決與資訊隱私的概念區分：評「電腦處理個人資料保護法修正草案」的結構性問題〉。《月旦法學雜誌》168：172-189。

邱伊翎，2012，〈超越隱私權爭議的全國基因資料庫〉。http://www.tahr.org.tw/news/1141，取用日期：2017 年 2 月 24 日。

郭詠華，2010，《現代型國家下的個人身分及其識別：百年來的台灣個人資料法社會史》。台北：國立台灣大學法律學院法律學系碩士論文。

張兆恬，2016，〈人體生物資料庫之資訊隱私爭議：美國法的啟示。《法律與生命科學》5(1)：29-46。

蔡友月、李宛儒，2016，〈想像未來：台灣人體生物資料庫、基因利基與國族建構〉。《台灣社會學》32：109-169。

劉志原，2005，〈釋憲說明會 指紋建檔政策 過半支持〉。自由時報，http://news.ltn.com.tw/news/focus/paper/23612，取用日期：2017 年 12 月 6 日。

劉定基，2011，〈台灣刑事 DNA 資料庫現況調查研究：以個人資訊隱私保障為中心〉。《科技法學評論》8(2)：129-166。

劉靜怡，2006，〈隱私權：第一講隱私權的哲學基礎、憲法保障及其相關辯論──過去、現在與未來〉。《月旦法學教室》46：40-50。

劉靜怡、劉宏恩，2009，〈台灣生物資料庫 荒腔走板〉。http://www.appledaily.com.tw/appledaily/article/headline/20090507/31609127，取用日期：2017 年 2 月 24 日。

羅雨恆，2016，〈台灣人體生物資料庫違法蒐集疾病檢體 中研院爆內訌〉。《壹週刊》808: 34-39。

Aðalsteinsson, Ragnar, 2003, "The Constitutionality of the Icelandic Act on a Health Sector Database." Pp. 203-211 in *Society and Genetic Information: Codes and Laws in the Genetic Era*, edited by Judit Sándor. Budapest: Central European University Press.

Allen, Anita L., 2007, *Privacy Law and Society*. Eagan, MN: West Academic Publishing.

Árnason, Vilhjálmur, 2007, "Introduction: Some Lessons of ELSAGEN." Pp. 1-8 in *The Ethics and Governance of Human Genetic Databases: European Perspectives*, edited by Matti Häyry, Ruth Chadwick, Vilhjálmur Árnason and Gardar Árnason. Cambridge: Cambridge University Press.

Bregman-Eschet, Yael, 2006, "Genetic Databases and Biobanks: Who Controls Our Genetic Privacy?" *Santa Clara Computer and High Technology Law Journal* 23(1): 1-54.

Crawford, Kate and Jason Schultz, 2014, "Big Data and Due Process: Toward a Framework to Redress Predictive Privacy Harms." *Boston College Law Review* 55(1): 93-128.

Elger, Bernice, 2008, "Consent and Use of Samples." Pp. 57-59 in *Ethical Issues in Governing Biobanks: Global Perspectives*, edited by Bernice Elger, Nikola Biller-Andorno, Alexander Mauron, and Alexander M. Capron. London: Ashgate.

Garfinkel, Simson, 2001, *Database Nation: The Death of Privacy in the 21st Century*. Sebastopol, CA: O'Reilly Media.

Gottweis, Herbert and Alan Petersen, 2008, "*Biobanks and Governance: An Introduction.*" Pp. 3-20 in *Biobanks: Governance in Comparative Perspective*, edited by Herbert Gottweis and Alan Petersen. London and New York: Routledge.

Mitchell, Robert and Catherine Waldby, 2010, "National Biobanks: Clinical Labor, Risk Production, and the Creation of Biovalue." *Science, Technology, & Human Values* 35(3): 330-355.

Murray, Thomas H., 1997, "Genetic Exceptionalism and 'Future Diaries': Is Genetic Information Different from Other Medical Information?" Pp. 60-73 in *Genetic Secrets: Protecting Privacy and Confidentiality in the Genetic Era,* edited by Mark A. Rothstein. New Haven: Yale University Press.

National Bioethics Advisory Commission, 1999, *Research Involving Human Biological Materials: Ethical Issues and Policy Guidance. Vol. 1,* https://bioethicsarchive.georgetown.edu/nbac/hbm.pdf (Date visited: February 25, 2017).

Nordal, Salvor, 2007, "Privacy." Pp. 181-189 in *The Ethics and Governance of Human Genetic Databases: European Perspectives*, edited by Matti Häyry, Ruth Chadwick, Vilhjálmur Árnason and Gardar Árnason. Cambridge: Cambridge University Press.

Sleeboom-Faulkner, Margaret, 2009, "Human Genetic Biobanking in Asia: Issues of Trust, Wealth and Ambition." Pp. 3-24 in *Human Genetic Biobanks in Asia: Politics of Trust and Scientific Advancement*, edited by Margaret Sleeboom-Faulkner. London: Routledge.

Stanford Encyclopedia of Philosophy, 2013, "Privacy." In *Stanford Encyclopedia of Philosophy*, https://plato.stanford.edu/entries/privacy (Date visited: February 25, 2017).

Tavani, Herman T., 2006, "Environmental Genomics, Data Mining, and Informed Consent." Pp. 167-185 in *Ethics, Computing, and Genomics*, edited by Herman T. Tavani. Sudbury, MA: Jones and Bartlett Publishers.

教學工具箱 |

網站

「台灣人體生物資料庫」ELSI 分項計畫，http://www.ip.ntust.edu.tw/ltic/?ac1=project-single&id=5667cbdbc51fd

公民論壇監督台灣生物資料庫，http://biobankforum.blogspot.tw

台灣人權促進會，「隱私權」議題網頁，https://www.tahr.org.tw/issues/privacy

世界醫師會台北宣言，http://www.tma.tw/ethical/files_pdf/ 台北宣言 .pdf；https://www.wma.net/policies-post/wma-declaration-of-taipei-on-ethical-considerations-regarding-health-databases-and-biobanks/

Electronic Frontier Foundation（EFF），美國倡議數位公民權的著名 NPO，「隱私權」網頁，https://www.eff.org/issues/privacy

Electronic Privacy Information Center（EPIC），美國隱私權研究及倡議組織，https://www.epic.org

問題與討論

1. 個人對自己的檢體和個人資料,應該有什麼樣的權利?檢體和個人資料都具有市場價值,它們是財產嗎?如果已經無法識別是何人所有,那本人還會有什麼權利嗎?

2. 人民身體的資訊,很多是屬於敏感性個資,國家大規模蒐集人民身體的資訊,甚至進一步處理、利用,是不是有必要取得人民的同意?如果有必要,應如何取得同意?如果非必要,對於人民的資訊隱私權有什麼較好的保護措施?

3. 在全民按捺指紋案中,大法官有提及人民的資訊隱私權,包括更正、停止使用的權利。但是在健保資料庫案中,法院認為停止使用的權利應該受到限制,因為若讓人民有這樣的權利,將會影響統計或學術研究取樣的完整性,也就是某些人若是退出,就會使得取樣產生偏差。你/妳同意法院這樣的見解嗎?如果主張人民沒有事前同意的權利,就更應該給予事後退出的權利,你/妳同意這樣的見解嗎?

4. 從愛德華・史諾登(Edward Snowden)向媒體揭露的內容顯示,即便是現代民主國家,國家對於人民的監控仍無所不在,甚至因為科技的進步而更為強大且全面。我們要怎麼判斷或者防止國家蒐集人民的資訊,是用於追求良善的公益目的,還是用於監控甚至打壓異己?或者,我們應該根本性地避免讓國家有大規模蒐集人民資訊的機會,以防止未來國家權力濫用人民資訊的可能性?

概念辭典

「去識別化」、「匿名化」、「假名化」

「去識別化」(de-identification)指的是使資料無從直接或間接識別當事人為何人,法律上較常要求的隱私保護方式常是去識別化,因為去識別化後無法識別當事人,就不算「個資」,因此不在法律保護的範圍內。「匿名化」(anonymization)與「假名化」(pseudonymization)都是去識別化的方式之一,「匿名化」指的是資料不僅無從識別當事人為何人,並且處於不可逆的狀態,無法透過合理、可能的方式加以辨識。「假名化」指的是資料經過加密或編碼等處理,但仍可以透過金鑰的持有者來回復辨識(吳全峰 2016)。

台北宣言

「世界醫師會」(World Medical Association,WMA),於 2016 年 10 月在通過「世界醫師會台北宣言:健康資料庫與人體生物資料庫之倫理考量」(簡稱台北宣言,WMA Declaration of Taipei on Ethical Considerations regarding Health Databases and Biobanks)。世界醫師會是國際性的醫學專業組織,過去曾經就重要的醫療、公共衛生及研究倫理議題發表宣言,例如,1949 年

「日內瓦宣言」宣示醫師專業倫理以人道為最高指導原則，1964 年「赫爾辛基宣言」揭示人體研究的倫理標準，「台北宣言」則是對「赫爾辛基宣言」的補充，特別聚焦於運用健康資料庫或人體生物資料庫進行研究所引發的倫理議題。雖然世界醫師會並非國際官方組織，但所發表的倫理宣言仍被視為國際倫理標準，也是各國立法或專業自治的重要參考依據。

10

精準醫療的新瓶與舊酒：
大型人體生物資料庫的國際發展脈絡、
爭議與國際倫理規範

The Controversy over and International Guidelines on Large-Scale Biobank
Research for Precision Medicine

劉宏恩

近年來熱門的「精準醫療」概念，經常在大型人體生物資料庫的相關討論中出現，它其實是前基因體時代便已經出現，後來遭遇到一些批評的舊說法延伸。「精準醫療」希望透過人體生物資料庫與基因檢測等方法，去了解不同病人的個體差異，然後針對不同類型的病人給予最適合的治療或預防方式。要達到這個目的，需要蒐集數十萬名以上民眾的基因檢體、病歷資料、生活方式等隱私資料，長期追蹤他們多年，而且個人資料必須保持相互交叉比對與連結的可能性，因此往往由政府支持建置。參與此類研究對民眾而言是相當大的付出，並衍生諸多倫理與法律上的爭議，需要設計嚴謹的監督管理機制以保護參與民眾、維護社會信任。許多重要國際組織因此制定相關的國際倫理規範。本文探討國際上的相關發展脈絡與失敗經驗，介紹國際規範的重要內容，以及台灣曾發生的爭議始末。

一、前言：「精準醫療」的新名詞與舊概念

　　近年來，「精準醫療」（Precision Medicine）是生物醫學界的熱門名詞。不但許多醫師和醫學研究者朗朗上口，許多國家也以政府預算或政策予以積極推行。例如，美國前總統歐巴馬於 2015 年 1 月宣布，美國將投入 215 億美元進行「精準醫療計畫」（Precision Medicine Initiative, PMI），強力推動個人化治療及癌症基因等研究，其中最重要的是長期追蹤至少一百萬名志願民眾的健康檢查與病歷紀錄、基因資訊、生活環境和習慣的世代追蹤研究（Cohort Program）。此外，英國、日本、中國等國家也都投入大筆政府預算進行類似的國家型研究，同樣都以數十萬名以上民眾的基因資訊與病歷紀錄組成人體生物資料庫，作為研究基礎。

　　在談人體生物資料庫之前，我們需要先了解什麼是「精準醫療」。簡單來說，這是一個相對於傳統醫學治療方式的概念。傳統醫學的治療方式大多是針對同樣症狀的「一般病人」（average patient），給予類似的治療方式。然而，病人即使有類似的症狀，卻可能有不同的體質、生活習慣與致病原因，所以傳統的治療方式可能對某些人有效，卻對另一些人無效，甚至還會對某些人造成嚴重的副作用。「精準醫療」希望透過基因檢測等方法去了解個體差異，然後針對有同樣症狀的病人區分出不同類型，分別給予最適合的治療方式，甚至是發病前的預防方式。其中常見的是藥物基因體學（Pharmacogenomics）研究，希望根據不同病人的基因來為他們選擇不同藥物。

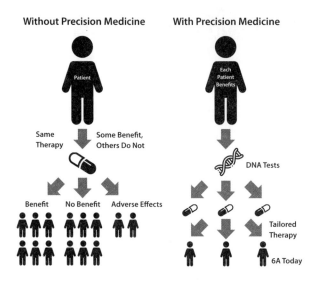

圖 1 傳統醫學治療與精準醫療的比較
註：精準醫療的目標之一，是根據不同病人的基因選擇最適合的藥物。
資料來源：Lee（2015）。

　　但是，針對同樣症狀的不同病人，分別給予不同劑量或種類的用藥，在醫學上其實並不是嶄新的概念或作法，只是傳統上可能只針對不同體重或已知過敏問題等生理情形來調整用藥，現今訴求的「精準醫療」則是結合基因科技的最新發展與工具，特別是基因檢測、基因體定序與生物資訊學方法，來了解病人與病人之間的個體差異。換言之，概念可能是舊的，但研究方法與工具是新的。

　　值得注意的是，運用基因科技來了解病人個體差異的想法，並不是「後」基因體時代的概念，而是早在二、三十年前由美國官方支持進行「人類基因體計畫」（Human Genome Project）時代就已經提出的概念，只是當初大多是使用「個人化醫療」（Personalized Medicine）一詞，主其事者甚至曾經樂觀地對外表示：當人類基因體定序完成後，就可以逐漸實現個人化醫療的目標。但是在 2003 年該計畫完成基因體定序之後十多年來，所謂個人化醫療仍然沒有突破性進展，因此，科學界及社會上出現越來越多質疑「當初過度樂觀」、「給予錯誤期待」的聲音。

巧合的是，在質疑聲浪日漲之際，許多基因醫學的重要科學家開始推廣使用「精準醫療」一詞來取代「個人化醫療」的說法，隨後相關領域也以此新名詞為訴求，取得龐大的政府經費補助，這其中是否有論者所說的「科學政治」考量，以新名詞來取代逐漸與負面批評連結的舊名詞，頗值得玩味（Timmerman 2013）。

　　無論名為「個人化醫療」，還是「精準醫療」，為什麼這樣的研究需要動輒數十萬名民眾提供基因檢體和病歷資料的大型人體生物資料庫呢？這是接下來一節的主題。

二、大型人體生物資料庫與世代追蹤研究

　　所謂的人體生物資料庫（Biobank），若是參考世界醫師會（WMA 2016）及我國《人體生物資料庫管理條例》的定義，是指以生物醫學研究為目的而彙整內含基因資訊的人體生物檢體與相關個人資料（可能包括健康資料）的資料庫，而且為了日後追蹤、連結比對不同類型資料的研究所需，這些檢體與資料並未「去連結」，也就是未來仍然有可能回溯檢體與資料來源者的個人身分。這個「並未去連結」是精準醫療的資料庫研究及世代追蹤研究非常重要的條件，也是諸多倫理與法律爭議產生的根源之一，稍後還會再談到。這裡要先討論的是，與「去連結」不同的是單純的「編碼加密」或「去名化」，後兩者只是在儲存使用時以一個亂數代號或條碼來代替姓名或個人證號，此時雖然表面上看不到這些個人資料，實際上仍然可以透過一定的編碼公式或電腦軟體，去追溯該筆檢體資料來源的個人身分。「編碼加密」或「去名化」有時可能被籠統地稱為「匿名化」，令人乍聽之下覺得個人資料已經被抹去，但與「去連結」屬於完全無法追溯個人身分的作法相比，就個人隱私與保密的角度而言，仍然有極大的差異。

　　精準醫療或個人化醫療的研究，為什麼需要個人資料並未去連結的大型人體

生物資料庫？這必須從「人類基因體計畫」當初做到了什麼，以及沒有做到什麼談起。事實上，「人類基因體計畫」主要只是將人類基因體中大約三十億個鹼基對的序列解讀出來，也就是將 DNA 分子中各個鹼基的 A、T、G、C 的序列組合予以「定序」（sequencing）。「定序」其實只相當於編出地址號碼，或是相當於將原本無法辨識的亂碼解譯為可辨識的符號，根本不代表已經知曉各個基因的功能。當年被大肆宣揚的基因體定序，在定序儀器更精良且成本降低之後，逐漸被認為只是一種可作為研究基礎的標準程序，本身並沒有什麼特別了不起之處。

　　以疾病治療及醫藥發展為例，科學家真正想了解的，其實是基因與疾病，或者特定基因型（genotype）與表現型（phenotype）之間的關聯，那麼，究竟應該如何來進行呢？其實早在「人類基因體計畫」展開之前，許多科學家便已致力於這類研究，並且得到許多成果。這些研究的基本概念是：找出某家族中患有特定疾病的一群病人，比較該家族中病人所共同擁有、但其他健康者沒有的基因變異（genetic variations），並嘗試確定該基因變異與疾病之間是否具有關聯。亦即這類研究通常以同一家族中病人的 DNA 樣本、家族族譜資料，再配合家族中健康者的 DNA 樣本，以發現與疾病有關的基因變異之所在及其遺傳模式。在探尋特定基因與特定疾病關聯的研究過程中，單純以「DNA 樣本」一項並沒有辦法提供解答，必須配合「樣本提供者的醫療診斷紀錄」，甚至加上「家族病史資料」，才能做更有效的分析。

　　然而，即使同時有「DNA 樣本」、「醫療診斷紀錄」、「家族病史」三項資料，較小樣本或以某個家族為樣本的研究仍有局限。傳統的研究方式對於單一基因所致的疾病（monogenic diseases）或許能得出較佳的研究結果，但是單一基因所致的疾病，事實上非常罕見。人類大部分的疾病都是多重基因造成，或是基因與環境生活方式等多重因子所導致的疾病（polygenic or multifactorial diseases）。另外，對於基因變異的「外顯性」較低、並非攜帶該基因變異就必然會表現出疾病時，傳統的研究方式可能會遭遇困難。

可能的解決方法之一是做大規模的人口群研究（population-based studies），而且越是複雜且多重因子所致的疾病，越需要大量的樣本和資料，以便利用統計做更有效的分析，計算出各個變項（各種基因或環境等因素）與疾病之間的相關性，或者所謂的致病風險（risks）。例如，研究者可以透過電腦軟體來統計，哪些不同基因及環境等變項的組合，在患有某種疾病的人身上會比在健康者的身上更常見或少見，藉此掌握有哪些可能的致病因子，以及彼此間可能的相互作用關係。大規模的人口群研究當然需要「基因型資料」（如研究樣本的 DNA 序列）、「表現型資料」（如研究樣本的醫療診斷紀錄），但重點在於必須有「大量」且最好具人口代表性的人群研究樣本及個人資料，而且最好能夠進行長期追蹤的世代研究（cohort study），因為現今還沒有生病的樣本提供者，可能未來才會發病，而且人的基因也可能隨著環境、生活方式與年紀而有突變，倘若只是一次性地蒐集、分析橫斷性資料，將無法真正了解基因與疾病之間的複雜關係。上述研究若能再加上樣本提供者的生活方式及環境的調查追蹤資料、家族病史資料，應該更能有效地分析基因型與表現型之間的複雜關聯，以及環境生活因子如何影響基因功能的表現。

在以上這種研究模式之下，讀者應該不難理解為什麼資料庫中的檢體資料不能夠予以「去連結」（永久無法回溯辨識提供者的個人身分）。首先，建置大型人體生物資料庫的目的是希望做不同類型資料間的連結比對，例如，將基因型資料與病歷資料做連結比對，以了解具有什麼樣基因變異的人有或沒有罹患什麼樣的疾病，倘若資料一旦輸入資料庫之後就無法追溯或辨識個人身分，那要怎麼知道該拿哪一筆基因資料與哪一筆病歷資料做連結比對呢？尤其「世代追蹤研究」必須每隔一段時間就再次針對樣本提供者重新蒐集檢體與資料。舉例來說，某甲的病歷紀錄與生活方式調查資料在 2010 年 2 月已經編碼輸入資料庫中，在 2011 年 2 月追蹤時某甲又有新的病歷紀錄與生活方式調查資料，此時必須要有人能夠辨識出某甲的紀錄是資料庫中的哪一筆，然後將新的資料增補進去。倘若資料一

且輸入資料庫之後就完全不可追溯個人身分，這樣的更新增補要怎麼進行呢？想要進行不同資料的串連比對與世代追蹤研究，必須擁有辨識個人身分的關鍵鑰（key），因此這些資料並不是無法追溯及辨識個人身分的「去連結資料」。

這樣的研究需要全面掌握參與民眾的病歷健康資料、基因資料、生活環境與生活方式資料，甚至可能包括家族資料，予以長期追蹤並定期重新採集檢體與資料調查，這對於參與的民眾而言其實是非常大的付出與承諾，顯然也帶來本書各章所討論的隱私權與資訊自主權等問題。其中，大型人體生物資料庫將涉及許多倫理與法律的重要議題，便是接下來兩節的討論重點。

三、報喜也報憂：人體生物資料庫的失敗例子

關於大型人體生物資料庫的研究，目前已經有眾多文獻介紹各種可能的正面效益，以及英國等國家堪稱順利的執行進度（Littlejohns 2016）。我國政府出資委託中央研究院執行的「台灣人體生物資料庫」也經常以這些較為正面的外國經驗與國際科學發展競爭，來正當化龐大的預算需求與計畫執行的必要性（白倩華2016）。然而，此類型的研究使用龐大的國家資源，且動輒需要數十萬名以上民眾的付出，並有倫理與法律上的許多重要議題，對於相關問題實在應該有更完整的討論，而不宜僅在「報喜不報憂」的情況下形成政策與執行研究。以下介紹幾個國內較少有人討論的、已經宣告「失敗」或「終止」的外國負面案例。

（一）新加坡

首先可以看看鄰國新加坡的例子。新加坡政府於 2002 年出資建置「新加坡人體生物資料庫」（Singapore Bio-bank, SBB），作為大規模的人口群基因研究的基礎設施，但在九年後由於利用率不高、成效不明顯的「成本效益」考量，新加坡

政府宣布終止這個國家資料庫的運作（Chan 2012）。

其實，研究基因與常見疾病之間的關聯性，是否真有必要建置規模如此龐大、耗費預算極高的大型人體生物資料庫，從類似構想一開始被提出之際，就在國際科學界引發許多研究方法上的批評，至今仍然質疑聲浪不斷。許多學者指出，這種動輒蒐集數十萬筆民眾資料，而且需要長期追蹤才能得出具體結果的大型資料庫，未必會比較小型的資料庫更有研究價值。例如，早在「前」基因體時代就已發現的乳癌 BRCA 基因，以及近年來發現的冠狀動脈心臟病風險基因，都是多重因子導致的疾病，照樣可以透過較小型的樣本資料庫研究而找到。相反地，若是回顧現有較大規模樣本的眾多研究成果，卻不難發現這類計算關聯性或致病風險的研究，不同研究者的發現和數據經常不一致，甚至互相矛盾，根本難以作為有效診斷或治療的依據（Kaiser 2002; Lewis 2003; Hall 2010）。

大型人體生物資料庫的龐大建置與運作成本，使其一開始就幾乎注定需要國家經費支持。然而，在短期內難以看到具體醫療應用成效的情況下，高額度的政府預算補助能夠持續多久，極可能隨著各國經濟景氣情況、政府內閣更迭、納稅大眾是否繼續支持等因素而變動。誠如論者所言，新加坡的例子似乎足以警示我們：一窩蜂地投入最新、最潮、最花錢的研究方式，沒有完善考慮永續經營的財政問題，並做好效益評估、取得社會信任，世界各國競相設置的大型人體生物資料庫最後極有可能面臨「泡沫化」的危機（Chalmers et al. 2016）。

除此之外，還有公共衛生學者強烈質疑，人類大部分疾病及健康狀況，其實與環境、飲食生活習慣、貧窮等因素有具體的關聯，可以透過改變上述因素而得到明顯的改善。此外，投注於這類公共衛生研究與政策施行所需的經費，遠比大型人口生物資料庫研究所需的天文數字少，能帶來的具體健康效益卻更明顯且迅速。大型資料庫的精準醫療研究要到下個世代，甚至更久才能得出具體成果，現在卻立即占據龐大的政府預算，大幅排擠公共衛生研究與政策施行所需的資源，反而不利於改善民眾的健康狀況（Bayer and Galea 2015）。

Chalmers et al. BMC Medical Ethics (2016) 17:39
DOI 10.1186/s12910-016-0124-2

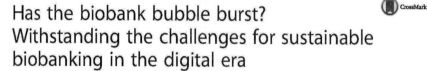

BMC Medical Ethics

Has the biobank bubble burst?
Withstanding the challenges for sustainable biobanking in the digital era

Don Chalmers[1*], Dianne Nicol[1], Jane Kaye[2], Jessica Bell[2], Alastair V. Campbell[3], Calvin W. L. Ho[3], Kazuto Kato[4], Jusaku Minari[4], Chih-hsing Ho[8], Colin Mitchell[2], Fruzsina Molnár-Gábor[5], Margaret Otlowski[1], Daniel Thiel[6], Stephanie M. Fullerton[7] and Tess Whitton[1]

圖 2 大型人體生物資料庫是否會泡沫化？

註：Don Chalmers 等學者刊載在 *BMC Medical Ethics* 期刊上的一篇文章，討論各國競相設置的大型人體生物資料庫，在數位時代是否會面臨泡沫化。

資料來源：Chalmers et al.（2016）。

（二）冰島

接著再看看著名的冰島例子。冰島是最早以政府力量支持大型人體生物資料庫研究的國家，但政策設計不是由國家直接出資，而是將全民醫療紀錄資料庫從 2000 年起授權給一家特定的商業公司 deCODE 建置經營，並且直接以法律規定已取得民眾之推定同意。所謂的推定同意是指，如果民眾沒有明白表示反對，就預設民眾已經同意將病歷資料交由該公司建置資料庫，但民眾可以書面申請退出。

上述計畫開始四年之後，deCODE 公司就在業務及財務年報中承認未來將難以順利運作。一方面因為冰島法律授權由「商業」公司來建置經營資料庫，而不是採取非營利模式運作，引發國內外眾多人士的質疑與不信任，甚至該國大部分的醫師及幾個主要的醫療機構都拒絕與 deCODE 合作，不同意將病人的醫療紀錄資料輸入到 deCODE 資料庫。冰島醫師會及世界醫師會（WMA）也以大會決議的方式公開反對。另一方面，有超過兩萬名以上的冰島民眾依照法律規定以書面申請退出，不願意將個人資料加入該資料庫。更嚴重的是，冰島最高法院於 2003

年 11 月做出判決，認為授權建置醫療紀錄資料庫的法律部分條文違反憲法的隱私權保障規定，並且在判決理由當中直接表示「所謂單向編碼後的資料並不是無法辨識個人身分的匿名資料」，因此該法對於已死亡的病人「不承認家屬得拒絕將死者資料納入資料庫的權利」的規定，以及隱私權保護措施不足，已經侵害憲法所明文保障的個人隱私權（劉宏恩 2009：77）。

台灣的科學家過去在一開始倡議人體生物資料庫研究時，曾經多次援引「冰島經驗」作為正面的範例，希望台灣政府仿效，實際上卻對冰島的計畫內容多所誤解，甚至渾然不知冰島經驗在國際上及該國國內所引發的廣大爭議，以及最後失敗之處。這恐怕是冰島經驗在我國人體生物資料庫發展歷史上，特別值得一提的地方（劉宏恩 2004）。

（三）美國德克薩斯州、明尼蘇達州

在美國聯邦政府於 2015 年宣布推行大規模的「精準醫療計畫」之前，已經有許多州或個別政府部門進行大型的生物資料庫研究。例如，針對新生兒是否有先天性疾病所進行的新生兒篩檢，採集檢體時所使用的濾紙血片（dried bloodspots），在篩檢程序結束後會有剩餘的血液檢體在上面，可供基因醫學研究。由於新生兒篩檢的性質屬於法律強制要求，因此是大規模的整個世代人口全體樣本，研究價值極高。美國有部分州因此在將檢體資料「去名化」之後，提供醫學研究者做基因研究，但是在德克薩斯州及明尼蘇達州，2009 年時分別有新生兒的父母集體對州政府提起訴訟，主張其未經父母同意而將新生兒檢體用於基因研究，分別違反憲法或該州的基因隱私法。兩州政府則主張採集檢體具有新生兒篩檢的法律依據，毋須父母同意，至於後續將剩餘檢體提供基因醫學研究，提供時已經予以「去名化」，所以也毋須父母同意。明尼蘇達州最高法院的見解不採信州政府的說法，認為州政府必須取得父母同意，始能將檢體提供作為原本新生兒篩檢之外的儲存與使用。明尼蘇達州政府敗訴之後，被迫將原已累積儲存的大約一百

萬份新生兒濾紙血片檢體予以銷毀。至於德克薩斯州政府則是在法院判決前便與原告達成和解，並且同樣依照和解條件，將該州累積儲存的大約五百萬份新生兒濾紙血片檢體予以銷毀（Tarini and Lantos 2013）。

上述兩州的訴訟結果對於其他進行類似研究的州政府及研究者帶來極大衝擊，並且至少呈現出兩個重要議題。首先，基於治療或診斷目的而採集的檢體，政府不能夠隨意提供作為研究目的使用；其次，即使檢體資料已經「去名化」，並不代表就毋須取得檢體提供者或法定代理人的同意。這兩個議題，都值得我們思考與注意。

四、因應諸多爭議而生的國際倫理規範

由於各國的大型人體生物資料庫研究，幾乎都曾產生個人隱私及自主性的爭議，加上未來的基因研究成果可能造成對於具有「不良基因」民眾的歧視，甚或成為政府或財團追蹤人民的工具，這些憂慮與爭議都可能引發社會不信任。然而，人口群研究需要龐大數量的民眾自願參與，也需要納稅人的經費支持，取得社會信任因此成為大型人體生物資料庫建置與運作極為重要的基礎。但是想要取得社會信任，除了設置目的必須被社會大眾認同，具有良好的管理與監督制度，資料庫管理人員符合一定的行為與程序標準，都不可或缺。

另一方面，生物醫學及基因研究經常需要跨國合作與資料交流，醫師及生醫研究者的專業倫理自我要求也被認為應該不分國界，從冰島的經驗可以發現，某一國家的爭議例子可能會影響到其他國家民眾對類似研究的疑慮，因此，許多重要國際組織都曾針對人體生物資料庫研究提出國際性的倫理準則或國際宣言。其中在標題裡直接指涉人體生物資料庫的，有經濟合作暨發展組織（OECD）於2009年公布的「人體生物資料庫與基因研究準則」（OECD Guidelines on Human

Biobanks and Genetic Research Databases），以及 2016 年的「世界醫師會台北宣言：健康資料庫與生物資料庫之倫理考量」（WMA Declaration of Taipei on Ethical Considerations regarding Health Databases and Biobanks）。此外，聯合國教科文組織（UNESCO）曾經分別於 2003 年及 2005 年通過「人類基因資料國際宣言」（International Declaration on Human Genetic Data）及「世界生醫倫理與人權宣言」（Universal Declaration on Bioethics and Human Rights），在部分條文當中也有關於人體生物資料庫基因研究的倫理要求。以下整理這些國際宣言與準則所提出的部分重要議題：

（一）個人利益應優先於科學或社會利益

　　民眾個人利益應優先於科學或社會利益，是國際眾多生醫研究倫理規範一再提示的重點。例如，「世界生醫倫理與人權宣言」第 3 條明文規定：「個人的利益及福祉，應優先於單純的科學或社會利益。」「台北宣言」第 20 條、「OECD 準則」第 3.C 條，也都有類似的規定。研究倫理上之所以如此強調受試者或參與民眾「個人」的利益，一方面固然是基於維護人性尊嚴，強調不應以「人」為工具或白老鼠的思想；另一方面則是歷史上曾經發生太多次「以科學之名」、「以醫學進步等社會公益之名」，犧牲個人福祉的研究。除了惡名昭彰的德國納粹的人體試驗、日本 731 部隊的人體試驗之外，一直到 1970 年代，包括美國政府部門所贊助的研究計畫仍然不斷發生類似情形。由於「科學」、「醫學進步」、「社會公益」等目標聽起來如此光明又正當，研究者經常會在其大纛下奮勇向前，而在不知不覺中逾越倫理界線，因此相關的國際宣言才會強調被研究者「個人」利益的優先性，提醒研究者不能將病人或參與研究的民眾當成客體和工具。

（二）基因資料研究的公益目的

　　取自於民眾公益捐獻的檢體資料所得的研究發現，可以完全成為業者營利的

工具嗎？「台北宣言」第 8 條明白揭示：「研究和其他與健康資料庫及生物資料庫相關之活動應對於社會利益有所貢獻，特別是為公共衛生之目的。」與此相關的是所謂「利益共享」（benefit sharing）的要求，這在「台北宣言」第 17 條、「OECD準則」第 9 條、「世界生醫倫理與人權宣言」第 15 條、「人類基因資料國際宣言」第 19 條，都有所規定。簡言之，這裡的「利益共享」並不是指將研究利益分享給少數私人或檢體提供者，而是應該將研究成果回饋給整體社會或群體。若是考量到參與者原本是基於公益心、利他心而「捐獻」自己的檢體資料，這樣的要求具有明顯的合理性。我國《人體生物資料庫管理條例》第 21 條規定：「設置者及生物資料庫之商業運用產生之利益，應回饋參與者所屬之人口群或特定群體。」就是採納前述國際宣言與準則要求的實例。

（三）資料庫若有商業合作或使用應向參與民眾說明

資料庫若有商業合作或商業使用，應特別向參與民眾說明，這一點是「OECD準則」第 2.4 條、4.H 條與「台北宣言」第 12 條的要求，這樣的要求背後其實有「社會信任」的重要考量。歐美許多實證研究早已發現，一旦商業介入基因研究，民眾支持並參與研究的意願就會明顯降低，對於隱私保護也會有較多疑慮（Caulfield 2006）。我國中央研究院調查研究專題中心於 2009 年所做的大規模社會調查結果也顯示，民眾對於是否提供自己的基因資料給「學術研究人員」或是「生物科技公司或藥廠」使用，有極為懸殊的態度差異；高達 74.8％的受訪者不同意提供基因資料給生物科技公司或藥廠（張苾雲 2009）。假設人體生物資料庫宣傳時訴諸民眾的公益利他心，藉以招募民眾參與，民眾事後卻發現有商業利用，這樣的矛盾衝突感極可能讓民眾覺得反感，甚至覺得被欺騙（Liu 2005）。這也是為什麼上述國際宣言與準則都要求，生物資料庫必須特別向參與民眾揭露說明商業合作與商業使用的情形。我國《人體生物資料庫管理條例》第 7 條也有類似的要求。

（四）應採取防止歧視的措施

「OECD 準則」第 1.3 條、「人類基因資料國際宣言」第 7 條，要求資料庫設置管理者及研究者採取避免任何個人、家庭、族群或社群遭到歧視或污名化的措施。在過往，由於遺傳或基因研究而導致特定個人或族群被標籤化或污名化的現象，並不罕見，例如，非裔美國人經常被與鐮形紅血球貧血症（sickle cell anemia）聯想在一起，中歐猶太人則是黑矇性家族性痴愚（Tay-Sachs disease）；雖然針對高風險族群做篩檢有公共衛生上的意義，但是這些族群中絕大多數的人並不會罹患這些疾病，卻仍然造成一般人的刻板印象，不但可能影響特定族群的生活、保險及就業，甚至美國某些州的法律曾額外強加特定族群接受醫療檢驗的義務（Lillquist and Sullivan 2004）。台灣也進行過類似疑慮的研究，例如，認為某些原住民族群具有「酗酒基因」的論述（蔡友月 2008）。此外，想要避免構成歧視與污名化，研究者必須對參與者及所屬族群的文化傳統與宗教信仰保持敏感度，因此「OECD 準則」第 5.3 條要求生物資料庫設置管理者應注意參與者及所屬族群的文化傳統與宗教信仰。

（五）尋求群體代表同意

「世界生醫倫理與人權宣言」第 6 條第 3 項有一個特別的建議：研究若是以某個群體／族群或某個社群為對象，在適當情形下，除了取得參與者的個人同意外，還可尋求該群體／族群或社群之合法代表們的同意。若是考量到個人與所屬族群可能有共通的遺傳組成，而該遺傳組成屬於族群的共同資產，而且基因研究所得的發現很可能影響或適用於整個族群；再加上前述的歧視或標籤化很可能影響整個族群，並不只是參與者個人。那麼，這樣的建議確實有合理性。我國《人體研究法》第 15 條規定：「以研究原住民族為目的者，除依第 12 條至第 14 條規定外，並應諮詢、取得各該原住民族之同意；其研究結果之發表，亦同。」原住

民族委員會與衛生福利部因此在 2015 年 12 月會銜發布《人體研究計畫諮詢取得原住民族同意與約定商業利益及其應用辦法》，可資參照。

（六）禁止非研究目的之第三人取得資料

政府執法機關、雇主、保險公司等非研究目的之第三人，是否能夠取得人體生物資料庫的各項個人資料，向來是引發民眾擔憂與社會疑慮的重要問題。「OECD 準則」第 7.F 條、「人類基因資料國際宣言」第 14 條，都明白揭示「除非法律另有規定，否則禁止非研究目的之第三人取得資料」的原則。「OECD 準則」第 4.F 條與「人類基因資料國際宣言」前述條文並進一步要求，即使因為法律規定而有所例外，生物資料庫設置管理者也必須事先清楚告知參與者這些例外的內容與第三人可取得資料的具體情況條件。

美國聯邦法律中有「基因資訊反歧視法」（Genetic Information Nondiscrimination Act）明文禁止健康保險公司僅基於個人基因資訊而對民眾拒保或提高保費負擔，也禁止雇主基於個人基因資訊而決定是否雇用、解職或升遷某位職員。此外，美國聯邦法律並授權國家衛生院（NIH）可以核發「保密義務證明」（Certificates of Confidentiality）給醫學研究者，藉以保護醫學研究的參與者之檢體資料不必提供給執法人員、民刑事訴訟程序或其他非研究目的之第三人（NIH 2017）。但是很多國家（包括台灣）並沒有類似的法律制度，因此，假設人體生物資料庫未來接獲檢警機關或法院要求提供某個參與民眾的基因檢體或個人資料，人體生物資料庫是否可以拒絕？民眾在同意參與研究時是否曾被告知這類問題發生的可能性？這些事項都極可能發生爭議。類似的情形其實在台灣曾經發生過，例如，政商聞人辜振甫過世後，發生疑似私生女的爭議案件，檢察官要求兩家醫院提供辜振甫生前接受治療時留下的病理檢體，以進行該案的 DNA 鑑定，兩家醫院都予以提供（劉峻谷 2005）。

（七）不同資料間的連結比對必須告知參與民眾

　　如同之前的說明，大型人體生物資料庫研究希望以不同種類資料之間的連結比對或交叉比對，來了解基因、疾病與環境生活因子間的複雜關聯。然而，這樣的連結比對或交叉比對研究，將會掌握參與者極為廣泛且深入的個人資訊，並揭露許多原本單一種類資料所無法呈現、民眾自己可能也不知道的個人資訊，而且這樣的連結比對或交叉比對，將隨著世代追蹤研究而長期持續進行。誠如之前所說，同意參與這樣的資料庫研究，其實是相當大的付出，與一般捐血只是一次性地單純提供血液，在倫理與法律上的意義有很大的差異。因此，「OECD 準則」第 5.1 條、5.B 條與「人類基因資料國際宣言」第 22 條都強調，針對不同種類資料的連結使用與交叉比對，生物資料庫必須有清楚的規則，而且必須對參與者充分說明。我國《人體生物資料庫管理條例》第 7 條第 13 款亦有類似規定。

五、結論：相關爭議在台灣

　　前面介紹的世界醫師會 2016 年的「台北宣言」，誠如論者所述：該會在台北通過此一重要的醫學研究倫理宣言，深具歷史意義（蔡甫昌、邱泰源 2016）。不幸的巧合是，就在世界醫師會於台北舉行大會，討論宣言草案內容的同時，我國政府出資委託中央研究院執行的「台灣人體生物資料庫」爆發重大爭議。首先是該院的「醫學研究倫理委員會」（Institutional Review Board，IRB）認為資料庫大幅修改了原本審查通過的計畫書內容及對民眾做說明的參與同意書，卻未向該會提出修正申請，因此發函要求資料庫及合作醫院停止執行採集民眾檢體等事項。接著，該資料庫大動作以公開聲明批評中研院 IRB 的要求「違反憲法與研究倫理之基本原則」，中研院 IRB 隨後也以公開聲明指出資料庫的作法「違背法律規定，

意圖規避本會依法所應執行之監督」。雙方彼此公開衝突的激烈程度，在台灣生物醫學界及研究倫理審查實務上極為罕見，某周刊曾予以大篇幅報導（羅雨恆 2016）。

雖然這一波爭議在「台灣人體生物資料庫」的「倫理治理委員會」（Ethics and Governance Committee, EGC）與中研院 IRB 協議日後共同與分工進行監督審查事宜後，暫時告一段落，但其實這並不是該資料庫第一次爆發爭議。早在「台灣人體生物資料庫」先期規劃階段，剛開始採集民眾血液檢體之際，就曾屢屢發生爭議，並曾發生多位 EGC 委員認為審查程序草率、監督功能不彰，因此集體抗議的事件（李宗佑 2009；李承宇 2009）。監察院並曾對此進行專案調查，調查報告中指出：該「倫理治理委員會」確實有部分委員同時身兼該生物資料庫計畫的共同或協同主持人，卻又在此一負責監督該計畫的委員會中參與討論及投票，此種利益衝突情形有違一般醫學研究倫理審查的應有作法（監察院 2009）。

前文中已經談到，「社會信任」對於大型人體生物資料庫而言極為重要，需要有完整而嚴謹的管理規則與監督審查機制，才能夠避免社會爭議、確保參與者權益與研究倫理，進而取得大眾信任，讓更多民眾願意參與。立法院雖然在 2010 年制定《人體生物資料庫管理條例》，主管機關並陸續訂定相關子法，但是許多問題明顯屬於法令的「實際執行」層面，以及主管機關是否落實管理的問題。以「台灣人體生物資料庫」上述的重大爭議為例，牽涉到資料庫依法設置的 EGC 是否經常開會，而不是經常流會？委員遴選是否遵循利益衝突迴避原則，還是讓資料庫研究團隊的成員同時擔任委員，球員兼裁判？是否像一般醫學研究倫理審查，預先分案給幾位負責委員深入審查再到會議中報告討論，還是包裹式地將數十頁，甚至數百頁的資料，直接送到會議中要委員們當場看、當場表決？此外，一般醫學研究的倫理審查委員會的運作，必須定期接受主管機關評鑑查核，並對每位委員有嚴格的資格條件與定期接受教育訓練的要求，為何資料庫的 EGC 卻可以沒有？一般醫學研究的倫理審查委員會開會時，身為被監督對象的計畫人員至多只

能列席報告後便須離場，以免在場可能影響委員的正反意見呈現與投票結果，為何 EGC 卻任由資料庫人員全程在場觀看審查委員的討論與投票？這些具體的審查過程與監督能力上的問題，恐怕才是上述重大爭議的主要原因（邱文聰 2016）。

從以下這個具體實例，或許可以看出中研院的 IRB 對於「台灣人體生物資料庫」EGC 監督能力不足的質疑，並非完全空穴來風。「台灣人體生物資料庫」的招募宣傳海報上，為了提高民眾參與意願，在標題上寫著「只要一小時，簡單四步驟」就可以參加（台灣人體生物資料庫 2017）。但是，此一生物資料庫的目的是要追蹤民眾數年以上，並且需要定期重新蒐集其檢體與隱私資料，使用這種「簡單步驟」的用語來宣傳，是否有誤導民眾以為只是一時性、一次性研究之嫌？在研究倫理上是否妥當？即使是一般醫院的倫理審查委員會審查臨床試驗的招募宣傳海報，都很難想像會允許這種疑似誤導性的宣傳，為何「台灣人體生物資料庫」的 EGC 卻審查通過這樣的宣傳海報，確實值得深思。

我國部分科學家及政府官員於十幾年前開始倡議大型人體生物資料庫計畫之初，似乎就採取一種由上而下、純粹科學技術與產業利益考量的決策模式，太過輕忽這樣的研究在社會、倫理與法律面上，可能有的爭議及國外失敗經驗，也沒有進行足夠的公共意見諮詢及正反立場對話（劉宏恩 2009：96-98）。大型人體生物資料庫計畫在台灣屢屢發生爭議，應足以提醒政府及研究人員更注意相關倫理社會議題，改進目前不夠嚴謹的監督管理機制，並且重視平等而互動式的溝通，而不僅是由上而下的「科普宣導」與「教育民眾」。科學家過度的自信與一再強調科學研究的確定性，避而不談或是沒有意識到科技的複雜性與可能風險，有時反而會引發更多的疑慮或日後失望。科學知識傳播與科學教育，恐怕不能僅是科學家去教育社會大眾，而是科學家應該藉由社會大眾的關切與疑慮，不斷地思考科學本身可能的局限、使用發展上的不確定，以及可能造成的社會衝擊（李尚仁 2017）。畢竟，單純靠科學權威就可以取得社會「信任」的時代早已過去，國際倫理規範也一再強調科學家進行生物資料庫研究時，必須遵循公開透明及被監督

課責的原則，讓公共意見參與資料庫治理，進而努力去尋求、贏得社會各界的信任。大型人體生物資料庫無論從經費來源、參與者來源及未來可能帶來的正負面效益來看，都具有極大的社會性與公共性，對於參與民眾而言也是極大的付出，性質上絕非科學家可以關起實驗室門來做的「純科學事務」。科學家面對社會質疑時，或許不應該問「他們不懂科學憑什麼質疑我」，而是問「我該怎麼做才可以取得信任」。

引用文獻 |

王培東，2002，〈世代研究（Cohort Study）：以廣島和長崎核爆生還者的長期流行病學研究為例〉。《台灣醫界》45（2）：9-14。

白倩華，2016，〈Biobank 他山之石〉。《新北市醫誌》31: 85-88。

李尚仁，2017，〈專家的信任危機〉。《科學發展》538: 82-84。

李宗佑，2009，〈台灣生物資料庫 再爆個資爭議〉。中國時報，A10 版，5 月 7 日。

李承宇，2009，〈生物資料庫採血爭議 葉：寧棄計畫，不侵人權〉。聯合報，A6 版，5 月 12 日。

邱文聰，2016，〈台灣人體生物資料庫之管理困境〉。蘋果日報，A14 版，11 月 23 日。

張苙雲，2009，台灣地區基因體意向調查與資料庫建置之規劃：2009 年面訪調查。https://srda.sinica.edu.tw/datasearch_detail.php?id=947，取用日期： 2017 年 2 月 28 日。

羅雨恆，2016，〈台灣人體生物資料庫違法蒐集疾病檢體 中研院爆內訌〉。《壹週刊》808: 34-39。

蔡友月，2008，〈基因 vs. 社會失序：社會變遷中蘭嶼達悟族的飲酒行為〉。頁 469-530，收錄於余安邦編，《本土心理與文化療癒：倫理化的可能探問》。台北：中央研究院民族學研究所。

蔡甫昌、邱泰源，2016，〈世界醫師會台北宣言：健康資料庫與生物資料庫之倫理考量〉。《台灣醫學》20（6）：620-624。

監察院，2009，監察院調查報告 098 教調 0043。

台灣人體生物資料庫，2017，海報。http://www.twbiobank.org.tw/new_web/download/together.jpg，取用日期： 2017 年 10 月 24 日。

劉宏恩，2004，〈冰島設立全民醫療及基因資料庫之法律政策評析：論其經驗及爭議對我國之啟示〉。《台北大學法學論叢》54: 41-99。

_____，2009，《基因科技倫理與法律：生物醫學研究的自律、他律與國家規範》。台北：五南。

劉峻谷，2005，〈私生女疑雲 檢方取得辜振甫檢體〉。聯合報，A8 版，9 月 13 日。

Bayer, Ronald and Sandro Galea, 2015, "Public Health in the Precision-Medicine Era." *The New England Journal of Medicine* 373（6）：499-501.

Chalmers, Don, et al., 2016, "Has the Biobank Bubble Burst? Withstanding the Challenges for Sustainable Biobanking in the Digital Era." *BMC Medical Ethics* 17: 39.

Chan, Tuck Wai, 2012, "The Closure of the National Bio-bank in Singapore." *Asia-Pacific Biotech News* 16（4）: 40-43.

Caulfield, Timothy, Edna Einsiedel, Jon F Merz and Dianne Nicol, 2006, "Trust, Patents and Public Perceptions: the Governance of Controversial Biotechnology Research." *Nature Biotechnology* 24: 1352-1354.

Hall, Stephen S., 2010, "Revolution Postponed." *Scientific American* 303: 60-67.

Kaiser, Jocelyn, 2002, "Population Databases Boom, From Iceland to the U.S." *Science* 298（5596）: 1158-1161.

Lee, Mary, 2015, "Precision Medicine Targets Multiple Cancers." USA TODAY, http://www.usatoday.com/videos/news/2015/06/11/71072408/（Date visited: March 1, 2017）.

Lewis, Ricki, 2003, "A Genetic Checkup: Lessons from Huntington Disease and Cystic Fibrosis." *The Scientist* 17: 24.

Lillquist, Erik and Charles A. Sullivan, 2004, "The Law and Genetics of Racial Profiling in Medicine." *Harvard Civil Rights-Civil Liberties Law Review* 39: 391.

Littlejohns, T. J., et al., 2016, "P35 UK Biobank: An Update of an Open Access Population-Based Prospective Study of 500,000 Participants." *Journal of Epidemiology & Community Health* 70: A69.

Liu, Hung-En, 2005, "Public Trust, Commercialization, and Benefit Sharing in Biobanking." *Taipei University Law Review* 57: 367-394.

National Institutes of Health（NIH）, 2017, "Certificates of Confidentiality: Background Information." http://humansubjects.nih.gov/coc/background（Date visited: March 1, 2017）.

Tarini, Beth A. and John D. Lantos, 2013, "Lessons That Newborn Screening in the USA Can Teach Us about Biobanking and Large-Scale Genetic Studies." *Personalized Medicine* 10（1）: 81-87.

Timmerman, Luke, 2013, "What's in a Name? A Lot, When It Comes to 'Precision Medicine'." http://www.xconomy.com/national/2013/02/04/whats-in-a-name-a-lot-when-it-comes-to-precision-medicine（Date visited: March 1, 2017）.

World Medical Association（WMA）, 2016, "Declaration of Taipei on Ethical Considerations regarding Health Databases and Biobanks." https://www.wma.net/policies-post/wma-declaration-of-taipei-on-ethical-considerations-regarding-health-databases-and-biobanks/（Date visited: March 21, 2017）.

教學工具箱 |

建議閱讀

Elger, Bernice, 2016, *Ethical Issues of Human Genetic Databases: A Challenge to Classical Health Research Ethics?* New York: Routledge.

Sleeboom-Faulkner, Margaret, ed., 2008, *Human Genetic Biobanks in Asia: Politics of Trust and Scientific Advancement.* New York: Routledge.

劉宏恩，2017，〈生物醫學研究及其技術移轉的利益衝突（Conflict of Interest）議題：研究倫理與法令規範〉。《月旦法學雜誌》261: 189-206。

網站

台灣精準醫學學會，http://www.tpms.org.tw

National Institutes of Health, All of Us Research Program, http://allofus.nih.gov

問題與討論

1. 身為民眾，「捐血一袋，救人一命」的付出，與「提供自己的基因檢體、個人生活習慣資料、病歷資料、家族病史給研究者，並且接受多年的長期追蹤」的付出，你／妳認為兩者有何差異？

2. 你／妳是否願意為了醫學研究做以上的這種付出？為什麼？

3. 對於是學術機構／非營利機構，或是藥廠／營利公司，將使用基因檢體等資料做研究，是否會影響你／妳提供檢體（參與生物資料庫）的意願？為什麼？

4. 倘若民眾是以「捐」檢體資料的方式參與，結果資料庫的研究成果申請專利等商業利益卻只歸屬研究者，你／妳認為是否公平？對於本文談到的「應將研究成果『利益共享』於群體社會」的要求，你／妳是否贊成？為什麼？

5. 在閱讀本文之前，你／妳是否了解個人資料「編碼加密」或「去名化」（有時被籠統稱為「匿名化」）未必等於「去連結」？「匿名化」的籠統說法，是否曾讓你／妳誤以為「研究者無法追溯辨識樣本提供者的個人身分」？

6. 「台灣人體生物資料庫」的宣傳海報上，為了提高民眾參與意願，標題上寫著「只要一小時，簡單四步驟」就可以參加。本文認為：這種目的是要長期追蹤民眾並定期重新採集其檢體的生物資料庫研究，不應使用這類「簡單步驟」的宣傳用語來誤導民眾以為只是一時性或一次性研究。你／妳是否同意本文的觀點？為什麼？

概念辭典

去連結（irretrievably unlinked）

去連結是一種使生物檢體、資料或資訊，與可供辨識參與者身分的個人資料／資訊，彼此永久無法再以任何方式做連結、比對的處理方式。倘若只是將個人身分資料改以編碼或代號顯示，但是仍然有編碼公式或代號表可以回溯個人身分的話，那並不是去連結。可參考我國《人體生物資料庫管理條例》第 3 條的規定。

世代追蹤研究（cohort study）

世代追蹤研究應用於醫學或公共衛生研究上，是先找一群健康的人，根據他們的風險因子暴露情況（例如，是否抽菸、喝酒、有無某基因變異）來分組觀察，長期追蹤到足夠的病例（例如，肺癌、肝癌、乳癌）發生以後，再進行統計、分析和闡釋，最後評估風險因子暴露和疾病之間的關係。世代追蹤研究是研究方法當中較具有因果推論效力的研究設計，但是非常耗費時間與成本（王培東 2002）。

基因、媒體與公眾溝通
Genetics in Media and Public Communication

11

基因研究的告知義務及社會心理風險

Psychosocial Risk and Researchers' Duty to Inform in Genomic Research

雷文玫

　　相較於其他醫藥研究，國家應該傾全力補助基因醫學嗎？相較於一般健康資訊，基因資訊有何差異？一般人或病人在參與基因研究前有什麼需要特別注意的嗎？科學家在告知時，有哪些需要留意的義務呢？

　　2003 年當全球科學家完成人類基因體定序時，對於基因科技發展共同的願景是，基於人類共同擁有幾乎相同的基因體，期待基因研究的成果能夠造福所有人。多年以後，基因研究在診斷遺傳疾病與預測罹病風險上，都有長足的進步，但是即使檢測出來，許多疾病還是無法治療，使得當事人有可能未蒙其利，先受其害。本文說明基因醫藥將健康責任個人化的特性，以及潛在的社會心理風險，已經證實的基因檢測尚且如此，未經證實的基因研究結果更是如此。然而，若是研究結果有臨床上的意義，完全不告知參與者有違研究倫理的善益原則，因此本文以基因研究者三個層次的告知義務，說明科學家從研究方向的取捨、研究風險，到研究結果的告知，至少應該善盡溝通之責，才能實現科學家當初發展基因研究利益共享的願景。

一、前言：基因研究的希望與迷思

自從 2003 年科學家完成人類基因體定序之後，生命科學進入後基因體時代。科學家聚焦於基因以及與基因相關的生理機轉，越來越能夠精準地診斷疾病、預測罹病風險、提升標靶藥物的準確度，並且期待有朝一日可以透過基因編輯等手段，調整基因異常的序列，根本地扭轉基因缺陷造成的遺傳疾病。

基於這些潛力，我國產官學界積極發展基因研究。2000 年起經濟部、衛生署（現衛生福利部）、國科會、中央研究院開始推動「生技製藥國家型科技計畫」與「基因體醫學國家型科技計畫」，為了更聚焦於中下游成果的產業化，促進製藥產業的發展，2011 年整合為「生技醫藥國家型科技計畫」，陸續投入約三百億台幣的經費。在此同時，市場上出現許多基因檢測的相關商品，從標榜健康寶寶的產前基因檢測，到讓癌症標靶治療更精準的基因檢測，基因醫學成為科學補助和市場上炙手可熱的關鍵字。

不過，也有人擔心這些對於基因醫藥的憧憬，是否果真帶來真實的希望？或只是對高科技不切實際的迷思（Epstein 2004）？例如，基因醫學的研發中通常要先發現致病基因，才有機會進一步研發治療方式，使得基因檢測通常走在前面，因此，已知的基因缺陷或遺傳疾病，遠比實際上可以治療的疾病多得多。然而，即使可以因為基因檢測而確診某些精神疾病的罹病風險，若是有效的治療方法還沒有研發出來，或者十分昂貴，可能會使當事人及親屬徒然被貼上基因缺陷的污名，無法獲得任何好處。如此，基因研究是否真能造福更多人？還是反而使許多人未蒙其利，先受其害？

其次，倘若未來所有醫藥的診斷，甚至罹病風險的預測，都導向基因，雖然有助於個人預測或因應罹病風險，但是否也因此將風險的承擔轉為個人責任？例如，假設醫學知識已經知道肥胖是心血管疾病與糖尿病的危險因子，對於預防肥胖與治療相關疾病也有很明確的手段，卻仍專注於基因與肥胖關聯和機轉的研究，

不但降低社會對於預防與治療肥胖的宣導與責任，忽略社會有責任創造有利於健康的環境、飲食甚至所得，將瘦身或健康飲食的責任完全歸咎於個人及基因，是否反而不利於社會經濟或健康的弱勢者？

再者，有些人擔心基因研究可能會增加不必要的人工流產。即便許多先天疾病可以治療，甚至僅牽涉身高等性狀而不影響健康，但當科學家逐漸有能力透過基因研究，釐清控制該性狀或疾病的基因，父母就可能為了自己的偏好，透過基因檢測事前排除許多原本可以誕生的小生命。

最後，對照其他醫藥的面向，由於基因研究牽涉到基因定序技術，甚至可能須支付高額基因專利的權利金，這些高額的研發經費是否會排擠更具成本效益的醫療研究或公共衛生方案？以前述的肥胖為例，可以透過運動、飲食等具有成本效益的手段來預防，即使果真肥胖，也有運動、手術或藥物等方式可以治療，聚焦於基因與肥胖的關聯和機轉，所耗費的研究經費相較於其他公衛或治療方案，在資源配置上孰先孰後？是否反而排擠其他更具成本效益的公衛或治療方案？這些研發策略上的利弊得失，再再都是國家或科學研究補助機構在鼓勵基因醫學研究發展時，需要衡量的。

上述的幾個問題，在乳癌基因檢測 BRCA1[1] 已然出現。2013 年，美國影星安潔莉娜·裘莉在《紐約時報》揭露自己接受預防性乳房切除術。由於她的母親與阿姨相繼因乳癌過世，加上 BRCA 1 的基因檢測屬於高風險族群，醫師預測她有 87% 的機率會得乳癌、50% 的機率會得卵巢癌，因此她選擇接受預防性乳房切除

---

[1] BRCA 基因與製造一種蛋白質有關，這種蛋白質可以修復受損的 DNA 序列，有助於抑制腫瘤的發生。在所有婦女中，有 12% 的婦女一生當中有機會得乳癌。但在 BRCA1 基因有缺損的婦女中，有 72% 有機會在 80 歲以前得乳癌。在所有婦女中，只有 1.3 % 的婦女在一生中有機會得卵巢癌，但 BRCA1 基因有缺陷的婦女中，有 44% 的婦女有機會得乳癌。不過，BRCA1 基因有缺損的女性，在中東歐 Ashkenazi 的猶太族裔以及冰島、挪威或荷蘭的女性中比例較高，在其他族裔則屬少數。參見 National Cancer Institute, National Institute of Health, BRCA Mutation: Cancer Risk and Genetic Testing, https://www.cancer.gov/about-cancer/causes-prevention/genetics/brca-fact-sheet#r14 （2018/8/10 造訪）。

術，希望不要重蹈母親與阿姨的命運。裘莉說，主動公開自己的選擇是希望自己的經驗能夠幫助其他女性，鼓勵女性善用基因檢測來面對風險。消息傳出，許多人一方面讚揚她的勇氣，一方面也不免擔心是否會引發民眾過度依賴基因檢測來預測罹病風險，或者過度使用預防性乳房切除術，反而增加不必要的手術風險？此外，裘莉基因檢測的消息一見報，擁有 BRCA1 檢測技術專利的麥瑞德（Myraid）公司股票瞬間大漲，然而 BRCA 基因檢測從 300 美元起跳的高昂費用，使得許多有需要的人無力負擔，也受到許多質疑。這些基因檢測凸顯的問題，提醒我們發展基因研究時應該審慎考量。

二、基因資訊的社會心理風險：知識未必是力量

在前述國家研發策略層次之外，還是有許多有價值的基因研究，不但值得資金投入，而且需要民眾提供檢體、健康資料，甚至接受實驗性療法，來釐清科學上的假設。由於基因與健康之間的關係十分複雜，往往牽涉基因、環境、飲食、個人行為等因素交互影響，因此科學家為了獲得有足夠信效度的分析結果，往往需要蒐集大量的檢體或個人資料。

參與基因研究，通常僅需要接受抽血，生理的負擔有限，主要的風險是社會心理風險。這些社會心理風險，有些源自基因資訊本身，但除了少數單一基因導致的疾病，基因頂多只能影響——無法「決定」——當事人的罹病風險，因此更多的情況是源自一般大眾對於基因資訊的誤解與迷思。

基因資訊本身可能衍生四種社會心理風險。第一是基因資訊的心理衝擊，由於基因資訊可以預測罹病風險，或者確認某個疾病的致病原因是遺傳而來，因此當事人知悉這些訊息時，可能會受到負面的心理衝擊，包含對未來悲觀與焦慮，衝擊自我心像（self-image），甚至因此而尋短。

第二，由於家族成員常常有共同的基因，因此有些基因資訊甚至會影響家庭與親子關係。例如，子女因基因缺陷而怨懟父母，或者父母因為將基因缺陷遺傳給子女而產生罪惡感。即使子女因為尚未成年而無法理解，父母也可能因為知道子女有某些罹病風險，過度保護子女，增加親子關係的緊張；或者是父母預見子女可能不久於人世，心理上選擇疏離子女。家族成員中倘若多數人遺傳到基因缺陷，少數沒有遺傳到的幸運兒，會產生倖存者的罪惡感。

第三，基因資訊可能影響當事人及家族的社會關係。例如，當事人可能因為帶有某種基因缺陷，造成自己或親屬投保時被拒保，或者在婚姻上受到阻礙。雇主也可能基於受雇者的罹病風險，而拒絕僱用當事人。更困難的是，即使有基因缺陷，遺傳疾病往往不是由單一基因即可決定，大多數情形下，是否發病取決於環境、機率等其他因素。然而，社會大眾或出於誤解，或出於過度防範，對這些人進行差別待遇，並不公平。

第四，由於族群往往共享許多基因，針對原住民等少數族群的基因研究，可能對族群造成傷害（National Bioethics Advisory Commission 1999）。例如，倘若研究發現某些族群具有精神疾病或其他敏感性疾病的致病基因，將會產生族群內部及對外的傷害。就族群內部而言，負面的研究結果可能影響族群的信仰或形象，例如，原本的族群信仰是建立在某地區土生土長的信念上，溯源研究卻揭露祖先從其他地區遷徙而來。或者，族群成員因為研究發現某種致病基因或其他族群溯源，而放棄原有的族群認同。就族群對外而言，倘若發現某族群有特定敏感性疾病的致病基因，可能引來外界的歧視。某些族群溯源研究，甚至可能因為影射族群血統不純正或與其他族群血統相同，而損及該族群的社會地位。

從上述基因檢測或研究所產生的各種基因資訊，可以理解基因資訊並不是「多多益善」。相反地，因為基因遺傳與機率等特性，當事人未必能從中受益，反而可能徒增各類社會或心理風險。

這些有關基因資訊的社會心理風險，在我國並不是空穴來風。根據中央研

究院人文社會科學研究中心「調查研究專題中心」2009 年「基因體意向調查」（2010），調查 1,538 位民眾對基因科技的看法，發現半數以上的受訪民眾同意或非常同意「基因不好的人會被社會歧視」、「基因不好的人工作權會受損」。此外，更有 75.2% 同意或很同意「基因不好的人會被保險公司拒保」，87.7% 同意或很同意「拿掉不想要的胎兒的情況更嚴重」，63.5% 同意或很同意基因科技「將造成不必要的醫療資源浪費」，77.2% 同意或很同意「將出現更多人類無法控制的意外狀況」。

有鑑於基因資訊的這些社會心理風險，目前各國的因應模式大致可以分為「隱私模式」及「反歧視模式」（Silvers and Stein 2002）。根據「隱私模式」，基因資訊的隱私一如其他個人資料或健康資訊，受到《個人資料保護法》等法律及規範的保障，因此對於業務上知悉當事人的基因隱私，醫師、醫檢師或其他相關專業人員有保密的義務。《個人資料保護法》第 6 條也明文將基因資訊列為特種個人資料，除非符合一定的要件，否則其他人不得任意蒐集、處理或利用。

不過，隱私模式在因應基因資訊的社會心理風險時，卻有限制。首先，由於隱私模式建立在資訊不被外人知悉的前提上，導致某些擔心基因缺陷的人認為，確保隱私不外洩最保險的手段，就是不要接受任何基因檢測，包括參與基因研究。如此一來，許多有基因缺陷的人將因此無法及早發現並治療遺傳疾病，直接導致最能從基因醫學受惠的人，因為擔心隱私外洩而無法受惠。

其次，隱私模式無法阻礙某些人合法取得基因資訊。例如，儘管我國有全民健康保險提供基本保障，但隱私模式並無法保障基因有缺陷的人獲得商業醫療保險或其他人壽保險，因為要保人投保時，仍然有義務誠實告知自己的家族病史或既往疾病。即使要保人僅是帶原，沒有罹病風險或者罹病機率很低，但倘若保險機構要求要保人接受基因檢測，隱私模式還是無法保障當事人不受歧視。隱私模式在保障當事人求職時不受歧視時，也有類似的困境。

許多國家因此開始思考另一種保障模式：「反歧視模式」，希望有需要的民

眾能夠從基因醫學受益，又不必擔心被歧視。例如，美國聯邦政府於 2008 年通過《基因資訊反歧視法》（Genetic Information Nondiscrimination Act），對於有基因缺陷但沒有發病的人，該法禁止醫療保險機構「僅因為基因資訊顯示當事人有罹病風險」，就拒絕承保，同時也禁止雇主根據受雇人基因資訊進行僱傭、解僱、派任或升遷等決定。

　　此外，對於基因研究潛在的族群傷害，目前各國的法令或研究倫理普遍要求，研究者除了需取得個別參與者的同意之外，還需要取得群體／族群或社群之合法代表的同意。例如，我國《原住民族基本法》第 21 條規定：「政府或私人於原住民族土地或部落及其周邊一定範圍內之公有土地從事土地開發、資源利用、生態保育及學術研究，應諮詢並取得原住民族或部落同意或參與，原住民得分享相關利益。」《人體研究法》第 15 條更廣泛地規定：「以研究原住民族為目的者，除依第十二條至第十四條規定外，並應諮詢、取得各該原住民族之同意；其研究結果之發表，亦同。」這些規範，都有助於保障參與者權益，避免潛在的族群傷害。

三、基因研究的風險治理：三個層次的告知義務

　　基因資訊的社會心理風險如上所述。臨床上有意義的檢測，尚且有這些風險，參與基因研究由於可能產生有待驗證的基因資訊，還需要額外的保護。一如其他的人體研究，目前我國主要的因應方式是根據《人體研究法》相關規範，要求研究者在邀請民眾參與研究前，必須充分告知參與的風險，同時研究計畫必須經過倫理審查，以確保研究符合倫理。不過，法律僅規定需要告知受試者，但究竟需要告知什麼？如何告知？對照上述基因檢測及研究的社會心理風險，本文認為，研究者邀請民眾參與基因研究所應負擔的告知義務，有以下三個層次。

　　第一個層次的告知義務比較單純，要求研究者應該以參與者可以理解的方式，

說明「因為參與研究」可能產生的風險，例如，思覺失調症病人參與基因研究，參與者名單或基因資訊外洩，他人可能因此知道參與者有思覺失調症，進而影響其人際關係，或者本人可能因此得知自己的疾病是遺傳而來，因此影響家庭或親子關係。

國內目前對於這個層次的風險告知，還有待加強。雖然許多醫院陸續發布基因學受檢者同意書，但是多半沿用衛生署 2005 年藥物基因體學研究之受檢者同意書的範本，該範本有關基因研究社會風險的告知十分簡略，僅提到：「目前**無法預測**基因資料外洩而造成對受檢者的社會權益之影響，例如：就學、就業、就醫或就養等。但計畫主持人應確保避免受檢者基因資料的外洩，有關如何維護受檢者基因訊息的機密請見第 X 項。」（楷體為筆者的強調）實務上，雖然研究者應該針對研究的特性，進一步說明，但大多數研究者往往直接照抄這些文字，結果並沒有達到告知的意義。

相對地，美國國家人類基因體研究所（National Human Genome Research Institute，NHGRI）針對臨床定序計畫（Medical Sequencing Project）所提供的範本，則從基因的意義說起：「人體組織由細胞組成，細胞裡有基因，也就是你獨一無二的遺傳訊息，可以指揮影響你身體的發育與功能。許多疾病都是因為基因異常導致細胞無法正常運作。研究者與醫師已經了解某些基因異常與某些疾病的關聯，但是還有許多是我們不知道的。」有關基因資訊的社會風險則是說明：「因為某些基因變異可以協助我們預測未來你或你的親屬可能會有的健康問題，雇主、醫療機構、保險人或其他人也可能想知道這些資訊。司法單位也可能想利用這些資訊來識別犯罪嫌疑人或他的親屬。因此，你的基因資訊可能帶給你或你的親屬某些壓力，例如透露你或你的親屬可能罹患遺傳疾病，而這可能導致保險公司拒保或雇主拒絕僱用你或你的親屬。」這些敘述顯然比我國常見的「無法預測基因外洩對受檢者社會權益之影響」，清楚明白多了。

或許有人會認為，既然基因研究的社會心理風險是基因資訊造成的，那麼，

不要把研究結果告訴參與者，不就可以減少對當事人心理、家庭的衝擊嗎？只要落實保密義務就已足夠？

這個問題，牽涉到基因研究第二個層次的告知義務：研究者是否有義務告知參與者研究結果？以烏腳病的流行病學研究為例，假設研究者發現某地區的烏腳病盛行率特別高，經過深入研究，發現是當地居民仰賴的某一口井水有重金屬污染，從倫理的角度會認為研究者有告知參與者研究結果的義務，因為研究結果信效度很高，對於參與者有臨床上的重大益處；研究者不能只是為了研究而研究，假如科學研究的目的是造福人類，那麼研究者應該對參與者負告知義務。烏腳病的流行病學如此，基因研究難道不是如此？

不過，基因研究相較於烏腳病的流行病學研究，有不一樣的地方。首先，這個烏腳病研究發現當地居民致病的原因是受污染的井水，只要停止使用井水，就可以阻斷致病的原因。參與者犧牲自己的資訊隱私與自主權，願意幫助研究者完成研究，相對地，研究者所擁有的研究資訊，和參與者疾病的因果關係十分明確且重大，參與者可以獲得的益處也很重大，基於生命倫理原則的善益原則（beneficence），研究者告知研究成果的義務十分明確。然而，即使基因研究發現致病的基因，但因為基因已然遺傳下去，且未必已經有治療方法，確切地說，倘若基因研究成果對參與者的益處並不明確，告知參與者反而造成不必要的焦慮、污名或歧視等社會心理風險時，研究者的告知義務自然未必如此明確。

其次，基因研究的成果，常常仰賴大型人體生物資料庫或多年的研究計畫，蒐集大量的檢體做長時間的分析研究，經歷許多時間與人力，才能有重大突破。因此，許多提供檢體的參與者，未必與研究者有直接的接觸或認識，再加上即使產生有益處的研究成果，可能也已事隔多年。此時，即使研究成果終於對參與者有明確的益處，例如有特定基因缺陷的參與者只要在年輕時固定點某種眼藥水，就可以預防青光眼及失明的風險，此時，誰有責任去通知十年前提供檢體的參與者呢？是多年努力之後，最後成功的研究者？還是當初最早接觸參與者的研究

者？無論是誰，倘若非親非故，多年後去接觸參與者，參與者會不會覺得唐突或被打擾？基於如此，倘若研究者與參與者間不曾直接接觸，而是透過生物資料庫取得無法辨識的檢體進行研究，是否通知參與者個別檢測結果的挑戰就比較大，因此尤需慎重，也需要在參與者提供檢體時即清楚告知是否會通知研究結果。

這進一步牽涉到研究者告知義務的第三個層次：即使研究者有告知義務，參與者有義務知道嗎？倘若對照基因資訊的各類社會心理風險，這個問題的答案是否定的。況且，等到出現有益處的研究成果，事隔多年後再去詢問參與者是否願意知道，不僅對研究者是一種負擔，對參與者也造成打擾。因此，目前的參與者同意書通常在邀請參與研究時，即說明研究者是否會在何種情況下通知個別參與者的研究成果，例如參與者的基因檢測結果。同時，有鑑於基因檢測對參與者的臨床意義往往需要專業解讀，以及參與者可能需要承受一些社會心理風險，因此即便研究者認為「利大於弊」有責任告知參與者，也應該於一開始就詢問參與者是否願意被通知，並且在告知時協助轉介相關的遺傳諮詢。

前述研究成果的告知，在全基因序列的成本日益低廉與普及之後，將面臨越來越多倫理上的挑戰。過去由於定序一個人的所有基因所費不貲，基因研究通常僅針對幾個研究的目標基因進行檢測，檢測的疾病也十分明確，因此比較容易預見並告知參與基因研究會面臨何種社會心理風險。不過，由於次世代基因定序（next generation sequence）成本大幅下降，科學家對許多單一基因疾病的基因缺陷也有長足的了解，近年來許多研究者往往利用次世代基因定序對於參與者的所有基因進行定序，希望找出不為人知的致病基因。

問題是，即使研究者要研究的疾病十分特定，但倘若定序的範圍包含所有基因，而且可能檢測出的遺傳疾病率涉敏感性疾病，或是沒有治療方式等等，要充分讓參與者理解參與研究的社會心理風險，可說工程浩大。有鑑於次世代基因研究的複雜性，美國「醫學遺傳學與基因體學會」（American College of Medical Genetics and Genomics, ACMG）列出臨床上檢測有益處的基因疾病至少五十六種

遺傳疾病（Green et al. 2013），建議任何實驗室倘若基於任何原因（包括研究）要做全基因序列時，必須經過遺傳諮商，告知參與者檢測結果，同時在參與者參與研究前，清楚告知相關的社會心理風險。

綜上所述，本文認為，在基因研究一開始的參與者同意書中，牽涉到三種告知義務。首先，研究者有義務告知參與研究可能增加的社會心理風險，包括：研究的疾病、相關的污名或歧視，以及將如何保護參與者隱私。其次，研究者必須告知參與者，未來倘若有研究成果，是否會主動告知。一般告知研究成果的前提是，研究成果有臨床上的意義，亦即有相當的信效度，且對參與者有重大益處。然而，是否符合應告知的程度，本身就是無比困難的倫理抉擇，有時需要機構或研究倫理審查會協助。最後，即使認為研究者有義務告知，還是需要尊重參與者知情的意願，根據參與者事前所表達的意願，安排遺傳諮詢告知研究成果。

世界醫師會（World Medical Association, WMA）在 2016 年宣布「世界醫師會台北宣言：健康資料與生物資料庫之倫理考量」（WMA Declaration of Taipei on Ethical Considerations regarding Health Databases and Biobanks），強化有關研究結果告知的倫理義務。台北宣言第 12 條對於參與者知情同意內容的規範，要求研究者必須告知參與者「研究結果的告知程序」，包含研究目的以外意外的發現。國內有些醫院的基因學受檢者同意書範本，也開始明白列出研究者應說明受檢者參加檢測可能獲得的幫助，例如，是否主動告知檢測結果，是否提供檢測結果的遺傳諮詢服務，是否提供相關醫學資訊等，都有助於保障參與者權益。

四、科學家的溝通責任

基因資訊的特性和參與基因研究的風險，已如上述。對於這些風險，《人體研究法》及研究倫理要求研究計畫必須通過倫理審查，同時研究者必須善盡告知

的義務，來平衡科學研究的利益和參與者可能承受的風險。例如，為了確保倫理審查的周延完整，《人體研究法》第 7 條規定：「審查會應置委員五人以上，包含法律專家及其他社會公正人士；研究機構以外人士應達五分之二以上；任一性別不得低於三分之一。」同時，「審查會對其審查通過之研究計畫，於計畫執行期間，每年至少應查核一次」（第 17 條）。主管機關也必須定期查核審查會的組成、運作及審查個案，確保審查會的品質（第 18 條）。又如，《人體研究法》第 14 條要求，研究者應以參與者可理解的方式，告知研究目的、可預見之風險、造成損害時之救濟措施等等。

雖然有上述要求與機制，但是一如衛生署 2005 年藥物基因體學研究同意書的範本，研究者對於基因研究相關風險的告知內容，仍有待落實。許多研究計畫主持人所擬的同意書，不是僅提到抽血提供檢體可能造成瘀青的生理風險，就是比照衛生署前揭範本說明：「目前無法預測基因資料外洩而造成對受檢者的社會權益之影響，例如：就學、就業、就醫或就養等。」此外，雖然許多醫院對於涉及基因的研究，原則上要求需經過一般審查，但是對於同意書中社會心理風險的審查，往往流於形式，只要有衛生署範本的文字，就算是已經做了說明，未必能針對研究特性進行實質解說，參與者自然無法了解真正的風險。

換言之，由於許多研究者與倫理審查會沒有針對研究疾病的特性，實質說明參與該研究的社會心理風險，許多同意書往往流於形式。另外，一體要求所有基因研究都必須接受全體審查會的一般審查，除了流於形式之外，有時也矯枉過正。

誠然，由於人無法改變自己的基因，倘若是單一基因缺陷就會致病的單一基因疾病，特別是症狀嚴重，或者是容易有污名的疾病，例如精神疾病的基因研究，由於疾病的負擔大，得知罹病的心理衝擊往往也很大。加上受到影響的往往不只是接受檢測的參與者，還可能波及參與者的親屬或所屬族群，因此，的確需要較高規格的告知與倫理審查。

除此之外，倘若基因研究使用的檢測方式是全基因體關聯分析（genome-wide

association studies, GWAS），由於有機會檢測出參與者所有的基因疾病或罹病風險，包含前述單一基因疾病或敏感性疾病，因此 GWAS 的必要性與社會心理風險，也值得較高規格的審查，包括即使研究經費允許，或者資料存在，也應深思是否有必要進行這樣的研究？是否可以只看相關的基因，既能限縮參與者的風險，又能減少研究者前述三個層次的告知義務負擔。

但其實基因研究未必一定都有社會心理風險。例如，即使是單一基因疾病或敏感性疾病的基因研究，倘若參與者是已經確診的病人，由於參與研究前已知道罹患相關疾病，通常不會因為參與研究而受到心理衝擊，主要的風險，一如其他非基因疾病一樣，是相關病歷與檢查結果洩露的隱私風險。

此外，大部分的疾病即使牽涉到基因，也不是單一基因就能決定的疾病，因此即便是基因研究，也未必有社會心理風險。例如，高血壓是沒有被污名也不敏感的疾病，加上基因通常不是致病的唯一因素，一般人也知道有高血壓家族病史的人，有比較高的罹患機率，因此無論參與者本人或家屬，參與基因研究可能受到的心理衝擊、污名或歧視的風險，相對的十分有限。

最後，藥物基因體研究所研究的，是尋找具有哪一種基因的病人，對於標靶藥物比較有反應，以便提升治療的成本效益。由於參與者是已經確診的病人，加上所牽涉的基因研究是藥物反應，而不涉及新的診斷或罹病風險，參與這類研究的風險，就跟研究哪種藥物對哪種病人比較有效一樣，不會因為牽涉基因而額外增加社會心理風險。

相對地，即使不是基因研究，有時也會有社會心理風險。這類研究通常涉及健康參與者因為參與研究，意外地發現某些疾病。例如，因為抽血而發現罹患愛滋病等敏感性疾病，或者因為參與需要腦部影像檢查的疾病，意外地發現有腦癌。這類疾病倘若是屬於可以治療的情況，雖然參與者會遭受心理衝擊甚至被歧視，但從結果來看可能還是有助益。然而，有些疾病可能無法治療，因此參與研究前，研究者有義務告知會做哪些檢驗或檢查，可能牽涉的各種風險，以及是否會告知

個別檢測結果，讓參與者在事前充分考慮再決定是否參與，才能善盡研究者的告知義務。

因此簡單來說，參與基因研究可能面臨的社會心理風險，其實是所有健康研究的縮影。參與者社會心理風險的來源，一方面來自大眾對於所有疾病本身與罹病風險的恐懼，而不僅僅是基因疾病與致病基因的恐懼；另一方面也來自社會對於疾病的污名與歧視，而且這些污名與歧視，並不限於基因遺傳疾病，也包含愛滋病等其他敏感性疾病。前者需要透過更多的健康政策與研究來消除，後者真正的敵人未必是科學家，而是社會上對「不健康」或「異常」人的歧視，以及對基因的誤解。如前所述，對於基因缺陷的歧視與誤解，光是仰賴參與者或研究計畫的隱私權保密，有時不但無濟於事，反而會阻礙參與者從基因醫學的進步獲益的機會。因應基因歧視的正本清源之道，是法令對於歧視病患與基因缺陷有更周延的保障，並且給予社會大眾更多的相關教育。

倘若科學家希望基因研究獲得更多公私的支持，能夠召募更多參與者願意提供檢體，那麼，科學家在宣稱醫學研究有益大眾健康的大旗之下，從研究目的的選擇，到參與者的知情同意，都有責任向補助單位、大眾及個別參與者說明：研究所產生的福祉，的確會大於對社會整體或個別參與者的負擔。透過研究計畫書的科學審查、倫理審查及參與者知情同意三個階段的說理，科學家的溝通責任包括：目前醫藥對這個疾病的預防或治療有什麼不足之處？研究聚焦於基因可能帶來何種益處？同時，研究者在召募參與者時，應該針對疾病及所採用的基因檢測手段，清楚地說明參與研究的各種風險，以及是否告知個別研究結果，並徵詢參與者知情的意願。這樣才能兼顧研究倫理中的善益原則／不傷害原則、尊重個人原則及公平正義原則。此外，倫理審查的目的應該以促進科學及參與者間的理解和溝通為目標，才能真正兼顧研究發展與參與者權益。

值得注意的是，這並不意味著只有科學家才有責任就科學發展的方向進行溝通。所有影響科技發展方向的人，以及可能受到科技發展影響的人，都有義務和

權利參與科技政策的形塑。同時，科學家溝通的管道與時機，也不限於各個研究執行前向補助單位提出的計畫申請，以及針對研究參與者所做的知情同意，而是從補助預算決策的立法與行政決策過程，到平時與媒體、學校與病人等所有潛在可能被科技發展影響的人的互動，都是溝通的機會和管道。就此目標而言，與其冀望法律強制規定科學家對研究參與者的說明義務，來促進科學溝通，不如強化科技決策的公民審議、倫理諮詢委員會等，跨領域的溝通平台與程序，以促進科技政策的公眾溝通與參與。

這些將科技溝通制度化的努力，並非一蹴可幾。事實上，科技公民（scientific citizenship）的願景是，每個公民都具備基本的科學素養，並且能夠參與各種科技政策的討論。至於獨立於市場資本主義邏輯與醫療機構知識霸權之外的非營利組織，也有機會與責任在公民社會裡扮演提供資訊與示警的角色。科學通識教育與醫師養成教育則應該更廣泛地培養科技人文素養，以及不同專業之間傾聽與溝通的能力，才能夠及早培養前述科學溝通所需要的知識與能力。

五、結論：基因研究善益共享的責任

1999 年當「人類基因體計畫」（Human Genome Project）在全球如火如荼地進行時，促進全球科學家合作的人類基因體組織（Human Genetic Organization, HUGO）倫理委員會提出一個願景：由於人類基因序列有極高比例是相同的，人類基因體是人類共同遺產，研究人類基因體創造出來的益處，也應由全體人類共享（HUGO 2000）。這份善益共享的宣言，宣示所有人，而不僅是研究參與者，都應該能夠共享並利用基因研究的成果；以及即便沒有利益，研究者至少應該告知參與者整體的研究成果並表示感謝。

經過數十年，集合眾人的資源與努力，人類基因體定序完成，許多成果陸續

開花結果。究竟科學家要如何實現承諾，讓基因研究能夠帶來真正的希望，而不是不切實際的迷思？讓基因研究所帶來的醫藥進步，能夠讓所有人實質受惠，而不是讓參與者未蒙其利，反而飽受基因研究社會心理風險的威脅？

對照基因資訊的特性，倘若基因研究真正的風險來自人們對於罹病風險及歧視的恐懼，那麼，要讓最可能從基因檢測受惠的民眾能夠獲得基因醫學的益處，仰賴隱私權保密或參與者知情同意是不夠的；特別是以龐大的公共預算建置基因資料庫或進行個別基因研究，決策者必須清楚地向民眾說明，研究計畫的方向如何有助於全體民眾，以及相較於其他更立即且平價的公共衛生政策或既有醫藥的改善，基因研究為何符合成本效益，並有助於提升全體國民的健康，而不僅是負擔得起高昂醫療費用的少數人受惠。此外，由於基因檢測的特性，國家需要更完整的反歧視保障，個別研究也需要更周延的事前告知與事後相關諮詢。在這個過程中，科學家除了埋首於實驗之外，其實需要善盡溝通之責，充分向社會大眾及參與者說明，確認基因研究的方向果真有利於全體民眾，讓民眾理解基因研究的意涵，同時照顧到參與者應有的保障，包含告知社會心理風險與個別研究成果等，才能實現基因研究善益共享的願景。

引用文獻 |

中央研究院人文社會科學研究中心調查研究專題中心，2010，基因體意向調查面訪問卷 II -4：民眾對基因科技發展問題之態度，基因體電子報，87 期。https://srda.sinica.edu.tw/publish/epostitem/142，取用日期：2017 年 2 月 26 日。

Epstein, Charles J., 2004, "Genetic Testing: Hope or Hype?" *Genetics in Medicine* 6: 165-172.

Green, RC, et al., 2013, "ACMG Recommendations for Reporting of Incidental Findings in Clinical Exome and Genome Sequencing." *Genetics in Medicine* 15(7): 565-574.

Human Genome Organization, 2000, "HUGO Ethics Committee - Statement on Benefit Sharing." *Eubios Journal of Asian and International Bioethics* 10: 70-72.

Silvers, Anita and Michael Ashley Stein, 2002, "An Equity Paradigm for Preventing Genetic Discrimination." *Vanderbilt Law Review* 55: 1341-1395.

National Human Genome Research Institute, Medical Sequencing Program, Model Consent Language. https://www.genome.gov/pages/policyethics/informedconsent/consentformexample2.pdf

National Bioethics Advisory Commission, Research Involving Human Biological Materials: Ethical Issues and Policy Guidance, Report and Recommendations. https://bioethicsarchive.georgetown.edu/nbac/pubs.html(Date visited: Feb. 27, 2017).

教學工具箱 |

建議閱讀

葉俊榮等，2009，《天平上的基因：民為貴，Gene 為輕（第二版）》。台北：元照。

劉宏恩，2009，《基因科技倫理與法律：生物醫學研究的自律、他律與國家規範》。台北：五南。

網站、影片

National Human Genome Research Institute (NHGRI), National Institute of Health, Online Education Kit: Understanding the Human Genome Project, https://www.genome.gov/25019879/online-educationkit-understanding-the-human-genome-project/（美國國家衛生研究院對基因體計畫的介紹）

National Human Genome Research Institute (NHGRI), National Institute of Health, Special Considerations for Genome Research, https://www.genome.gov/27559024/informed-consent-special-considerations-for-genome-research/（美國國家衛生研究院討論基因研究取得參與者知情同意時應該注意的事項）

揭開基因的奧秘：基因醫藥生物科技（上）。行政院國家科學委員會監製，公共電視代理發行（2003），https://www.youtube.com/watch?v=pf2PjN9H-0U

揭開基因的奧秘：基因醫藥生物科技（下）。行政院國家科學委員會監製，公共電視代理發行（2003），https://www.youtube.com/watch?v=NXear2KrBC8

問題與討論

1. 基因資訊和一般健康資訊有哪些差異？
2. 基因研究一定都有很高的社會心理風險嗎？
3. 假如基因研究顯示，某個族群吸菸導致肺癌的風險比較高，你／妳認為這會改變這個族群或其他族群的行為與生活方式嗎？你／妳認為國家應該補助這類研究嗎？
4. 研究者在邀請健康人士或已確診的病人參與研究時，有哪些說明義務？

概念辭典

全基因體關聯分析（genome-wide association studies, GWAS）

全基因體關聯分析是一種研究基因與疾病相關性的方法，通常是透過定序健康人與病人的全套 DNA，從中比對 DNA 序列中有差異的單核苷酸多態性（Single Nucleotide Polymorphism, SNP），藉此發現 SNP 與疾病的關聯，以便發展出預防、檢測或治療疾病的方法。這種檢測方式，特別適合用來研究常見但病因複雜的疾病，例如，氣喘、癌症、糖尿病、心臟病及精神疾病等。這些疾病通常不是由單一基因造成，科學家透過 GWAS 方法，可以更了解 SNP 與特定疾病的關聯，進而預測個人疾病風險或者對特定藥物的反應。因此，相對於傳統一體適用的預防或治療方式，科學家更能針對每個人特定的基因組成，量身訂作有效的預防策略，找到最有效、副作用又最少的精準醫療。

（National Human Genome Research Institute https://www.genome.gov/20019523/）

人類基因體組織（Human Genome Organization, HUGO）

人類基因體組織成立於 1988 年，當時世界各國的科學家正在籌備人類基因體定序計畫（Human

Genome Project），為了促進彼此的合作與交流，成立這個國際組織，以避免不必要的競爭或重複工作，交換研究資訊並鼓勵技術交流，並且強化與人類基因相關的倫理、法律和社會關切。創立時，參與會員為來自十七個國家的四十二名科學家，時至今日，已有來自八十七個國家的一千八百名科學家。

（Human Genome Organization，http://www.hugo-international.org/About-us）

「天生」贏家？從世大運
剖析原住民運動基因的再現與迷思

Born to Win: Exercise Gene of Indigenous Peoples and Media Representation

蔡友月

不同種族的人在智力或體能上不同的表現，是生理上的差別，還是社會環境所形塑？原住民傑出的運動表現，是特殊基因造成的先天優勢，還是後天環境養成的結果？本文剖析 2017 年世大運期間，媒體的「原住民運動基因」論述中，米田堡血型遺傳標記的科學再現問題，說明米田堡血型的基因表現型不是某一個族群獨有，另一個族群完全沒有的遺傳標記。而在世大運中被歸納為原住民或阿美族的選手中，有一些是不同族群通婚的後嗣，但是部分媒體的報導中往往簡化不同族群混血的角色，全部化約到某一種族／族群。從「A 與 B 的相關性」到「A 與 B 的因果關係」，以標題來引導讀者做直接因果聯想，強化科學本質主義的認知，會與目前學界所企圖澄清種族之間「虛假相關」的迷思相同，以黑人體育能力和智力高低來正當化種族天生存在體質差異有因果偏頗之處。本文強調運動員的後天努力、環境的培養才是運動場上致勝關鍵，我們對於原住民不同的秉賦，應有更多元的想像。

「 本文原初觀點，部分引用筆者於 2017 年 10 月 24 日在「巷仔口社會學」網站發表的〈為何世大運原住民選手那麼厲害？揭開種族基因論點的迷思〉一文。本文增添 2017 年世大運以後報紙和電視媒體相關報導的內容與分析，以及相關研究對米田堡與族群科學知識生產的反思。

一、前言：原住民選手為什麼這麼厲害？

　　2017 年在台灣舉辦的世界大學運動會（以下簡稱世大運）在充滿原住民圖騰的舞蹈展演中圓滿落幕，這次台灣原住民選手的得獎牌數創下空前佳績，在九十面總獎牌中有十一面由阿美、泰雅、卑南與排灣的原住民運動選手獲得，包括：滑溜冰的宋青楊、陳彥成、高茂傑、洪萬庭，舉重的郭婞淳，跆拳道的李晟綱、蘇佳恩，田徑的楊俊瀚、陳傑。原住民電視台、TVBS 電視台與各大報紙分別以「世大運原住民選手成績佳 米田堡血型引話題」、「米田堡血型呼吸代謝快 原住民體能具優勢」、「為何世大運原住民選手超強？」、「專家發現阿美族血統有全球第一的『先天優勢』」做專題報導。

　　台灣原住民選手在歷屆奧林匹克運動會奪牌，包括：1960 年羅馬奧運獲十項全能銀牌的是出身阿美族馬蘭部落的「亞洲鐵人」楊傳廣；1992 年巴塞隆納奧運獲得棒球銀牌，隊員有阿美族的黃忠義與阿美族的王光熙；2012 年倫敦奧運拿下跆拳道女子銅牌的選手是阿美族的曾櫟騁；而 2016 年里約奧運會則是阿美與布農族的郭婞淳得到舉重女子 58 公斤銅牌。再加上目前日本職棒巨人隊的阿美族好手陽岱鋼等，這些揚名國際的傑出運動員，都有原住民的族群血統身分，其中又以阿美族居多，使得原住民具有運動基因的論述屢屢浮現。

　　不同種族的人在智力或體能上不同的表現，是生理上的差別，還是社會環境所形塑？是不同社會、政治與歷史過程形成後天的差異？還是先天基因決定的結果？具體來說，原住民傑出的運動表現，是特殊基因造成的先天優勢，還是後天環境養成的結果？1980 年代之後隨著基因科技的蓬勃發展，這股科學知識與衍生的討論方興未艾，使得「先天 vs. 環境」的古老論戰再度捲土重來。新一波基因科技革命性的發展，也讓這樣的論辯更加棘手。透過世大運中再度浮現的「原住民運動基因」論述，可以給我們什麼樣的啟發呢？

二、全球生物醫學化的發展：人群差異的基因開始受到重視

　　2003 年人類基因圖譜初步定序完成後，當時「人類基因體計畫」（Human Genome Project, HGP）強調種族不具有任何基因基礎，因為該計畫發現人類作為一個物種，有 99.9% 的基因是相同的，僅有 0.1% 的差異。[2] 之後短短幾年，相關發展卻觸動另一個不同的發展方向，研究差異基因（genetics of difference）的科學研究快速增加，科學家關注的重點由強調人類的共同性，轉向探索那 0.1% 的差異，企圖在 0.1% 的人類基因差異上加以比較。因此，越來越多頂尖科學期刊，如 *Nature*、*Science*，開始透過科學研究提出證據，宣稱不同種族的人具有生物差異的基因標誌。這類科學研究認為關注人群分類的差異基因，強調以種族／族群為中介變項，是未來建立個人化或精準醫療的重要成果。特別是當代生物醫學強勢發展下，世界各地原住民被認為因為過去環境的隔離，擁有較純的遺傳組成，原住民基因獨特的遺傳標記（genetic markers）逐漸成為世界科學家關切的焦點。

　　當人群的差異基因開始受到科學研究重視，在全球生物醫學影響的脈絡下，也形塑台灣的科學發展方向。一方面，1990 年代台灣基因研究在國家支持下開始蓬勃發展，政府機構資助的族群比較、起源的跨領域基因研究計畫等明顯增多。另一方面，1987 年台灣解除戒嚴令，政治自由化、民主化後許多學術研究禁忌也隨之解除。受到西方多元文化論述下「族群」概念的影響，四大族群概念的出現，以及以族群為議題的學術研討會如雨後春筍般出現。越來越多的科學研究計畫以「原住民基因」為主題，從基因的角度探討原住民的健康、族群間比較與歷史起源，這一點可以從政府機構（如，科技部、衛福部與原民會）補助的研究計畫與

---

[2] 2000 年人類基因體計畫指出，人類 99.9% 的基因是相同的，僅有 0.1% 的差異；2007 年另有科學研究指出差異為 0.5%。換言之，目前所指認的差異範圍只在 0.1% 至 0.5%。

相關科學期刊的發表得知。一直到 2006 年 3 月行政院原住民族委員會訂定《推動原住民族部落會議實施要點》，³ 對於人體生物資料庫徵召研究原住民，建立族群的集體同意規範機制。2016 年 12 月原住民族委員會與衛生福利部發布《人體研究計畫諮詢取得原住民族同意與約定商業利益及其應用辦法》，將原住民族的「族群集體同意權」以法制化的方式進行規範，之後針對原住民的科學研究才逐漸趨緩（見圖 1）。2017 年世大運所引發米田堡血型的討論，不僅反映生物醫學全球化趨勢，也凸顯原住民在台灣認同政治的地位轉變。

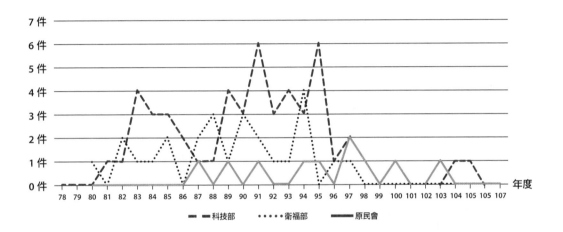

圖 1 國內「原住民基因」相關科學研究計畫補助
資料來源：本文搜尋政府補助的相關研究計畫案，其中包括科技部（民國 78 年度至 107 年度，原「行政院國家科學委員會」）、行政院衛生署（民國 82 年度至 107 年度），以及行政院原住民委員會（民國 82 年度至 107 年度）等單位，先以關鍵字「基因」、「原住民」和十六族（阿美族、泰雅族……）進行檢索，再以人工過濾出與「原住民基因」相關的計畫。

---

³ 其中第 2 條規定：「部落依原住民族基本法、原住民族地區資源共同管理辦法或其他法規、計畫規定，行使同意權、參與權、共同管理權、利益分享權等權利，或議決原住民族公共事務時，除其他法令另有規定行使方式者外，得以部落會議議決行之。」

三、什麼是米田堡血型？

　　目前社會科學研究的學術共識，大致上都反對以本質論（essentialism）來看待種族概念，並且相對地強調種族概念的社會文化建構作用（Cornell and Hartmann 2007: 23-25）。不過以體質、膚色等生物特質來理解人群，仍普遍存在一般俗民認知與大眾媒體的論述中。社會學者 Hannah Bradby（1995）就指出，雖然我們已經解構種族的科學基礎，種族歧視的偽科學仍用不同的形式，在社會中發揮重大的力量。世大運中台灣媒體所大幅報導米田堡血型與原住民的關聯，主要來自四篇刊登在國際期刊的科學研究成果。[4]

　　Richard E. Broadberry（1996）與馬偕醫院研究團隊指出，全世界不同族群米田堡紅血球血型第三亞型（Miltenberger subtype III [Mi.III], GP.Mur）會有不同，在高加索人極為罕見，在台灣原住民卻有相當高的發生率。米田堡血型基因表現型（phenotype）在台灣高發生率的三個原住民族群分別為：阿美族 88.4%、雅美族（達悟族）34.3% 和卑南族 21.2%。阿美族比例幾乎世界第一，而台灣人口的整體平均比例為 7.3%。其他東南亞國家米田堡的發生率也不低，例如，泰國 9.7%、馬來西亞 3%、越南 6%、香港 6.28%、中國南方 4.3%（Broadberry and Lin 1996），參見表 1。

---

[4] 這四篇期刊論文一篇為 Broadberry 與林媽利在 1996 年發表的 "The Distribution of the MiIII (Gp.Mur) Phenotype among the Population of Taiwan"。另外三篇是許淳欣及研究團隊 (Hsu et al.) 發表的，"Miltenberger Blood Group Antigen Type III (Mi.III) Enhances the Expression of Band 3"（2009）、"Assessing the Frequencies of GP.Mur (Mi.III) in Several Southeast Asian Populations by PCR Typing"（2013），以及 "Expedited CO2 Respiration in People with Miltenberger Erythrocyte Phenotype GP.Mur"（2015）。

表 1 台灣及東南亞不同人口群的米田堡第三亞型表現型頻率

人口群		米田堡第三亞型頻率（%）	
閩南人	1 台灣北部	2.0	（100）*
	2 台灣南部	3.0	（100）
	3 台灣西部	2.0	（100）
	4 台灣東部	11.0	（100）
外省人	1 長江以北	0.0	（78）
	2 長江以南	4.3	（94）
客家人		3.0	（100）
高山族	1 阿美族	88.4	（138）
	2 雅美族	34.3	（67）
	3 卑南族	21.2	（52）
	4 泰雅族	3.0	（101）
	5 賽夏族	3.0	（103）
	6 鄒族	1.0	（100）
	7 布農族	0.0	（100）
	8 排灣族	0.0	（101）
	9 魯凱族	0.0	（95）
平埔族	1 巴宰族	11.4	（62）
	2 邵族	0.0	（28）
泰國人 **		9.6	（2500）
香港華人 **		6.28	（6241）
美國華人 **		4.7	（211）
日本人 **		0.006	（16000）
高加索人 **		0.0098	（50101）

* 括弧中的數字為樣本數

資料來源：筆者整理自 Broadberry and Lin（1996: 145-148）。

米田堡血型其實是兩個獨立的基因，glycophorin A 與 glycophorin B，混合體的意思是本來兩個獨立的基因（GYPA 跟 GYPB）在演化、基因重組過程中混合成單一基因（GYP.B-A-B）。這個混合基因表現出的蛋白質，在序列銜接處（Mur）具強烈抗原性（即比較能夠誘發抗原與抗體的反應），故米田堡血型又稱 GP.Mur。這樣的研究主要應用於輸血安全的檢測，因為約有 1% 的台灣人體內帶有對抗米田堡抗原的異體抗體，病人輸血前做的交叉試驗，即是防止這些帶有抗體的病人會輸到米田堡血液，以避免溶血性輸血反應（Hsu et al. 2013; 許淳欣 2017）。那麼，輸血安全檢測的醫學研究，後來又怎麼會應用到原住民的運動基因論述？

2015 年科學研究團隊刊登在國際期刊的研究成果，研究者比較米田堡和一般紅血球膜上的血型蛋白聚合物，發現米田堡紅血球膜上明顯有更多的帶三蛋白（band 3）。帶三蛋白是紅血球代謝二氧化碳不可或缺的蛋白質，由於米田堡紅血球有較多帶三蛋白，科學研究推論米田堡紅血球傳送 HCO_3^- 的速度或量（capacity）應該高於一般紅血球。體外實驗也發現，米田堡紅血球傳送 HCO_3^- 的能力，能在體內 CO_2 含量高時（例如劇烈運動）擴張，研究者由此推論帶米田堡血型的人應該能容忍體內有較多 CO_2 的產生。加上阿美族人的米田堡血型比例極高，因此懷疑多數傑出的運動員來自阿美族，有可能與呼吸代謝機能有關（見 Hsu et al. 2009, 2015; 許淳欣 2017）。

四、原住民運動基因的再現與生物社會的反身性

當生物醫學針對種族／族群的人群分類範疇提出越來越多的客觀「科學證據」，指出族群之間可能存在的生物性差異，人文社會科學該如何回應這些晚近的科學研究發現？科學知識社會學（Sociology of Scientific Knowledge, SSK）和科技

與社會（Science Technology and Society Studies, STS）的研究取徑強調，我們必須深入分析科學知識如何生產、假設、方法邏輯並進行分析。事實上，早在世大運之前媒體就陸續出現「米田堡血型」的報導，例如，2016 年 5 月 26 日《蘋果日報》以「台灣第一女拳擊手 打進奧運 晉級祕密與阿美族有關」為題，內容寫到：「父親是阿美族，母親是布農族為台灣打下奧運女子拳擊史上第 1 席資格的 19 歲新星陳念琴，可能跟阿美族特殊血型有關……阿美族米田堡三型血型陽性比例達 95%，是世界之最。」世大運於 2017 年 8 月 19 日至 30 日在台灣舉行，本文以原住民、世大運與米田堡為關鍵字，分析這段期間報紙與電視新聞的報導，在這短短的期間內，共有 14 篇報導（表 2）。以下透過內容分析，針對媒體再現強化科學本質主義，族群遺傳標記的科學再現，科技／族群人群分類與代表性，以及強調基因與環境的複雜互動，從這四個面向進行反省。

表 2 2017 年世大運期間有關原住民運動生理特質相關報導

報紙	標題
聯合報 2007/03/26	專家：選手表現　非單一基因左右
蘋果日報 2016/05/26	台灣第一女拳擊手　打進奧運晉級祕密與阿美族有關
自由評論網 2017/08/28	2017 台北世大運──台灣選手表面解剖中英文完整對照！
電視媒體	**標題**
原視 2017/09/02	世大運原民選手成績佳　米田堡血型引話題
TVBS 2017/08/30	米田堡血型呼吸代謝快　原住民體能具優勢
台視 2017/08/30	贏在起跑點？阿美族米田堡血型揭密

華視 2017/08/29	米田堡血型加持？阿美族健將奪金
網路媒體	**標題**
報導者 2017/08/27	阿美族運動員為何那麼強？談米田堡血型裡的秘密
原視新聞 2017/09/02	世大運原民選手成績佳　米田堡血型引話題
TVBS 2017/8/30	「米田堡血型」呼吸代謝快　原民體能具優勢
關鍵評論網 2017/09/01	「米田堡血型」讓阿美族運動一級棒？遺傳影響表現，莫過度解讀
關鍵評論網 2017/08/26	世大運原民選手獎牌貢獻 12% 起跳，阿美族「米田堡」血型成討論焦點
聯合新聞網 2017/09/01	運動好手的「米田堡血型」　新技術提高輸血安全
台灣血液基金會 2017/08/31	米田堡血型揭密
Mata Taiwan 2017/08/09	阿美族出運動健將，跟他們的「米田堡」血型有關嗎？
TEEPR 亮新聞 2017/09/04	為何世大運台灣「原住民選手」超強？專家發現阿美族血統有全球第一的「天生優勢」！

資料來源：本文蒐集 2017 年世大運開始至今的相關媒體報導，主要集中在 8 月底和 9 月初，共 14 篇。搜尋方式是先以「原住民」、「世大運」、「米田堡」等關鍵字，透過聯合知識庫、台灣新聞智慧網、知識贏家資料庫，以及《蘋果日報》、《自由時報》網路資料庫等，進行關鍵字交叉搜尋，最後再以人工篩選。另外也透過網路搜尋、篩選相關影音與網路媒體報導。

（一）從相關到因果：少部分媒體再現強化科學本質主義的認知

在台灣，媒體報導往往是大眾獲取科學訊息的主要來源，在生物醫學化的發展下，將基因與某些特定的疾病、性格與行為特徵做連結，成為科學研究關注的

焦點。事實上，前述米田堡的科學研究並未證實帶有能容忍體內有較多 CO_2 產生的米田堡血型，與各種運動專長是否有關。這些僅是研究者假設的科學命題，部分媒體再現卻直接以誇大的標題，斷章取義地建構社會大眾對原住民具有運動基因本質論的理解。我們可見以下報導內容（加底線重點標示為筆者強調）。

1. 原住民電視台／世大運原民選手成績佳 米田堡血型引話題[5]

阿美族「台灣最速男」楊俊瀚奪下男子百米金牌的那一瞬間，所有國人振奮不已……不過這消息對馬偕醫院研究室，研究米田堡血型的同仁來講，並不意外。根據馬偕團隊的長期研究，認為部分原住民族人在生理上，很有可能在先天呼吸生理上就具有優勢。

2. TVBS 電視台／「米田堡血型」呼吸代謝快 原民體能具優勢[6]

根據馬偕醫院的研究發現，台灣不少原住民具有一種特殊血型叫「米田堡型」，呼吸代謝二氧化碳的速度比平常人快，代表體耐力比較強，先天的優勢，也難怪很多原住民運動員表現都相當優異……馬偕輸血醫學中心研究發現，八成以上阿美族、達悟族、卑南族原住民體內有種特殊血型叫米田堡型，讓他們成為天生運動員，機率堪稱全球第一……所謂米田堡血型，是指紅血球外層的紅血球膜上，有許多帶三蛋白，功能就像細胞膜上開了很多道門，比起一般血型，人體內的二氧化碳能透過這些通道更快排出，代謝速度越好，等於體能耐力越好，加上後天訓練，運動表現會比一般人更優異。

3. 中華電視台／米田堡血型加持？阿美族健將奪金[7]

郭婞淳是阿美族女孩，其實這次 100 公尺短跑金牌楊俊瀚，也是阿美族，他們這麼會運動，很可能跟米田堡血型有關！米田堡血型的人，研究發現，呼吸代

---

[5] 2017 年 9 月 2 日原住民電視台新聞採訪報導，記者 Talu 王啟倫採訪淡水馬偕紀念醫院研究員許淳欣博士。

[6] 2017 年 8 月 30 日 TVBS 電視台新聞採訪報導，記者戴元利、攝影王復華採訪馬偕紀念醫院研究員許淳欣、大同高中田徑隊學生與教練，以及資深體育記者曾清淡。

[7] 2017 年 8 月 29 日華視新聞採訪報導，記者王義仲、張榮恩採訪家醫科專科醫師劉伯恩。

謝機能比較好,有耐力、有爆發力,在白種人裡,5萬人只有1人有米田堡血型,東北亞人種,1萬6千分之一,而阿美族,竟然高達88%,卑南族、達悟族比例也很高,也難怪這次許多原住民運動健將,為台灣奪金。

4.TEEPR亮新聞／為何世大運台灣「原住民選手」超強?專家發現阿美族血統有全球第一的「天生優勢」![8]

為什麼白人黑人就是長得比較高大?黑人的運動細胞好像也天生比較強,那台灣人呢?有發現在近期世大運的金牌選手中,這些人有什麼關連嗎?很多都是原住民身分呢!其實大家應該也知道,原住民除了唱歌外,運動細胞也非常發達喔!近日根據馬偕紀念醫院輸血醫學實驗室研究員許淳欣在《報導者》報導,她表示在研究多年的米田堡血型後,他們發現稀有的米田堡血型天生真的就是有「呼吸生理」優勢。

5.台灣血液基金會／米田堡血型揭密[9]

世大運炒熱米田堡血型!近日在世大運大放異彩的楊俊瀚、陳傑、郭婞淳,這些優秀的運動員,除了後天的努力與訓練外,「血型基因」也可能有關。根據馬偕醫院研究員許淳欣博士研究發現,米田堡血型的人紅血球可容忍較高的二氧化碳濃度,帶有米田堡血型的人在運動後,能更快速排出二氧化碳,意即他們可能擁有米田堡血型,可能具有較佳的呼吸耐力,體力較好。

6.聯合新聞網／運動好手的「米田堡血型」新技術提高輸血安全[10]

世大運完美落幕,締創佳績的台灣英雄除了後天努力,郭婞淳、楊俊瀚、陳傑等優秀運動員,體內少見的「米田堡血型」也備受討論,血型特性,讓他們能快速排出二氧化碳,有更好的呼吸耐力及體力。

---

[8] 2017年8月30日TEEPR亮新聞採訪報導,根據「財團法人報導者文化基金會」報導編輯而成的網路新聞。
[9] 2017年8月31日台灣血液基金會官方網站公告。
[10] 2017年9月1日聯合報,記者黃安琪報導。

要從「相關性」推論到「因果關係」，對科學研究而言往往是困難且不容易證實。上述因果式歸因的媒體標題與內容，可能引導社會大眾走向基因決定論的認知：將某些人群特徵、行為展現視為先天遺傳，而不是社會環境的影響。事實上，目前並沒有單一基因與任何行為特徵具有一對一因果的關聯，我們只能說若具有某些基因標誌，比起沒有這些基因標誌的人，酗酒、憂鬱或出現某些行為的可能性多 5%、10% 等等。遺傳標記差異在不同種族間的分布並無規律可循，而且種族內部差異大於種族間的基因差異。但是，隨著基因科技發達，將種族概念與某些特定的疾病、性格與行為特徵連結的科學假設和研究，大幅地增多。

1990 年代之後，台灣的報章雜誌開始將「原住民基因」所導致的特定疾病和行為進行連結。從「原住民的酗酒基因」、「原住民的痛風基因」到「原住民運動基因」等等，媒體再現科學研究成果的過程，不但將複雜的機轉化約到基因來理解，簡化、誇張的標題更容易加深社會大眾的誤解。在科學的邏輯下絕對沒有科學家能夠宣稱有單一的原住民酗酒基因、痛風基因、運動基因等等；有時這些缺乏驗證的「虛構相關」會帶來種族主義負面的效果。

社會學者 Alan H. Goodman （2000）曾一針見血地指出，用基因變異來解釋種族差異犯了兩項謬誤。首先，認為基因是決定行為和生物上差異的主要原因，導致「基因化」（geneticization）的謬誤。其次，相信種族間的基因差異是真實的，可被用來解釋不同種族在疾病上的差異，形成「科學的種族主義」（scientific racialism）與「種族化」的謬誤。這兩項謬誤將種族概念的顯著性極大化，忽略某些行為特徵、疾病背後更複雜的環境因素與政治經濟過程的影響。

（二）族群遺傳標記的科學再現問題

米田堡是原住民特有的族群遺傳標記嗎？一些重要的科學研究已指出種族／族群之內的差異遠大於種族／族群之間的差異（Feldman et al. 2003: 374; Lewontin 1991）。例如，Richard C. Lewontin （1991）的研究發現，大約有 85% 的基因變

異是所有人類族群都有的，族群之間的變異僅約 15%。換句話說，白人之中的基因差異，遠遠大於白人與黑人之間的差異。基於上述的科學研究數據，一些生物學者和社會科學者都強調種族並不是具有生物學意義的科學概念（Fausto-Sterling 2004: 8）。美國人類學會在 1998 年曾提出如下的重要宣言：

人類的群體不是可以清楚界定、生物上具有獨特性的團體。基因的分析指出，種族團體（racial groups）內部的差異大於種族團體之間彼此的差異。這意味著 94% 生物上的變異發生在種族團體之內，而種族團體之間的差異僅有 6%……整個人類歷史不管群體之間何時接觸，他們已經開始不斷混血繁殖……任何在生物性的人口之中企圖去建立區分的界線，都是專斷而主觀的。（American Anthropologist Association 1998）

Rick A. Kittles 與 Kenneth M. Weiss（2003: 37-38）兩位科學家強調：「人類基因差異其實是對偶基因頻率隨著地理或生態條件而逐漸且連續的變化所造成，而不是人群之間分類範疇的差別。」科學家至今仍未發現任何只有某個族群有、其他族群沒有的特定遺傳標記。即使男女在染色體上有 X、Y 的生物性差異，但是在形塑男女差異上，各種社會制度、父權文化等，都扮演比生物性因素更重要的角色。至於什麼是種族、族群的生物性因素，往往比性別問題更棘手，因為沒有任何一種性狀、特徵，或是任何一個基因，只出現在被認為具有某種族群身分的所有成員身上，卻不存在於其他族群中。因此，米田堡血型的基因表現型不是某一個族群有、另一個族群完全沒有的遺傳標記。

Ian Hacking（2005: 102-106）在〈為何種族仍然重要〉（Why Race Still Matters）一文，分析為什麼有一種廣泛的趨勢，傾向將不同種族的人視為本質上的不同種類。他強調種族科學企圖發現種族之間的差異，並不是依照人們一般藉以區別人群的某種膚色或標誌，而是統計上是否顯著。透過統計相關的顯著性形

成某種有意義的（meaningful）判斷，之後就可以變成某種有用的（useful）類別。因此，所謂醫學上種族間的差異只是統計上出現頻率的問題，種族的概念其實並不具有生物學上堅實的基礎。不過，這樣的知識前提與操作邏輯下的種族／族群，經常被當成絕對類別，不僅社會大眾理解科學發現時如此，科學家本身也經常無法避免這樣的傾向。舉例來說，黑人裔的社會學者 Troy Duster（2001: 223-224）長期關注隱藏在美國鑑識科學基因資料庫中的種族／族群問題，他指出研究者企圖以機率性的邏輯將某個人的樣本歸類於某個族群時，根據的是族群的 DNA 中特定位置的基因頻率變異。例如，有時科學家會在一個族群中的某個位置找到 H、I、J 三種對偶基因，而在另一個族群的相同位置找到 H、I、K 的不同對偶基因；或者同為北美印地安人有不同的對偶基因，而北美印地安人與芬蘭人之間卻可能有相同的對偶基因。

米田堡血型的基因表現型也可能出現在高加索人身上（雖然機率很低），至於被認定為機率最高的阿美族人，也有可能完全沒有米田堡血型，這是統計平均值的邏輯，不是絕對類別的差異。科學研究成果發現阿美族人有較高比例的米田堡血型，並不代表所有阿美族人都帶有米田堡血型，反之，其他族群身上也可能出現米田堡血型。部分媒體的標題，如「『米田堡血型』呼吸代謝快 原住民體能具優勢」、「阿美族運動健將多 天生『特別血型』加持」、「贏在起跑點？阿美族米田堡血型揭密」、「米田堡血型」呼吸代謝快　原民體能具優勢」等等，容易引發將 A 與 B 的因果關係做直接的聯想。

（三）族群通婚的人群分類與代表性的問題

世大運中被歸類為原住民的選手，他（她）們是否有族群代表性的問題呢？1960 年代之後，大量的社會學與人類學文獻開始運用族群概念，這個趨勢隱含了對種族生物性判準的科學概念有效性，所提出的質疑與挑戰。1970 年代之後，美國的生物人類學（體質人類學）教科書普遍懷疑種族作為一種實存範疇的合理

性，基本上已不認為根據生物差異的種族分類宣稱是科學的概念（Littlefield et al. 1982：642）。以台灣原住民的分類為例，從日本殖民時期的八族、九族到現在的十六族，對社會學者而言，重點不是尋找某一族群的「本質」，而是探討政治、社會、文化等因素，如何導致特定的族群分類，以及這些分類如何被建構，又如何造成新的政治、社會、文化的影響等等。因此，當代社會學者大多主張，族群概念是歷史、社會文化的建構，族群的內涵與分類會隨著時間與情境而有所不同，必須從關係、過程、動態等角度來概念化（Davis 2001; Brubaker 2004; Epstein 2007: 203-232）。

史丹佛大學的遺傳學者 Neil Risch 等人（2002）的研究，基於比對 DNA 和／或蛋白質的相似度，認為人類群體可以分為非洲人、高加索人（歐洲與中東）、亞洲人、太平洋住民（例如，澳大利亞、新幾內亞、美拉尼西亞人）與美洲原住民等五類，而這五類範疇彼此有基因的差異。因此，Risch 等人主張，醫學研究可以使用自我定義的種族。遺傳學者 Noah A. Rosenberg 等人（2002）從來自非洲、亞洲、歐洲和美洲的 52 個族群團體挑選出一千多人，測定他們基因序列的多態性（polymorphisms），發現所區分出來的次團體與每一個成員自我報告的族群身分相吻合。基於上述研究，一些科學家認為可以用受訪者的自我認同作為界定族群的指標。

Rosenberg 等人（2002）發現可以將樣本分為具有統計學意義的不同群體，而其中有一種分類結果可對應五大洲的人種。只是，無論使用何種分群劃定的方式，不同個體都有可能被歸為一個以上的族群分類。社會學者 Peter Aspinall（2005: 265）曾批評，這種單一認同的定義太過粗糙、狹隘，對醫學工作只會有害而無益。類似 Rosenberg 團隊界定族群的方式，主要的問題之一在於當代社會通婚、混血頻繁，人們在多種族群身分中選擇一種認同，經常受社會、政治、文化所影響，這使得人們主觀的種族／族群認同，無法簡單地當成客觀有效的種族／族群的生

物性指標。遺傳學者 Mark D. Shriver 與 Rick A. Kittles 的研究就對此提出質疑，指出許多事實上是混血的美國人，卻完全相信自己的祖先來自歐洲，另有 30% 認為自己是白人的美國人，祖先來自歐洲的成分低於 90%。由此看來，在研究人群的基因特質上，自我認同的祖先來源並不是好的指標（Bamshad and Olson 2003）。

Geoffrey Bowker 與 Susan Leigh Star 在經典名作《分門別類：分類及其影響》（*Sorting Things Out: Classification and Its Consequences*）一書中，指出種族的操作通常是立基於亞里斯多德式的互斥二分法（亦即「你是」，或「你不是」）。他們對科學家的訪談也發現，要在研究中將種族的概念確定下來，必須將所有成員歸類到某個分類範疇，而且僅能歸屬於一個（2000: 61-63）。世大運中那些被歸類為原住民或阿美族的選手，有一些是台灣四大族群或不同原住民族通婚的後嗣，媒體報導中卻往往簡化不同族群混血的身分，全部化約到某一種族／族群。例如，被歸為阿美族的舉重選手郭婞淳，父母雙方只有母親是阿美族；被歸為泰雅族的跆拳道選手蘇佳恩，父親是泰雅族、母親是阿美族；被歸為阿美族的田徑選手陳傑，父親是阿美族、母親是排灣族，這些選手的族群認定凸顯族群通婚的人群分類與代表性的問題。

事實上，身分認同固定不變的想法，早已受到社會學者質疑與反省（Giddens 1991; Woodward 1997），在當代社會人們甚至可能具有多重的種族／族群認同。以美國 2000 年人口普查的統計資料為例，700 萬人的樣本中，有將近 80 萬人認為自己既是白人也是黑人。這種多重種族／族群身分的自我認定，更凸顯了美國人口的異質性，以及使用種族作為生物性指標的窒礙難行（Schwartz 2001: 1392）。總之，當代社會通婚、混血頻繁，加上多重族群認同等因素，使得生物醫學將種族／族群當作純粹客觀類屬，進行分類與界定樣本特質的知識前提和操作邏輯備受懷疑。

（四）媒體再現強調基因與環境的複雜互動

目前學界所澄清種族之間「虛構相關」的著名迷思，分別是以黑人體育能力（athletic ability）和智力排行（IQ rankings），正當化種族天生存在體質差異。這兩個迷思認為，天生運動能力和天生智力有負面連結，指稱黑人運動能力好就暗示了智力差，強化了種族的階層優劣（Desmond and Emirbayer 2009: 6-13）。這種以生物決定論的取徑，強調黑人體能較好但智力表現較差，已被證實是一種偽科學下的種族歧視。

遺傳學者 Kenneth M. Weiss 與 Joseph D. Terwilliger（2000: 151-157）曾指出，探尋基因與疾病的關聯往往是困難且昂貴的，生活方式的改變才是對慢性疾病的發生（減少或增加）最具影響力的因子。從事遺傳研究的科學家雖然常宣稱不能排除環境因素的影響，但這些研究對於外部因素的關注，經常難以令人滿意。例如，科學家在這些研究中如何排除各種環境因素的影響？基因代表的是個人先天遺傳因素，又如何推論到通常是社會文化所建構的整體種族或族群？在現有的研究中，這些都有待進一步釐清。

雖然前述的媒體內容再現強化科學本質主義的認知，但大部分有關世大運的媒體報導中仍不忘提醒讀者，原住民運動員後天環境與自身努力扮演了更重要的角色。例如，原住民族電視台在 2017 年 9 月 2 日以〈世大運原民選手成績佳 米田堡血型引話題〉為標題的新聞報導，記者 Talu 王啟倫採訪馬偕醫院研究員許淳欣博士，她在採訪中表示：「運動表現在生理上不只是與血型有關連，還要與爆發能力以及各項外在條件的配合才能完成。」[11]2017 年 8 月 30 日 TVBS 新聞報導指出：「所謂米田堡血型，是指紅血球外層的紅血球膜上有許多帶三蛋白，功能就像細胞膜上開了很多道門，比起一般血型，人體內的二氧化碳可以透過這些通道排出。

---

[11] 2017 年 9 月 2 日原住民族電視台報導。

代謝速率越好等於體能越好，加上後天訓練，表現會比一般血型優異……但基因不是絕對，完善訓練才是這次世大運致勝關鍵。」[12] 台視新聞在 2017 年 8 月 30 日以〈贏在起跑點？阿美族「米田堡」血型揭密〉為標題的報導，記者採訪舉重選手郭婞淳，郭婞淳強調：「不管有沒有（米田堡血型），其實每個運動員、每個選手能夠站上頒獎台，都是經過很多的努力跟淚水、汗水。所以我覺得不希望因為這個去蓋過他們的努力。」該報導中也強調：「原住民在台灣人口占不到百分之三，但在世大運的獎牌貢獻度竟然有百分之十二，雖然有米田堡血型的人，體力耐力都會比較好，但還是不能抹煞選手後天的努力。」[13] 任職某國中校長、阿美族女婿的陳啟濃（2017），投書《聯合報》民意論壇表示：「世大運一百公尺金牌得主楊俊瀚，來自花蓮玉里松浦部落……阿美族先天的運動細胞，早在楊傳廣身上印證；後來部落的族人受現代文明干擾，生活習慣的改變，想要維持先天的好體能，堅持奮鬥，就要有非常的意志力與持續性。希望楊俊瀚帶給部落族人榮耀與典範之餘，也成為原住民年輕一代追夢的好樣板。原住民體質上的優勢，更需要後天辛苦訓練，才能成就一番好成績。」

面對科技帶來的新變革，晚近科學界與人文社會科學界都強調生物過程受到社會環境所形塑，以及社會過程也會受到生物面向影響，基因 vs. 環境、先天 vs. 後天並不是二擇一的對立命題。例如，非裔美國人有世界最高的高血壓發病率，這個現象一向被認為與遺傳有關。公衛學者 Michael J. Klag 等人發表的一項流行病學經典研究，更是發人深省。Klag 等人（1991）指出，美國黑人的膚色越深者，得到高血壓的機會越高，但這並不是源自生物學或基因之故，而是由於他們取得工作機會、升遷管道、房屋住處等良好社會資源的機會較少，使他們承受較大的壓力，因而造成表面上看起來純粹是生物性因素的結果。在美國，膚色越深的人

---

[12] 2017 年 08 月 30 日 TVBS 報導，記者戴元利、攝影王復華報導。
[13] 2017 年 08 月 30 日台灣電視台，林昱伶、余苓瑪報導。

越難獲得稀少且珍貴的社會資源，而中產階級的黑人也比中產階級的白人承受更多的壓力。Klag 等人的研究顯示，在所謂「種族」的現象上，生物的和社會的因素無法分開。種族在社會階層不平等，以及其他結構運作產生的負面結果之下，往往更不利於健康，但這些後果卻可能只被當作生物性的現象來解釋。

五、結論：對原住民不同的秉賦應有更多元的想像

在日治時期，生蕃被當成飛禽走獸，並不具有法律上的人格地位。1945 年日本殖民統治結束後，中華民國政府開始積極同化並教化原住民。1980 年代，黨外運動與原住民運動結合而相互支持，此後原住民運動在台灣社會追求民主、本土化過程中扮演重要角色。1980 年代後，隨著原住民族群意識提高，越來越多原住民爭取正名。原住民正名運動終於在 1990 年代獲得官方的回應與各界的支持，於是「山地人」、「番」等歧視性指稱逐漸被揚棄。1994 年國民代表大會修憲，正式通過「原住民」的名稱。原住民與閩南人、客家人、外省人，並列為台灣社會的「四大族群」。透過原住民在台灣歷史文化中的角色，進而重塑台灣史觀，成為台灣主體性發展的重要部分，這也是為何總統就職、重要國宴與世大運等國際型活動中，原住民逐漸成為彰顯台灣不可或缺的重要象徵。

本文剖析 2017 年世大運期間媒體出現的「原住民運動基因」論述，尤其是米田堡血型遺傳標記的科學再現問題。米田堡血型的基因表現型不是某一個族群獨有、另一個族群完全沒有的遺傳標記。從「A 與 B 的相關性」到「A 與 B 的因果關係」，部分媒體標題誘導讀者做直接因果聯想，強化科學本質主義的認知。事實上，世大運中被歸類為原住民或阿美族的選手，有一些是不同族群通婚的後嗣，媒體報導中卻往往簡化不同族群混血的身分，全部化約到某一種族／族群。雖然部分媒體指出原住民先天的潛能，但多數報導仍不忘強調運動員的後天努力與環

境培養，才是運動場上致勝關鍵。

　　台灣原住民從過去被污名化的「酗酒基因」、「痛風基因」，到世大運令人讚嘆的「運動基因」，未來也許會有更多原住民在「科學」、「工程」、「經營管理」、「藝術設計」的天分被發掘出來，並在國際舞台發揚光大。重點是，過去在台灣窄化的升學路徑中，在運動競技場上為國爭光，成為原住民有限向上流動的方式之一，這類刻板的想像與僵化的教育體制，也限制了原住民充分發揮其他潛能與成就的可能性。我們必須用心思考的是，在未來原住民教育、養成的過程中，是不是能創造更多良好的制度環境，讓原住民不同的秉賦都能得到充分的栽培與發揮。

引用文獻 |

TEEPR 亮新聞，2017，〈為何世大運台灣「原住民選手」超強？專家發現阿美族血統有全球第一的「天生優勢」！〉。https://www.teepr.com/776535/jonhsieh/ 台灣阿美族血統有全球第一優勢 /，取用日期：2018 年 1 月 9 日。

Mata Taiwan，2017，〈阿美族出運動健將，跟他們的「米田堡」血型有關嗎？〉。https://www.matataiwan.com/2013/08/09/amis-miltenberger-blood-type/，取用日期：2018 年 1 月 9 日

原住民族電視台，2017，〈世大運原民選手成績佳 米田堡血型引話題〉。Talu 王啟倫記者，http://titv.ipcf.org.tw/news-32633，取用日期：2018 年 1 月 9 日。

蘋果日報，2016，〈台灣第 1 女拳擊手 打進奧運 晉級秘密與阿美族有關〉。王毓健綜合報導，https://tw.appledaily.com/sports/daily/20160526/37236498，取用日期：2018 年 1 月 9 日。

台灣血液基金會，2017，〈米田堡血型揭密〉。http://www.blood.org.tw/Internet/main/docDetail.aspx?uid=6383&docid=42714，取用日期：2018 年 1 月 9 日。

自由評論網，2017，〈2017 台北世大運：台灣選手表面解剖圖中英文完整對照！〉。http://talk.ltn.com.tw/article/breakingnews/2176285，取用日期：2018 年 1 月 9 日。

李修慧，2017，〈世大運原民選手獎牌貢獻 12% 起跳，阿美族「米田堡」血型成討論焦點〉。關鍵評論網，https://www.thenewslens.com/article/77250，取用日期：2018 年 1 月 9 日。

許淳欣，2017，〈阿美族運動員為何那麼強？談米田堡血型裡的秘密〉。財團法人報導者文化基金會，https://www.twreporter.org/a/opinion-miltenberger-blood，取用日期：2018 年 1 月 9 日。

陳啟濃，2017，〈阿美族之光 嚴以律己榜樣〉。《聯合報》民意論壇，https://udn.com/news/story/7339/2664759，取用日期：2018 年 1 月 9 日。

寒波，2017，〈「米田堡血型」讓阿美族運動一級棒？遺傳影響表現，莫過度解讀〉。關鍵評網，https://www.thenewslens.com/article/77764，取用日期：2018 年 1 月 9 日。

華視新聞，2017，〈米田堡血型加持？阿美族健將奪金〉。https://www.youtube.com/watch?v=uYmhGKgJaSA，取用日期；2018 年 1 月 9 日。

聯合報，2017，〈運動好手的「米田堡血型」 新技術提高輸血安全〉。黃安琪記者，9 月 1 日。https://udn.com/news/story/7266/2677595=42714，取用日期：2018 年 1 月 9 日。

TVBS，2017，〈「米田堡血型」呼吸代謝快 原民體能具優勢〉。戴元利記者、王復華攝影，https://news.tvbs.com.tw/fun/762907，取用日期：2018 年 1 月 9 日。

台灣電視台，2017，〈贏在起跑點？阿美族「米田堡」血型揭密〉。https://www.ttv.com.tw/videocity/video_play.asp?id=288644，取用日期：2018 年 1 月 9 日。

聯合報，2007，〈專家：選手表現 非單一基因左右〉。http://udndata.com/ndapp/Story?no=1&page=1&udndbid=udndata&SearchString=v%2B%2Bk4qrtsnsgq0Sz5qRAsPKmXQ%3D%3D&sharepage=20&select=1&kind=2&article_date=2007-03-26&news_id=3815861，取用日期：2018 年 1 月 9 日。

American Anthropologist Association, 1998, "American Anthropological Association Statement on Race." *American Anthropologist* 100(3): 712-713.

Aspinall, Peter J., 2005, "The Operationalization of Race and Ethnicity Concepts in Medical Classification Systems: Issues of Validity and Utility." *Health Informatics Journal* 11(4): 259-274.

Bamshad, Michael J. and Steve E. Olson, 2003, "Does Race Exist?" *Scientific American* 289(6)：78-85.

Bowker, Geoffrey C. and Susan Leigh Star, 2000, *Sorting Things Out: Classification and Its Consequences.* Cambridge, MA: MIT Press

Bradby, Hannah, 1995, "Ethnicity: Not a Black and White Issue. A Research Note." *Sociology of Health & Illness* 17(3): 405-417.

Broadberry, Richard E. and Lin M., 1996, "The Distribution of the MiIII (Gp.Mur) Phenotype among the Population of Taiwan." *Transfusion Medicine* 6(2): 145-148.

Brubaker, Rogers, 2004, *Ethnicity without Groups*. Cambridge, MA: Harvard University Press.

Cornell, Stephen and Douglas Hartmann, 2007, *Ethnicity and Race: Making Identities in a Changing World.* Thousand Oaks, CA: Pine Forge Press.

Davis, F. James, 2001, *Who is Black? One Nation's Definition.* University Park: Pennsylvania State University Press.

Duster, Troy, 2001, "The Sociology of Science and the Revolution in Molecular Biology." Pp. 213-226 in *The Blackwell Companion to Sociology*, edited by Judith R. Blau. London: Blackwell.

Desmond, Matthew and Mustafa Emirbayer, 2009, *Racial Domination, Racial Progress: The Sociology of Race in America.* New York: McGraw-Hill Higher Education.

Epstein, Steven, 2007, *Inclusion: The Politics of Difference in Medical Research.* Chicago: University of Chicago Press.

Feldman, Marcus W., Richard C. Lewontin and Mary-Claire King, 2003, "Race: A Genetic Melting-Pot." *Nature* 424(6947): 374.

Fausto-Sterling, Anne, 2004, "Refashioning Race: DNA and the Politics of Health Care." *Differences: A Journal of Feminist Cultural Studies* 15(3): 1-37.

Giddens, Anthony, 1991, *Modernity and Self-Identity: Self and Society in the Late Modern Age.* Cambridge: Polity Press.

Goodman, Alan H., 2000, "Why Genes Don't Count for Racial Differences in Health." *American Journal of Public Health* 90(11): 1699-1702.

Hacking, Ian, 2005, "Why Race Still Matters." *Daedalus* 134(1): 102-116.

Hsu, Kate, et al., 2009, "Miltenberger Blood Group Antigen Type III (Mi.III) Enhances the Expression of Band 3." *Blood* 114(9): 1919-1928.

_____, 2013, "Assessing the Frequencies of GP.Mur (Mi.III) in Several Southeast Asian Populations by PCR Typing." *Transfusion and Apheresis Science* 49(2): 370-371.

_____, 2015, "Expedited CO2 Respiration in People with Miltenberger Erythrocyte Phenotype GP.Mur." *Scientific Reports* 5: 10327.

Kittles, Rick A. and Kenneth M. Weiss, 2003, "Race, Ancestry, and Genes: Implications for Defining Disease Risk." *Annual Review of Genomics and Human Genetics* 4(1): 33-67

Klag, Michael J., et al., 1991, "The Association of Skin Color with Blood Pressure in US Blacks with Low Socioeconomic Status." *JAMA* 265(5): 599-602.

Lewontin, Richard C., 1991, *Biology as Ideology: The Doctrine of DNA.* New York: Harper.

Littlefield, Alice, et al., 1982, "Redefining Race: The Potential Demise of a Concept in Physical Anthropology." *Current Anthropology* 23(6): 641-656.

Risch, Neil, et al., 2002, "Categorization of Humans in Biomedical Research: Genes, Race and Disease." *Genome Biology* 3(7): 1-12.

Rosenberg, Noah A., et al., 2002, Genetic Structure of Human Populations. *Science* 298(5602): 2381-2385.

Schwartz, Robert S., 2001, "Racial Profiling in Medical Research." *The New England Journal of Medicine* 344: 1392-1393.

Woodward, Kathryn, 1997, "Concepts of Identity and Difference." Pp. 7-61 in *Identity and Difference*, edited by Kathryn Woodward. London: Sage.

Weiss, Kenneth M. and Joseph D. Terwilliger, 2000, "How Many Diseases Does It Take to Map a Gene with SNPs?" *Nature Genetics* 26: 151-157.

教學工具箱 |

問題與討論

1. 何謂米田堡血型？當我們用米田堡血型來解釋原住民運動能力時，方法論上有什麼需要反省的地方？

2. 台灣媒體報導原住民運動能力的先天優勢時，容易產生什麼樣的問題？生醫議題的科普報導應該如何提升？

概念辭典

米田堡血型（Miltenberger）

米田堡血型其實是兩個獨立的基因，glycophorin A 與 glycophorin B，混合體的意思是本來兩個獨立的基因（GYPA 與 GYPB）在演化、基因重組過程中，混合成單一基因（GYP.B-A-B）。這個混和基因表現出的蛋白質，在序列銜接處（Mur）具強烈抗原性（亦即比較能夠誘發抗原與抗體的反應），因此米田堡血型又稱為 GP.Mur。

「基因化」的謬誤

認為基因是決定行為和生物上差異的主要原因，導致「基因化」（geneticization）的謬誤。

「種族化」的謬誤

相信種族間的基因差異是真實的，而且可用來解釋不同種族在疾病上的差異，導致「科學的種族主義」與「種族化」的謬誤，因而將種族概念的顯著性極大化，忽略某些行為特徵、疾病背後，更複雜的環境因素與政治經濟過程的影響。

13

媒體上的基因臉譜：以基改食品為例

Portrayals of Genes in the Mass Media:
A New Analysis of Genetically Modified Food in Taiwan

張耀懋

　　一提到「基因」，你／妳會想到什麼？遺傳？長相？是好的、壞的，還是沒有特別好惡？其實不論哪一種形象，只要判斷基礎的訊息來自媒體，都是媒體報導造成的形象。本文透過媒體再現、新聞框架與媒體真實性等理論，進一步闡釋有關基因的媒體報導可能受到各種因素影響，並且透過實例說明基改食品報導的特徵，闡述基因報導所隱含的各種社會建構過程。以「玉米基改食品」議題為例，相關報導的熱門字詞從早期「解決人類糧食問題」的救星或有益健康，到後期「問題進口」、「安全」、「標示」等充滿疑慮的字詞，代表基改食品報導從早期的「進步框架」，轉變為「危害框架」。因此，媒體必須同時呈現基改食品等議題的正面與負面影響，才能讓社會大眾對科技產品的本質有正確與深入的認識。

一、前言：「基因」想像與大眾媒體

　　千禧年後，人體的基因體定序草圖完成，人體基因祕密逐步得到解答，迎來了「後基因體時代」新階段，專業領域外的大眾對於「基因」一詞的認識也益發多元。例如，相對於前時期的人體基因探究，後基因體時代的重心之一是「蛋白質體」研究，為生物科技與醫藥發展提供幫助。基因概念的使用，在後基因體時代更多、更廣泛（醫藥基因生物技術教學資源中心 2003）。

　　本文從媒體角度出發，探討後基因體時代的社會環境，在媒體框架下，民眾如何理解、接受基因的意義，並且應用在日常生活中，使基因日漸成為易懂而有共同理解的專業名詞，乃至可能受到哪些社會過程的影響。人們對於基因的想像，很大一部分來自媒體。黃俊儒、簡妙如（2010）指出，媒體是民眾面對科學相關知識的依據，也就是說，媒體在科學傳播上，不管是傳遞科學新知，還是再現科學爭議，都扮演重要的角色。此外，科學領域知識成分越高時，民眾依賴媒體的程度也越大。然而，媒體在報導科學領域知識時，並非中性的。Jan Domaradzki（2016）透過內容分析與框架分析法，研究波蘭六份新聞週刊的報導內容發現，媒體描述人類行為時，主要採用基因的本質論（essentialism）、唯物與決定論（determinism）等框架 (framing)，幾乎有半數報導著重人類行為的基因決定論，卻忽略多基因遺傳（polygenic）與環境制約的影響。本質論框架強調，基因是認識與理解人類本質、認同和行為的最關鍵因素；據此框架，人類不過是一組基因。本質論框架還包含「基因化約論」(genetic reductionism) 的預設，主張基因是完整的人類組織運作指南，「創造出人類」並決定人們的獨特性，因此人們的認同與獨特性不會受到個人的經驗、活動或夢想所影響（Domaradzki 2016）。

　　唯物論框架將基因描繪為一種物質對象及基因資訊的載具，人們可以認識、解讀、編輯及壓抑其中的資訊。這個框架認為基因是自然選擇與遺傳的基本單位，因此多數的社會行為（例如，利他主義、合作能力、爭奪自己在群體中的有利位

置）都是由基因而來。決定論框架則指出，參照人們的特定基因幾乎可以解釋所有的人類行為、情緒狀態與人格特徵（Domaradzki 2016）。Zhao 等人（2014）則認為，報紙對於科學、健康議題的傳播，以及公眾涉入的框架化，都扮演重要的角色。他們透過「中國重要報紙全文數據庫」分析中國的報紙內容，並透過 PubMed 資料庫分析科學期刊文章，比較兩者在 2000 到 2011 年間的內容。研究結果顯示，雖然在科學期刊中關於基因醫學的文獻迅速成長，中國境內報紙的相關報導卻明顯不足，顯示中國大眾傳播媒體報導基因醫學的能量，並未與專業人士的研究動能等比例成長。因此，作者強調必須加強科學家、醫學專家與記者的合作關係，以便將相關知識傳遞給廣大的閱聽人。

至於基因科學的相關報導透過什麼管道傳遞給一般閱聽大眾呢？ Haran 與 O'Riordan（2017）從閱聽人框架著手發現，過去關於遺傳學與複製等科學議題的媒體分析，主要是以特定文類或議題的媒體內容為對象，各式研究結果也大多著重於特定文本的特徵。他們邀請英國受訪者主動透過日誌或書信等形式，分析受訪者自身關於遺傳學（genetics）與基因體學（genomics）的訊息來源說明與反思後發現，受訪者會廣泛地接觸科學性文本內容，而不是僅透過特定文類（如新聞報導）來吸收單一訊息。

媒體無法毫無差錯地完整複製並反映、傳遞訊息。若是根據「鏡子理論」的說法，基因一詞會被完整地複製並以原本在遺傳學上的模樣被傳述，但是，人們現在對「基因」一詞的理解，其實並非原來的內涵。這中間的變化涉及媒體組織、寫作風格與個人等層面因素的影響。除了媒體對大眾如何理解基因議題進行框架外，大眾也會主動尋求相關的訊息來源而理解基因的意涵。

綜上所述，基因在媒體上的形象，是經過許多階段或不同的媒介及人員，根據本身諸多背景的認知框架，建構他們對基因的詮釋。這牽涉三種概念：媒體再現（media representation）、新聞框架與媒體真實性。

二、媒體報導的三種概念

　　媒體報導經常涉及媒體再現、新聞框架與媒體真實性這三種概念。媒體再現強調的是媒體並非客觀、中立地傳遞真實，而是經過轉化的過程傳遞；新聞框架進一步說明這種轉化過程會經過哪些機制的處理；媒體真實性則點出在訊息傳遞的過程中，涉及的不只是客觀真實。基因在媒體上的呈現方式，也可以透過這三種概念來闡釋。

（一）媒體再現

　　傳播學者塔克曼（Gaye Tuchman 1978）曾指出，新聞記者在面對事件時必然會引用既有的意義及規範處理新聞。因此，媒體是操縱者而非反映者，因為無論是媒體工作者或語言規範，都充滿特有的社會及文化價值意涵，亦即影像是真實的製碼（encoding）而非紀錄（recording）。換言之，媒體並未客觀地反映社會現狀，而是經常偏重某些社會層面、行為態度或生活方式（張錦華 1992），意即「記者」並非「記錄者」。

　　媒體新聞工作者，篩選每天發生的大小事件，並選擇自身可以掌握的文字、圖像加以編排組織，傳遞給民眾有意義的資訊（林芳玫 1996），換句話說，事件再現於媒體上，形成媒體相關人員對於該事件的真實陳述。媒體接收第一手消息後，經過產製出來的新聞，已經變成「再現」真實，而非「反映」（reflection）物理上的真實，媒體工作者在不知不覺中已摻雜自我的意識形態與想法。

（二）新聞框架

　　媒體對基因的想像，在後基因體時代顯得格外重要。民眾對基因的形象與定義，幾乎都是媒體所建構的，這不是指那些較為專業的生物用語，而是在媒體框架下將基因詞語帶進日常生活對話裡。對於非專業的普羅大眾，基因的概念大多

來自各種媒體，由於沒有足夠的專業知識可以判斷，幾乎是無條件地接受媒體給予的資訊，因此報導內容良窳就更為重要。從單純的基因形象到基因相關議題，例如，基因改造、基因資料庫、基因治療等，透過媒體工作者的轉述讓閱聽人了解。基於此，媒體切入的角度與框架實有不可忽視的影響力。

新聞框架一般可以定義成「新聞工作中的建構真實概念」（臧國仁 1998）。每個人的思考基模有限，被有邊界的框架框住所呈現出來的新聞內容，就是在這個框框裡生產出來，至於框框外的想法就無從得知。每個人都有自己的框架，來自於自身解讀事物的想法和依據。高夫曼（Erving Goffman）最早提及框架理論，主張框架是一種「組織的法則」（Goffman 1974），人們在接觸社會外部訊息時，透過框架決定看世界的角度，藉此形成每個人不同的視野。這些框架不是人們新創造出來的，而是社會早就有的現象與定義，這也引導出媒體可以建構議題並賦予意義（劉蕙苓 2017）。

臧國仁（1999）曾指出：「一則新聞就是一種選擇與組合的結果。」有來自記者個人的脈絡經驗，也有新聞組織的規範，刻意選擇讓某些新聞作為重點呈現（楊意菁 2017）。新聞的框架形成有很多種，媒體與消息來源的關係也是影響框架的重要因素。新聞框架大致可分為組織、個人與文本三個部分。首先，新聞組織會制定慣例與工作程序，決定哪些社會事件會被選取與報導。其次，新聞記者報導時會存在某些「新聞偏向」，「系統性偏袒某方或某種立場」。最後，新聞所報導的不是真相，而是語言建構的符號真實，其中涉及社會建構的過程（臧國仁 1998）。這樣的過程在基因的新聞框架中俯拾即是，例如，不同的新聞組織對同一則基因報導的解讀可能大不相同；對同一篇科學論文，不同新聞組織會側重不同面向，透過各自的立場詮釋，對「真實」進行不同形式的「媒體再現」。

此外，以新聞語言的社會建構而言，如同上文指出的 Domaradzki（2016）研究發現，新聞週刊描述人類行為時主要採取本質論、唯物論與決定論等框架，卻忽略多基因遺傳與環境制約的影響，因此可能造成「行為基因化」。另一方面，

Haran 與 O'Riordan(2017) 的研究指出，受訪者會廣泛地接觸多元的科學性文本，不會只依賴單一來源吸收基因學訊息。由此可見，科學訊息傳播過程中，至少存在新聞組織、文本與閱聽人框架的運作，而非單向的訊息傳遞過程。這或許能夠說明主流媒體提供的基因科學相關訊息，不見得完整，或是全然可被接受。

框架與媒體再現息息相關、密不可分。個人框架不同，新聞工作者會依個人框架再現具體內容，進而影響新聞的焦點，直接影響閱聽人接收到訊息的重點。再則，閱聽人也有自己的框架，閱聽人重視的點，亦可能與新聞工作者產製新聞時所強調的重點不同。此外，鏡子理論破碎後，媒體完全客觀反映真實的論點不再受傳播學者信賴，再現論成為更好的解釋。簡言之，新聞產製會不斷地受到組織、個人與文本等條件的制約，這也挑戰了傳統認為新聞報導能夠呈現「客觀真實」的概念。

（三）社會真實、媒介真實與主觀真實

透過上述「媒體再現」與「框架」概念的討論，可以看出：真實不只一種，實際上存在的有社會真實、媒介真實與主觀真實，人們常在各種真實情境間穿梭（鍾蔚文 1999）。

哈伯瑪斯（Jürgen Habermas）曾將社會分為「真實性」（truth）、「正當性」（rightness）與「真誠性」（truthfulness）三種情境（Habermas 2002）。真實性是指某論述是否能呈現「事物的狀態」，代表論述者指涉的是能被感知、操控的「客觀世界」。正當性是指論述能否滿足「規範」或「人際關係」，指涉由符號建構的「社會世界」，其中包括各種制度、傳統、文化價值等元素。真誠性宣稱是指論述必須真誠地呈現個人的主觀經驗，論述對象則是「主觀世界」，其中包括各種願望、感受和意圖。

報導往往受到媒體組織運作與新聞框架等因素影響，因此無法客觀地傳遞科學議題的知識。如前所述，不同的新聞組織對同一則基因消息可能採取不同的呈

現方式，例如，可能強調基因對人類行為的單方面影響，刻意忽略環境、社會等因素的共同運作。最後，如同真實性論述所指出，不只存在一種真實，因為人們往往生活在各種性質交錯的世界。因此，科學報導的傳遞與接受，總會受到各地的傳統、文化，以及人們意圖的影響。在此狀況下，科學家、新聞媒體與社會大眾之間的溝通就格外重要。

三、媒體中基因議題的整體樣貌與趨勢

1920、1930 年代，國際間對基因的論述多半屬於「優生學」的範疇。當時基因被認為是遺傳物質，是決定人們個性和特質的重要關鍵。1950 年代後，基因概念逐漸被釐清，媒體也開始賦予基因一些社會屬性，如肥胖基因、同志基因、暴力基因等等，也出現「好」基因與「壞」基因的分類。好基因是特殊天賦，如天才的基因；壞基因如犯罪、嗜酒基因，並以此來解釋社會問題（Nelkin 2001）。

周桂田（2002）曾分析 1997 到 2001 年間台灣的基因科技報導，研究發現媒體報導對基因相關的關注度偏低，通常在相關議題引發質疑時，才吸引媒體的關注（如圖 1）。例如，圖 1 中 2000 年報導的高峰，是「台灣環境品質文教基金會」公布基改食品的檢測結果，報導量才從前一年的 160 則暴增至 481 則。事件平息後隔年，報導量就陡降至 79 則。若再將報導數量依各家媒體統計，基因議題的能見度就更低了。

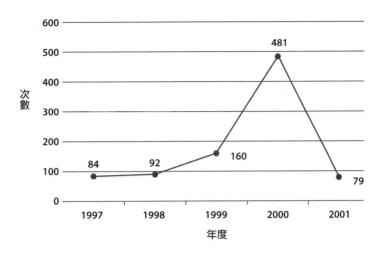

圖 1 四大報的基因科技報導數量，1997~2001
資料來源：周桂田（2002）。

　　基因報導貧乏的現象，近年來稍有好轉。筆者接續統計近年《中國時報》、《自由時報》、《蘋果日報》、《聯合報》等四大報報導數量，發現在 2011 年後持續成長，遠遠超越 1997 到 2001 年期間（見圖 2）。2011 年起國內陸續發生食安風暴，與食品安全相關的議題都被放大檢視，基因相關議題也在對基改食品安全性的重視之下，維持一定數量的報導頻率。如《中國時報》2012 年的一則報導談論基改食品在台灣的比例：「台大農藝學系教授郭華仁昨日表示，台灣至少有 81% 以上的大豆、56% 以上玉米是基因改造食品，國人吃下肚卻不自知。衛生署四年沒抽驗標示、農委會也疏於把關，影響民眾知的權利」（侯俐安、黃天如 2012）。

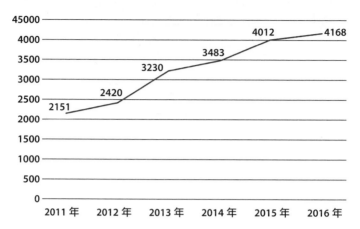

圖 2 四大報的基因科技報導數量，2011~2016
資料來源：筆者統計繪製。

　　以個別報社的報導而言，2011 到 2016 年期間，《蘋果日報》與《自由時報》呈現持續大幅的成長，《聯合報》與《中國時報》則在 2013 年達到高峰（見圖 3），顯示基因議題的關注度提升，並非只是個別媒體的影響。原因可能與 2011 年起的多起食安事件有關，當時為了避免基改食品引發問題，主管當局著手修改食品衛生的相關法令，各報因此頻繁出現與基因科技有關的新聞報導。

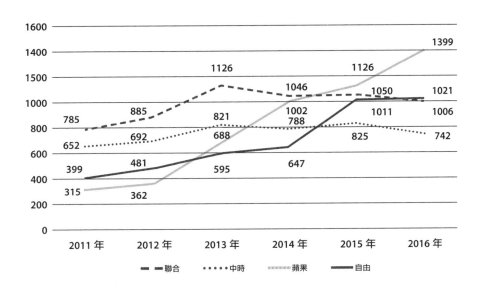

圖 3 國內四大報的基因科技報導個別數量，2011~2016 年
資料來源：筆者統計繪製。

　　基因議題在媒體上的呈現，不同時期有不同的形象。陳映均（2017）分析《聯合報》2012 到 2016 年的基因改造報導，指出報導大多偏向「問題解決」的框架，認為大眾可能想從報導中找出基改議題的應對策略，進而影響記者以大眾的立場撰寫報導。在 1997 到 2016 年之間，基因相關的報導越來越多，也受到更多關注。基因議題躍上媒體版面，在不同時期的社會氛圍下，呈現的形象也不盡相同。例如，早期因為新聞事件較少，媒體對基因報導的興趣較低，直到基改食品的檢測報告出爐後，凸顯民眾食安的問題，才牽動輿論對基改議題、甚至對基因本身議題的興趣。換句話說，類似訊息在報告發布前沒有引起媒體關注；發布後即帶動媒體報導，再傳遞給閱聽人。特定事件就像是激起水面漣漪的小石子，小石子投出前，水面平靜無波，投出後即向外擴散成一圈圈漣漪。2011 年爆發的食安事件，串連成一波波的風暴，在此社會氛圍下，引發民眾與政府注重食品安全，食品衛生報導躍上版面，基因改造食品也成為討論的焦點之一，受到前所未有的關注。

由於基因相關報導在生活題材上更為豐富，下一節以基因改造食品議題為例，檢視台灣媒體的基因報導特徵。

四、基改食品的媒體再現：以「玉米基改食品」為例

基因再現於媒體的形象，輻輳在各領域裡，在不同時期可以看到基因這個名詞所衍生的不同意涵。「基改食品」比基因這個名詞本身，更貼近民眾日常生活，讓讀者感受更深。因此，以下以基因改造食品再現於媒體的形象為例，聚焦觀察媒體再現的效果。謝君蔚、徐美苓（2011）從《聯合報》與《中國時報》自1994年第一個基改番茄上市新聞開始到2006年底，細緻地將基因改造議題分成「醞釀期」、「發展期」與「平緩期」三個時期。

在謝與徐的文章中，1994到1999年是醞釀期，此時台灣專注於基因移轉的技術發展，基因改造被認為是一種科學產物，甚至將成為農業上的一大幫助，是科學進步的證明。2000到2003年是發展期，基改相關新聞大幅增加，是因為社運團體關注基改食品才引發大眾關注所致；這個時期也開始出現商家標榜非基改食品的現象，因為消費者對基改食品初顯疑慮，開始轉往尋求非基改食品。2004到2006年則是平緩期，這個時期除了轉述國內外基改疑慮新聞之外，也包括基改食品政策的規範和修訂，緩步加強讀者對基改食品的印象。2006年之後基改食品漸漸不受媒體和大眾青睞。

另外，謝與徐也發現在基改食品新聞裡，「科學領域專家」、「政府官員」、「販賣食品的商家／企業」是主要消息來源，前兩者更占五成以上。也就是說，對於基改食品再現於媒體的形象，科學專家與政府官員掌握半數以上的話語權，他們形塑大部分基改食品的形象，而一般讀者從他們的論述中了解基改食品的樣貌。謝與徐的研究因此整理台灣媒體報導基改食品最主要的三種框架：促進經濟、

顯現社會進度的進步框架，有健康疑慮、秉持天然最好的危害框架，以及妥善管理與有管就好的關切框架。

基於上述的分析，以下以「玉米基改食品」為例，進一步說明台灣媒體對於基改食品的報導框架。

（一）玉米基改食品的媒體框架

本文以「聯合知識庫」（udndata.com）作為新聞文字探勘（text mining）資料庫，以「基改玉米」及「基改大豆」為關鍵字進行探勘研究。研究初步發現在早期視基改食品為「解決人類糧食問題」的救星，或是有益健康等正面報導文字，到後期出現的頻率卻少到幾乎可以被忽略，取而代之的是「問題進口」、「安全」、「標示」等有疑慮的負面字詞報導（見圖4）。這些負面情境不只散見於食品安全，也反映在環保議題上，諸如：「基改作物普及 帝王蝶面對新威脅」等新聞，即是對基改食品的環保質疑。在以基改食品為關鍵字的報導文字搜尋中，亦常出現包括「帝王蝶」、「蜜蜂」等關鍵字，而且都是高頻率字詞。這些現象顯示特定字詞常與基改食品相連結，也可以看到基改食品於媒體再現上，在環境及生態保護方面飽受質疑。

圖4的分析可說是對傳統印刷媒體的觀察，從報導論述中可以很明顯地看出，基改議題從初期到後期的形象轉變。後期負面字詞逐漸取代前期正面描述的狀況越來越多，並且隨著輿論與社會氛圍發展，深刻影響媒體對議題的立場。然而，社群媒體未必有同樣的發展趨勢，值得做進一步分析。

圖 4 聯合知識庫文字探勘結果，1995~2017 年

資料來源：筆者以關鍵字「基改玉米」、「基改大豆」對「聯合知識庫」進行文字探勘，總共搜尋到 93 篇。圖中為報導內容中最熱門的字詞，字體越大，表示出現次數越多。

（二）社群輿論分析

社群媒體的興起改變了民眾吸收資訊的管道。從以往對報紙、電視、廣播等平台單向「接收」內容，延伸到在網路社群上相互討論分享，更多向的交流，因此，網路社群輿論成為近年來了解議題討論的觀察重點。在網路世界裡，大多數資料是以文字形式儲存，過去受限於分析技術，以人工分析內容要耗費龐大人力及時間，因此大多數的資料都未經分析。隨著分析工具的進步，可以分析的已不限於數值型資料，也包含文字資料。網路社群或媒體上的文字資料雖然雜亂，卻蘊含大量訊息，透過文字探勘技術將文字資料化繁為簡，可以萃取出有用的訊息。市面上可以進行文字探勘處理的工具相當多樣化，包含學術研究上使用的 R、Python 等程式語言，以及透過商用平台分析，國內有許多機構提供收費服務，如

意藍、eyesocial 等；本文以 eyeSocial 的工具平台進行分析。

文字探勘是將蒐集的大量文件，「執行編輯、組織與分析的過程，以發現其間隱含的特徵關聯或新穎有趣的模式，提供分析師或決策者特定的訊息」（陳世榮 2015）。簡單來說，是指集結大量的原始文字用語、句子並進行統計，再將原本看似無意義的資料轉換成資源。過去處理紙媒（印刷媒體）訊息，報紙內容即為明確的資料來源，透過編碼方式分析內容。至於文字探勘的處理方法多樣，可依問題細分對應的解決方式，如機器學習、自然語言處理等。相關的文字探勘應用，包括整理文本意見的意見探勘（opinion mining）、了解文本的正負向情緒的情緒探勘（sentiment analysis）等等。

以 eyeSocial 平台的分析項目為例，除了可以統整議題中文本內容裡最熱門的關鍵字詞，找出重要的意見領袖，文章的正負情緒感受之外，還可以對搜尋的資料做瀏覽人數、發文量、發文人數等熱門度的統計。

為了了解台灣社群網站上「基因改造」的相關議題討論，本文以「基改大豆、基改黃豆、基改玉米、基因改造大豆、基因改造黃豆、基因改造玉米」作為關鍵字，進行自 2017 年 1 月 1 日到 2018 年 4 月 5 日期間的社群媒體文字探勘。分析結果發現，不同於紙媒以基因議題為主的現象，社群媒體則以美食分享類目居多，並且標榜「非基改食品」。不過，由於對社群媒體的文字探勘時間，是接續在前述紙媒的文字探勘研究時間之後，紙媒論述到了 2017 年，已經可以明顯地看出基改議題從最初的正面，轉變到後期的負面字詞；因此，2017 年之後社群媒體的內容，雖然大量出現在美食分享類目，仍然接續對基改食品的負面感受，大量地以「非基改食品」為訴求，相當程度呼應紙媒的研究結果。換句話說，不論傳統印刷媒

---

[1] 本次統計與分析透過「eyeSocial 輿情分析平台」，統計範圍從 2017 年 1 月 1 日到 2018 年 4 月 5 日，於 2018 年 4 月 7 日點擊進行文字探勘與分析（https://insighteye.com.tw/services-eyeSocial.html）。意藍資訊可見 http://www.eland.com.tw/。

體或網路社群媒體，近年來都呈現出對基改食品的疑慮。

　　接著說明社群媒體內容文字探勘的結果。從圖5可以發現，前三名為「痞客邦」、「PTT」、「蘋果日報」。痞客邦是2003年成立的社群平台，有部落格、相簿、留言板等功能。透過關鍵字的探勘，相關文章大多為「美食／旅遊推薦文」。這類型的「食記」、「遊記」在介紹美食時，經常提到某某食品是「非基因改造」製成，較少針對基因改造進行討論。PTT使用者的年齡層較低，《數位時代》2016年針對PTT的介紹標題即為〈解讀PTT：台灣最有影響力的網路社群〉，在這個討論板超過兩萬個、單日最高有一千萬次登入紀錄，消息流通公開且迅速，對事件的互動交流十分踴躍，尤其回文數（網友針對文章的回覆數量）部分，PTT也遠遠高於其他社群媒體，是基改議題較多討論的場域。第三名是傳統新聞媒體《蘋果日報》的網路版，由於網路上的閱聽人口不容忽視，甚至比傳統媒體的閱聽人口可觀，報社紛紛在紙本外開闢網路戰場，甚至捨平面媒體而專就網路版。

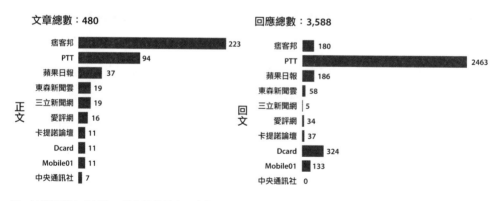

圖5 社群媒體中「基改」議題的篇數與回應數
資料來源：筆者以「eyeSocial輿情分析平台」進行文字探勘，統計繪製。

圖 6 節錄搜尋期間人氣最高的前四篇文章，消息來源正好包含上述提及的前三大網路社群媒體，包括《蘋果日報》討論「基改」食物在台灣的接受程度，以及 PTT 從大眾的角度出發，討論基改食品在台灣的發展等。

圖 6 社群媒體討論度最高的基改文章
資料來源：摘錄自「eyeSocial 輿情分析平台」。

　　基改關鍵詞數量分析如圖 7 所示，[2] 首先，不出所料，出現最多的字詞是「基改」，其次則是「馬鈴薯」，推測是 2017 年中基因改造的馬鈴薯是否可以合法輸台，在網路掀起一陣論戰推進入榜。其他名列排行榜上的食物，如「黃豆」、「豆漿」、「大豆」都是基因改造食品最常討論的原料，文章標題如「哪裡可以買到基改黃豆？」「台灣怎麼到處都是非基改黃豆？」。另外，「池上」這個地名頻繁出現，可能是因為當地有家知名的豆漿、豆皮店，因而在當時成為大眾討論的焦點。

　　特別的是，前二十名字詞中出現「羅根」、「蘿拉」二詞，次數分別達 132

---

[2] 由於「痞客邦」的內容幾乎都屬於食記，文章數量並高於其他社群媒體。若先將其排除，再整理出所有文章中相關聯字詞出現頻率的前二十名，可以看出與基改議題最相關的用詞，並依此方式去觀察這些字詞多半出現在哪種文章脈絡下，藉此歸納出大眾對於基改議題的態度與看法。

次與 69 次，推測原因是 2017 年 3 月上映的漫威電影《羅根》（Logan），劇情設定為「基改食品導致變種人誕生」，成為熱門話題。從這些熱門關鍵詞，可以窺見網路世界對基改的憂慮。

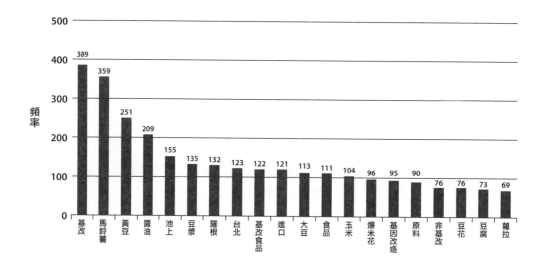

圖 7 社群媒體基因改造文章中的熱門關鍵字
資料來源：筆者以「eyeSocial 輿情分析平台」進行文字探勘，統計繪製最常出現的二十個關鍵字。

經由文字探勘中的語意分析，還可以進一步觀察相關文字用語的正負情緒取向。如圖 8 所示，分析結果顯示 [3] 對基改議題的正面取向接近半數，負面與中立大約各占四分之一，進一步分析發現，相關的文字仍以正向文字居多；但負評也近

---

[3] 正負情緒取向的分析方法，是先建立情緒字典，文章經過斷詞等自然語言處理，加上機器學習演算法判斷文章語意，區分傾向正面或負面的機率何者為高。例如，《台大情緒詞彙辭典》完整版（台灣大學自然語言處理實驗室所建立的語意辭典）蒐集了正負向情緒用字，目前正面約 21,000 筆，負面約 22,000 筆，成為中文自然語言處理的重要資料庫，可用來辨識文章內容的情緒意見。舉例來說，好看、喜歡等字詞建立在正向字典；太貴、不佳等建立在負向字典。「這隻手機的外觀設計好看，我很喜歡，但價格太貴了」這個句子中，可判斷有兩個正面詞、一個負面詞，整體仍偏向正面。再將這樣的結果作為機器學習的訓練資料，逐步將語意模型訓練得更準確，再用來做文章的情緒判斷。

四分之一，表示網路世界對相關基改食品的安全性有許多疑慮。例如，圖7所列討論度最高的基改文章，其中標題〈驚！基改馬鈴薯來台叩關 最快明年恐吃基改薯條〉一篇，即討論基改食品的叩關政策，以「恐吃基改薯條」作為標題，代表這篇文章的基改論述應為負面。

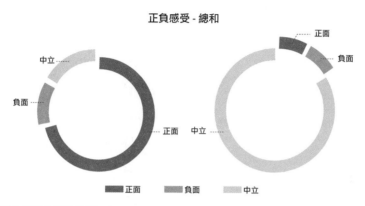

圖8 社群媒體基改報導的正負情緒取向
資料來源：筆者以「eyeSocial 輿情分析平台」進行語意分析，統計繪製正負情緒取向。

以上的分析是透過語意分析工具，對社群網站資訊先以自動化方式集結分析得出脈絡，再以人工觀察資料、提出解釋。就議題而言，本文發現是否進口基改食品、市面上的非基改食品等，是大眾討論的重點。另外，對於基改議題的文章負評約占四分之一，顯示此議題有不少的爭論空間。上述分析呈現基改議題在社群網站發酵的程度，由於近年來基改已經不是炙手可熱的議題，從社群中討論及分享的議題觀察，大眾對於基改、非基改食品並未一面倒，分析顯示仍傾向各自陳述，對政府或媒體資料的引用都不多，而且多半沒有明確的結論。可以確定的是，大眾對基改食品仍有疑慮，例如基改食品的安全性與查驗等方面。

五、結論

　　基因這個在上一世紀才活躍起來的名詞，在不同時代有不同的意涵，在媒體上呈現的形象也隨時代的更替，而有不同的風貌。本文討論「基因」一詞從初始到今日的演變，如何使人們能習以為常地使用而不至於感到艱澀。首先，透過國內外的文獻整理，說明大眾媒體如何建構人們對於基因議題的想像。一般而言，媒體無法完整地傳遞「基因」一詞的意涵，因為報導會受到媒體組織、寫作風格與個人等層面因素影響。加上基因知識具有複雜與抽象的特質，媒體的描述卻往往過度簡化，因而可能造成「行為基因化」的誤解。其次，媒體能完整傳遞知識的「鏡子理論」已然不受信賴，本文說明較常見的媒體再現、新聞框架與媒體真實性三種概念，指出基因報導所呈現的往往不是關於基因知識的客觀真實或社會真實，而是帶有特定框架的媒介真實與主觀真實。再者，本文透過過去相關基因研究論文與自行進行的相關統計，描繪媒體基因報導的整體樣貌與趨勢，指出在1997到2011年間，國內關於基因議題的報導並不多，相關報導數量甚至呈現下滑的趨勢。然而，在2011到2016年間，因為食安議題引起關注，四大報的基因報導呈現明顯的成長趨勢。

　　另外，本文以「玉米基改食品」基因相關議題，說明基改食品報導具有的特徵。例如在「玉米基改食品」議題中，相關報導的熱門字詞從早期「解決人類糧食問題」，到後期「問題進口」、「安全」、「標示」等充滿疑慮的用字，象徵基改食品報導的框架，從早期的「進步框架」轉變為「危害框架」。以三種新聞概念檢視基改食品報導，就「媒體再現」而言，基改食品的報導並非客觀地呈現相關科學知識。以「新聞框架」而言，基改食品報導包含較多的「危害框架」與「關切框架」，較少見正面看待基改食品的論述。以「媒體真實性」而言，基因議題的「媒介真實」與「社會真實」永遠都會存在落差，媒體必須盡量呈現基改的正面性與負面性論述，才能讓大眾對此議題有深入的理解，進而做出更好的回應。

最後，本文使用文字探勘工具分析媒體上的文字論述發展。研究文獻早已習慣紙媒的分析，尤其是以傳統的四大報內容分析，作為普遍、既定的工具。然而，隨著時代演進，社群媒體及「個人媒體」的興起，使後基因體時代的知識訊息傳播，已有複雜化的趨勢。過去仰賴傳統媒體的單向訊息，分析可較為集中，現今社群媒體中的資訊多向流動，個人可以成為訊息的製造者，隨時進行傳遞。同時，網路平台較難做到訊息篩選機制，少了媒體機構作為第四權的把關者，各式各樣的資訊大量出現，乍看難以找出規律或趨勢。另外，在研究方法上，面對社群媒體中的大量資訊，針對數值、文字與影像的探勘技術運用尤為必要。閱聽眾的多元訊息接受方式，使得相關的規定以及對現象的研究都更複雜，有時更是難以捉摸。在網路媒體及社群媒體興起並成為資訊流通的重要管道後，面對這些海量且稍縱即逝的資料，我們必須尋求自動化方式蒐集並分析資料。

引用文獻 |

周桂田，2002，〈在地化風險之實踐與理論缺口：遲滯型高科技風險社會〉。《台灣社會研究季刊》45：69-122。

林芳玫，1996，〈女性與媒體再現：女性主義與社會建構論的觀點〉。頁 7-20，收錄於《媒體與社會：多重真實的再現與詮釋》。台北：巨流。

侯俐安、黃天如，2012，〈學者：台灣大豆、玉米 多基改食品〉。中時電子報，3 月 16 日。

張錦華，1992，〈電視與文化研究〉。《廣播與電視》1：1-15。

陳世榮，2015，〈社會科學研究中的文字探勘應用：以文意為基礎的文件分類及其問題〉。《人文及社會科學集刊》27(4)：683-718。

陳映均，2017，《科學新聞中的框架與論證：以基改新聞為例》。台中：台中教育大學科學教育與應用學系碩士論文。

黃俊儒、簡妙如，2010，〈在科學與媒體的接壤中所開展之科學傳播研究：從科技社會公民的角色及需求出發〉。《新聞學研究》105：127-166。

楊意菁，2017，〈商業雜誌與企業公民訊息：一個縱貫性的媒體再現與框架分析〉。《新聞學研究》130：141-186。

臧國仁，1998，〈新聞報導與真實建構：新聞框架理論的觀點〉。《傳播研究集刊》3：1-102。

_____，1999，《新聞媒體與消息來源：媒介框架與真實建構之論述》。台北：三民。

劉蕙苓，2017，〈文化創意產業的媒體再現：2002~2012 歷時性框架分析〉。《新聞學研究》130：91-139。

鍾蔚文，1992，《從媒介真實到主觀真實：看新聞，怎麼看？看到什麼？》。台北：正中。

謝君蔚、徐美苓，2011，〈媒體再現科技發展與風險的框架與演變：以基因改造食品新聞為例〉。《中華傳播學刊》20：143-179。

醫藥基因生物技術教學資源中心，2003，教育部顧問室「生物技術科技教育改進計畫」後基因體時代之生物技術。http://www.ym.edu.tw/icm/Textbook%201.pdf，取用日期：2018 年 1 月 25 日。

Domaradzki, Jan, 2016, "Behavioral Genetics in Polish Print News Media between 2000 and 2014." *Psychiatria Polska* 50(6): 1251-1271.

Goffman, Erving, 1974, *Frame Analysis: An Essay on the Organization of Experience*. Cambridge, MA: Harvard University Press.

Habermas, Jürgen, 2002, *On the Pragmatics of Social Interaction: Preliminary Studies in the Theory of Communicative Action.* Cambridge, MA: MIT Press.

Haran, Joan and Karan O'Riordan, 2017, "Public Knowledge-making and the Media:Genes, Genetics, Cloning and Mass Observation." *European Journal of Cultural Studies* (https://doi.org/10.1177/1367549416682971)

Nelkin, Dorothy, 2001, "Molecular Metaphors: The Gene in Popular Discourse." *Nature Review Genetics* 2: 555-559.

Tuchman, Gaye, 1978, *Making News: A Study in the Construction of Reality.* New York: Free Press.

Zhao, Feifei, et al., 2014, "A Quantitative Analysis of the Mass Media Coverage of Genomics Medicine in China: A Call for Science Journalism in the Developing World." *OMICS: A Journal of Integrative Biology* 18(4): 222-230.

教學工具箱 |

建議閱讀

Hoagland, Mahlonand Bert Dodson、李千毅（譯），2017，《觀念生物學》。台北：天下文化。

陳儒瑋、黃嘉琳，2016，《基改追追追：揭露全球基改作物入侵生活的真相》。台北：幸福文化。

林基興，2013，《基因改造的美麗與哀愁》。台北：天下文化。

參考網站

泛科學，http://pansci.asia/archives/tag/ 基因

科學人雜誌，＜基因改造食物安全嗎？基因改造食物，到底對人類是有益還是有害？＞，http://sa.ylib.com/MagArticle.aspx?Unit=featurearticles&id=5

衛生福利部食品藥物管理署基因改造食品管理專區，http://www.fda.gov.tw/TC/site.aspx?sid=3950

GMO FILE 非基改公民行動，https://nogmolunch.wordpress.com/

問題與討論

1. 請想一想，一般在新聞報導上看到的「基因」概念多半如何呈現？是否已經形成固定的象徵或概念？

2. 請試圖釐清支持與反對基改食品的媒體立場，並找出各自相對應的報導。

概念辭典

媒體再現（media representation）

媒體再現是指媒體接收第一手消息，經過產製而出來的新聞，是「再現」（representation）真實，而非「反映」（reflection）物理上的真實，因為媒體工作者在不知不覺中，會摻雜自己的意識形態與詮釋。舉例來說，基改食品原本應該是中性的、科學的議題，但是早期的報導多強調能解決糧食問題或有益健康，後期卻擔心基改食品對人體健康及安全的危害，由此可見媒體工作者的看法會影響報導內容，媒體無法全然客觀地反映物理上的真實。

基因改造食品（基改食品）

根據衛生福利部食品藥物管理署的定義，基改食品是指「利用基因工程技術而生產獲得特性經過改造之食品」。市面上常見的基改類型有三種，一是原料形態的食品，如基改大豆；二是初級加工形態食品，如基改大豆磨製成的豆漿，此類型仍含有基因 DNA，可輕易驗出是否含有基改食品成分；三是高度加工形態的食品，如精製後的大豆油，因為已經經過高度加工，難以檢驗成分。

文字探勘（text mining）

文字探勘是指集結大量的原始文字用語、句子，並進行統計，再將原本看似無意義的資料轉換成資源。文字探勘的處理方法多樣，可依問題細分對應的解決方式，如機器學習、自然語言處理等。相關的文字探勘應用，包括整理文本意見的意見探勘（opinion mining）、了解文本正負情緒的情緒探勘（sentiment analysis）等等。

14

科學傳播與基因醫學的媒體再現 [1]

Science Communication and Media Representation of Medical Genetics

林筱芸、徐美苓

　　近年來基因議題廣受討論，其中基因醫學涉及的科學原理複雜，爭議也繁多，存在高度的風險及不確定性。由於科學議題具有專業性與知識門檻，民眾往往透過新聞報導來理解內容並參與討論，媒體對於新聞的採訪、編輯、消息來源的選取、新聞價值的判斷等，都左右科學報導的呈現及議題的傳播。本文分析台灣基因醫學新聞內容，藉以爬梳媒體再現基因醫學的特色與問題，指出十多年來的基因醫學新聞並未與時俱進以強化議題呈現的深廣度，仍著重於科學新知告知，缺乏諸如風險或相關爭議的探討；消息來源則大量引用科學與醫學專家或研究單位論述，其他議題相關人士或團體的引述比例甚低；此外，基因醫學新聞在提供相關背景、主題的脈絡與發展，以及相關風險等方面極為匱乏。本文最後對未來相關報導方向提出建議，以彰顯科學傳播過程中民眾的理解及參與。

---

[1] 本文改寫自林筱芸、徐美苓，2015，〈台灣基因醫學新聞內容特色與品質分析（2001-2011 年）〉。《博物館學季刊》29(1): 65-77。

一、前言：基因醫學的媒體再現

當人們對莫可奈何的事情找不到合理的解釋時，「一切都是基因決定的」這句話，多少成為脫口而出的託詞。進一步觀察報章雜誌的報導，不難發現與基因相關的吸睛標題，例如，2017 年 12 月 4 日《勁報》的一則報導：「PM2.5 造成心血管硬化的基因『找到了！』 中原大學生科研究團隊獨步全球」這類新聞大多將當今許多疾病描述成與基因有關，並以樂觀、正面的詞彙進行表述，甚至隱含基因決定論的色彩。事實上，基因研究是頗具爭議的高科技發展議題。從發展的層面來看，科學家的基因研究已累積不少成果，包括完成人類基因圖譜的定序，將基因研究應用於農產品改良，甚至透過基因治療罕見疾病。然而，基因研究對於可能出現的風險不僅還無法完全掌握，更挑戰人類對於生命的基本價值觀。

以科學界尋找乳癌基因的研究為例，國際上有不少研究團隊進行跨國合作，並透過媒體發布相關研究成果，如《聯合報》2009 年 7 月 31 日一則標題為〈破解乳癌 基因密碼找到了！中研院團隊在人類第 2、3、17 號染色體 發現乳癌基因精確位置〉的報導：

由歐、美、亞洲 20 組團隊跨國合作的「乳癌研究聯盟」，以全基因體掃描方式分析不同國籍乳癌患者，在人類第 2、3、17 號染色體，找到乳癌基因精確位置，解開乳癌成因的基因密碼……拜科技之賜，基因定型速度增加，透過全基因掃描技術，可大規模比對、分析研究的基因體；在人類第 2、3、17 號染色體，找到乳癌基因的精確位置後，瞭解其機轉、功能，才能對症下藥，幫助醫學界對疾病發生的可能原因，找到乳癌早期預防及治療方法。

這則新聞傳達科技為人類帶來助益，未來研究也將更進一步往基因醫學方向發展，期待解開致病基因。然而，這類消息被報導後可能影響民眾的醫療決定。

例如，在此新聞見報後兩天，《聯合晚報》一則標題為〈有乳癌基因 先切掉乳房？不想活在罹癌陰影 女子苦求 醫師：定期回診即可〉的報導中，提到一名台灣年輕女子被驗出具有乳癌、卵巢癌基因後，由於不想活在罹癌的陰影中，即使乳房並沒有腫瘤，仍希望醫師幫她拿掉乳房及卵巢以絕後患。換言之，基因治療的研究突破值得肯定，但在社會上所掀起的漣漪不容小覷。江漢聲（2006）指出醫學研究不斷找出某些與基因相關的重大疾病，但除了由單一基因所決定的幾十種罕見遺傳疾病之外，多數的疾病和癌症都不是由單一基因所造成；他進一步以乳癌為例指出，只帶一種乳癌基因而發生乳癌的機率非常微小，環境和生活方式更可能是引發乳癌的重要因素。當前基因治療在臨床上的應用已漸趨緩，因為大部分的成效不如試管實驗或動物實驗，也沒有相關立法保障，如果出現併發症，基因治療將面臨全面停止的危機。

更進一步來說，基因科技所引發的討論不只在醫療應用方面，也涉及其他相關爭議，包括：人類檢體採集作法上的倫理，是否開放複製人技術，基因改造生物體在安全上的疑慮，以及基因改造食品的風險不確定性等，都是基因醫學議題的重要爭議。基因醫學的應用廣泛，包括基因檢測、基因治療、基因複製等都在範疇之內，本文著重與民眾相關的基因治療（gene therapy）層面，探究基因醫學的定義。根據行政院衛生署於 1997 年頒布的《基因治療人類試驗申請與操作規範》，並於 2002 年公告修正，將基因治療定義為「利用基因或含該基因之細胞，輸入人體內之治療方法，其目的在治療疾病或恢復健康」（衛生福利部食品藥物管理署 2002）。具體來說，基因治療是將正確的或具有合成治療性蛋白質的 DNA 序列植入生物體的組織細胞，這些轉殖基因會在宿主細胞內直接矯正基因缺陷，或者合成具有治療性的蛋白質，進而達到治療目的（蔡明霖等 2001）。

那麼，一般民眾是如何了解複雜且具專業知識門檻的基因醫學呢？許多國內外的研究都指出，新聞是民眾了解科學新知與科技爭議的主要管道，換言之，經由媒體對科學議題的報導，最能使民眾感受到科學或科技帶來的衝擊。好的科學

報導有助民眾理解科學事務，增進個人對於科學的理性評斷；不適當的科學報導則可能誤導民眾認知，影響科技政策中的參與過程。此外，基因醫學的科技發展政策與公共事務有關，一項瑞士的研究便發現，生物科技發展爭議在當地被視為重要的政經議題，並未出現反科學的情況，媒體報導提升了瑞士民眾對生物科技發展議題的理解，並促進民主的決策過程（Bonfadelli et al. 2002）。由此可見，媒體對科學議題的報導是促進科技公民社會形成過程中不可忽視的環節，本文因此聚焦於新聞報導應具備哪些科學傳播元素，才能夠成為科技公民社會中民眾理解重要科學資訊的橋梁。

二、基因醫學研究的發展、風險與爭議

過往人們是在病變發生後才被診斷為病患，接著進行治療，而透過基因治療技術，正常人利用基因檢驗可以在未發病前先被診治。這樣的改變代表基因科技不僅使人類得以預知某一基因的結構與人體健康之間的關係，容許醫學專家做出可靠的疾病預測，使醫學具有預防性的治療功能，甚而言之，基因科技的發展改變人們對疾病的界定。當前科學進展雖然快速，但在人群基因資料庫建置的過程中，「發現基因」與「有辦法預防或治療」之間仍有一段距離；即便人們透過基因檢測或其他與基因工程相關方式，得知自己帶有某種疾病的基因，對於預防或治療疾病也未必有所助益，反而可能造成「病患」的恐慌或焦慮（劉宏恩 2009），此為爭議之一。

基因醫學研究的應用除了存在風險與不確定性，也觸及倫理問題。基因治療的另一爭議為「生殖細胞治療」，這項治療方式改變患者的生殖細胞，以健康或正常的基因取代有缺陷的基因，使得後代具有不同的遺傳基因。這項療法的爭議在於當人們改變生殖細胞後，可能導致所有後代都帶有新的基因組合，而此組合

是否正常或有無副作用卻不得而知，一旦副作用顯示出來，此一基因也已傳到下一代，使後代受到負面影響（李瑞全 2003）。

基因治療還可能導致「滑坡效應」，一旦人們接受基因治療，就很難反對積極的基因治療，即所謂基因增強（Jonathan 1999）。由於應用規範上欠缺共識，基因增強可能將原為天擇的基因特質，轉變成人為改變的結果，並且忽略原先未能預期的損害，如衰老與人類生命週期的重要性，更可能減少人類基因的多樣性，進而威脅人類的生存。當基因工程以基因篩檢、遺傳諮詢的形式介入人類生存的法則，便有可能出現上述基因增強的現象；相對地，基因淘汰的行為不無可能，無論是積極優生學或消極優生學，都可能排擠其他基因組合，或是防止有缺陷的生命誕生。

「幹細胞」研究是基因醫學科技發展的爭議議題之一。由於胚胎幹細胞的功能繁多，吸引許多科學家、政府投入研究發展，隨之而來的生命倫理爭議也備受討論，包括：胚胎幹細胞研究將導致胚胎被毀，摧毀胚胎等於殺人；胚胎幹細胞研究使胚胎變成／生而為了達成其他與生育目的無關的工具，恐怕將使社會成員失去對生命的尊重，導致整個社會生命倫理情境沉淪。同時，幹細胞研究者使用的胚胎複製技術，促成複製人的產生，可能將使人類社會走向危險的美麗新世界（陳宜中 2002）。

此外，基因醫學科技可能會侵犯個人權益。以「台灣人體生物資料庫」的建置過程及往後應用為例，中央研究院（中研院）及國家科學委員會（國科會，現科技部）的研究人員在 1991 年底，已開始思考如何讓台灣加入人類基因體圖譜定序的國際行列，中間經過多年發展，中研院生物醫學科學研究所於 2002 年正式開始進行「台灣地區華人細胞株及基因資料庫」計畫。儘管民眾不見得反對建置基因資料庫，但這並非代表他們充分理解基因資料庫的內涵。2003 年當上述基因資料庫開始運作時，一項相關調查指出，約有 82% 的民眾贊成此資料庫的建置，七成民眾願意接受抽血參與資料庫的建置，然而，「未曾聽過基因資料庫」的民眾

高達 56%，「聽過但不瞭解基因資料庫」的民眾也占 36%（傅祖壇 2005）。民眾缺乏認知基礎的正面支持態度，事實上非常危險，因為這代表民眾不清楚自身的權益與可能的風險；此現象也凸顯當政府或科學家欲進行相關研究時，有必要將攸關民眾權益的資訊據實以告。

劉宏恩（2009）指出，基因資料庫的建置首先需要蒐集血液樣本，乃需民眾積極參與，具體方式為取得民眾血液，從中解析基因序列，之後與其他資料加以連結比對。然而，當「人類基因體計畫」完成後，每個人的基因好壞將無所遁形，對人生每一重要環節，如找工作、結婚等都將造成影響，例如，被鑑定出帶有較差基因的人，可能會受到歧視，影響在就業、保險、婚姻等方面的發展。2007 年曾有一名研究人員到屏東進行基因採樣調查，由於未清楚告知研究目的，遭當地民眾質疑反對，最終研究未能進行。當時的國科會主委陳建仁便呼籲，研究人員向民眾採集檢體前必須充分告知目的、之後的資料使用與公布方式；同時，公布結果時亦需格外謹慎，對於字句的使用尤需慎重，以免讓特定族群被貼上標籤（施靜茹等 2007）。

以上案例顯示民眾在科技研究中的角色，不該只被定位為被動的受試者，而應是主動且具備知的權力的參與者。然而，當代科技高度發展，科學知識複雜又充滿不確定性時，民眾受限於本身的科學素養，往往陷入沉默螺旋中，將決定權交由專家（Priest 2006）。

基因醫學科技高度發展所帶來的爭議不斷，並且日趨複雜，主要在於相關發展雖以科學或科技為名，卻牽動政治、社會及文化等面向；加上基因醫學科學知識本身的不確定性，各自從不同價值觀出發的解釋，使得專家與在地民眾在意見上出現分歧或對立，進而造成科技決策窒礙難行（周桂田 2004）。因此，提升民眾知能、促進民眾參與意願及能力，被視為是民眾參與科技決策的必要手段（林國明、陳東升 2005）。從基因治療在科學、社會、個人、倫理等方面觸及的議題，我們可以發現基因治療在應用上的爭議、風險及不確定性可能帶來的嚴重後果，

必須謹慎對待，不宜貿然行之。至於基因治療延伸到與基因相關的幹細胞研究及人體基因資料庫的建置等，則牽涉法律、倫理、哲學等角度的討論，存在的爭議範圍更為廣泛。

三、從科學傳播角度看基因醫學新聞報導

（一）科學傳播內涵與科學報導特色

　　當社會面臨由科技所帶來的風險與災難後果之際，有越來越多的社會性科學議題（socio-scientific issue），即「在科學及科技向度上具有重要意義的社會議題」存在於現代社會之中，人們也開始意識到面對科學社會爭議的重要性。由於社會性科學議題複雜性高，已不如過往單純由科學家、科技專家解決即可，顯示各界參與討論的必要；同時，議題不確定性的本質並沒有因為科學進步而降低，加上受限於科學知識，以致在不同價值承載的多重解釋下，專家與在地民眾之間的意見產生分歧，科技政策在決策過程中難以達成共識（周桂田 2004）。因此，專家與民眾之間的溝通，以及民眾參與科學事務顯得格外重要。民眾是否具備足夠的對話資本，仰賴公民意識、科學素養，以及參與議題進而對話等能力的養成，當民眾具備知識及能力後，相關意識與參與才可能進入科技決策的討論之中。由此看來，科學傳播的角色不容忽視。

　　科學傳播的發展已從較早的「缺乏模式」（deficit model），轉向「脈絡模式」（contextual model）、「常民專家模式」（lay-expertise model）與「公眾參與模式」（public engagement/ participation model）（Kahlor and Rosenthal 2009）。「缺乏模式」假設民眾科學素養低落，源自於科學知識不足，必須仰賴專家提供相關知識以提升民眾的科學素養，但此模式忽略民眾接收科學資訊的脈絡不盡相同，只

將民眾視為單一整體的科學素養接收者，無視不同民眾之間的差異；「脈絡模式」、「常民專家模式」與「公眾參與模式」正是源自對「缺乏模式」的批評。「脈絡模式」強調知識鑲嵌在社會脈絡中，因此科學知識的解讀必須從脈絡中理解；「常民專家模式」重視知識與文化之間的關係，主張知識有其文化背景；「公眾參與模式」則強調提升民眾喜愛科學事務的重要性，以增進科學參與。從科學傳播模式的轉變，我們不難看出當今科學傳播開始轉向重視民眾的資訊接收背景與脈絡。

那麼，在提升民眾認知科學、了解科學活動，進而影響生活事務的過程中，是誰具有重要影響力呢？科學新聞儼然已成為民眾獲得科學訊息的主要來源，媒體因此成為民眾接觸及參與科學議題的橋梁，進而影響民眾對科學的信念及行動。由於科學新聞題材與議題的專業性，與一般的新聞報導有不同的特色。舉例來說，傳統新聞學主張的新聞價值包括：時效性（timeliness）、時機（timing）、影響性、重要性、獨特性、接近性、人情趣味、多樣性及衝突。對科學報導而言，「時效性」雖為重要的新聞價值，然而科學家的研究成果往往是經年累月的實驗研發才獲得，故科學議題的新聞時效性不及一般新聞來得重要；在「獨特性」方面，雖然越獨特的事件越容易成為新聞，但科學新聞所報導的新知多以過往的發現為基底而繼續深掘，與傳統新聞的定義亦有所差異（謝瀛春 1991）。

科學報導雖然集中於「新興」、「前沿」及「領航」的議題，但科學界與新聞界對於「新」的定義仍有所差異。科學界認為「新」是尚未證明但可預見的研究結果，新聞界則重視獨家與公共事務有關的資訊。因此，我們不難看見新聞報導會將科學界提出的特殊案例，如特定病患基因治療的結果，視為科學證據，宣稱研究結果可以有效地對抗特殊疾病。Cooper 與 Yukimura（2002）指出《紐約時報》（*The New York Times*）於 1998 年曾報導仍處於動物實驗階段的新癌症療法「突破性」成果，這項消息引起各界高度關注。問題是，動物實驗成果大多難以和人類狀況畫上等號，公衛專家及醫師認為直接將研究結果推至臨床效果，可能造成病患對仍不確定是否存在的療法過度期待。換言之，科學報導若誇大科學研究內

容，容易流於忽略所依據的只是階段性研究成果。

Brechman 等人（2009）曾經比較記者會發布的消息及後續刊載於媒體版面的癌症基因新聞，發現媒體新聞大多省略過往相關研究的說明與方法學的陳述；Kua 等人（2004）也指出，科學家與學者都認為報導應提供研究中的脈絡及研究方法，但這與新聞實務上的實踐有所落差，因為記者多偏向尋找研究結果，並為了降低議題在理解過程中的複雜性，往往避免呈現不確定性或容易令人混淆的事實。然而，缺乏脈絡資訊的報導，難使民眾對科學研究結果得到有意義的理解。

Levi（2001）進一步以混淆科幻情節與科學事實，描述上述科學報導的問題。例如，基因治療在臨床上仍有不少技術疑慮，但其臨床應用卻被大肆報導；能夠成功診斷及預測遺傳疾病，其實並不等同找到治療之道，卻往往被媒體過度解讀。誇大聳動的報導只能吸引讀者關注，卻使報導經常只停留於議題表面，缺乏更深層或細節的討論，導致民眾對於科學議題的理解流於片段（Linder 2006）。就此，Wilkins 與 Patterson（1987）指出，科學新聞會傾向以戲劇式（episodic）方式呈現，乃因記者受限於組織運作或受消息來源影響，甚至有時為了吸引民眾注意，將輕鬆有趣的科學新聞以羶色腥手法報導。

科學新聞中資訊的正確性最為重要。科學報導正確性的不足分為主觀正確（subjective accuracies）與客觀正確（objective accuracies）兩種（Singer 1990），主觀正確是意義上的正確性問題，客觀正確則是新聞事實的不正確；科學家認為的科學報導錯誤，大多指記者對於報導內容的省略、遺漏或錯誤強調。科學新聞的內容中，記者處理與數據有關的議題時，往往僅報導確切數字卻忽略整體樣本量，這將使民眾無法了解數據全貌，而對於風險的解讀也可能因為轉譯專業術語或引用數據失當，造成民眾對風險的誤解，甚至造成無謂的恐慌（Levi 2001）。

一如前述，新聞的形成是媒體運用消息來源所提供的訊息，撰寫、編輯而得，消息來源包括記者採訪的對象，以及提供背景資訊、給予報導建議的人士。記者與消息來源之間相互依賴，記者需要消息來源提供新聞事件的觀點、脈絡與背景

資訊等，消息來源則依賴記者將他們對於新聞議題的意見或觀點，透過報導傳達出去。Conrad（1999）歸納消息來源提供的五項功能，包括：提供背景脈絡、使研究結果更具正當性、對報導觀點提供更仔細的解釋、達到新聞平衡報導的要件，以及針對研究結果闡述意義並指出可能後果。然而，在新聞記者與消息來源的互動中，特別是涉及科學或科技議題時，記者容易將專家視為通才，使得消息來源的話語經常超越其本身的專業範圍（Levi 2001）。如果新聞報導中清楚交代消息來源的身分，不僅可以提高民眾對報導內容的信任程度，也能降低專家發表超越本身專業範圍的狀況。

科學新聞中難以清楚區隔消息來源專業範圍的現象，也與記者的教育背景或新聞常規有關，這個問題可延伸到媒體對科學議題中不確定性的呈現方式。以基因醫學研究為例，相關研究乃不斷持續進行，諸多出現於新聞版面的所謂科學結果，往往是修正過往研究或提出新興變化，研究結果仍有相當高的不確定性，故媒體如何再現科學的不確定性值得關注。然而，記者受限於教育背景，若對採訪對象的專長不夠熟悉，容易傾向認為對方可以回答所有相關問題，故難以質疑對方的說法，也不易指出風險所在，新聞報導因此淪為引述稿，缺乏彙整及批判內容（Levi 2001）。另外，在新聞工作常規方面，由於新聞媒體偏好肯定的陳述，新聞編輯在對確定性的堅持下，往往要求記者對於科學知識做確定的定義，因而造成科學知識的偏誤（Nelkin 1995）。

記者如何呈現消息來源的說法，會影響新聞事實的呈現面向。若將新聞報導視為各類消息來源發聲的競爭場域，誰能於報導中得到發言空間則備受關注。新聞報導的消息來源經常是社會菁英或處於權勢位置者，例如，政治人物、政府官員、專業人士、學者或名人等。不少研究已指出，消息來源多為具專業權力的個人或專業單位，如醫師或醫院發言人（徐美苓、丁志音 2004）或科學領域的專家（謝君蔚、徐美苓 2011）。簡言之，科學新聞不僅是新聞編輯台所創造的產物，而是鑲嵌於社會脈絡中，由科學家、記者、編輯、專家及民眾共同創造而出，記

者是此過程中的主要角色，運用專家作為消息來源，進而建構並報導新聞。

　　黃俊儒、簡妙如（2006）指出，科學傳播媒介的品質、視野及向度會間接決定民眾面對科學議題時可能進行的思考及行動，科學報導的品質因此成為重要評估標的。藉由反思科學報導過往曾出現的問題，我們可延伸到對基因醫學新聞品質的評估。

（二）基因醫學議題的新聞報導研究

　　「基因醫學」議題涉及廣泛爭議，除了科學層面外，也因其特殊性而含括社會其他面向，因此與基因醫學相關的媒體研究應從不同角度切入探討，例如，探究基因狂熱（biofantasies）現象於媒體報導的呈現（Petersen 2001）、癌症基因研究的新聞報導（Brechman et al. 2009）、媒體在基因科技資訊中扮演的角色（Tobey 2005）、民眾對於基因科學及科學治理的態度（Knight and Barnett 2010），以及幹細胞爭議報導研究（Nisbet et al. 2003）等等。

　　國外文獻不乏針對基因醫學主題的研究，相關成果也呈現基因醫學新聞的報導特色，例如，Hjörleifsson 等人（2008）發現媒體對於基因科技主題的新聞報導多採正面、樂觀的描述，較少提及基因工程所涉及的不確定性、健康風險與道德爭議；Conrad（2001）指出媒體對於基因與疾病關係的報導，多傾向基因造成的原因論（aetiology）而非對立（contradictory）；以及如此扣連的媒體報導方式可能會導引民眾傾向接受基因決定論（Smerecnik 2010）。

　　另外，科學新聞提供的背景資訊對於民眾理解科學議題至關重要，然而，包括基因醫學在內的醫藥報導，卻多以人情趣味為主題，通常描述基因出現問題的家庭或罹患基因疾病的患者際遇，以作為介紹或討論基因研究與新興基因科技發現的切入點（Petersen 2001），因此難免落入 Blakeslee（1986）所批評的，無法提供讀者可以了解科學發展的脈絡，對於理解複雜的科學過程毫無助益。

　　對於具有爭議性的幹細胞研究議題，Nisbet 等人（2003）研究美國《紐約時報》

（*The New York Times*）與《華盛頓郵報》（*The Washington Post*）在 1975 到 2001 年間對於幹細胞爭議的報導，歸納出十一類關於幹細胞爭議報導主題的框架，依序為「策略／衝突」、「道德／倫理」、「政策背景」及「科學背景」四種；「新科學研究」框架雖然同樣顯著，但不及上述四者。另外，長期時間的比較也發現不同階段的議題變化：最初議題聚焦於新科學研究及科學背景知識階段，1998 年後變成強調「道德／倫理」、「政策背景」及「策略／衝突」框架，2001 年以後，媒體對於幹細胞爭議的注意程度達到頂點，與科學主題相關的框架數量降低，「策略／衝突」的框架則頻繁出現。

　　Dahmen（2008）同樣分析美國媒體對幹細胞研究的新聞報導，指出媒體所呈現的幹細胞議題面向有限，經常排除或忽略重要科學事實及背景資訊，大多聚焦於政治人物支持或反對幹細胞研究的政治策略，顯示媒體報導幹細胞研究的新聞少以科學事實主題為主。

　　由上觀之，基因醫學涉及的科學原理複雜，知識的高門檻使得多數民眾對相關議題不甚熟悉。中研院於 2003 年的一項民眾意向調查也發現，約有半數（50.8%）的民眾不太了解基因體醫學，近一成五（14.9%）完全不了解（傅祖壇 2003）。這種議題的難接近特性，凸顯媒體如何呈現其知識應用的重要性。

四、台灣基因醫學新聞的特色與報導品質

　　自 1996 年以來複製動物（桃莉羊）的研究成功之後，基因工程所帶來的相關議題陸續引發討論。2001 年，人類基因圖譜初稿發布，美、英兩國公布基因圖譜的草圖，完成 97% 的 DNA 密碼破解與 85% 的基因序列組合，為人類研究與破解基因密碼開啟新的里程碑。在台灣，2002 年國科會開始推動「基因體醫學國家型科技計畫」，中研院於 2003 年 1 月成立基因體研究中心，我國對於基因體醫學的

相關研究陸續展開。本文以 2001 年初作為起點，以 2011 年底作為迄點，觀察這十一年間台灣四大主流紙媒：《中國時報》、《聯合報》、《蘋果日報》與《自由時報》，共 1,426 則基因醫學新聞的分布與特色；其中因為各媒體資料庫蒐集起始年度有別，《蘋果日報》及《自由時報》從 2005 年起觀察。本文透過內容分析，發現在基因醫學議題初始進入台灣時，媒體有較多的報導，之後逐年減少，唯有遇到爭議事件時報導數量才會增加；當爭議告一段落時，相關的報導也隨之減少（見圖 1）。

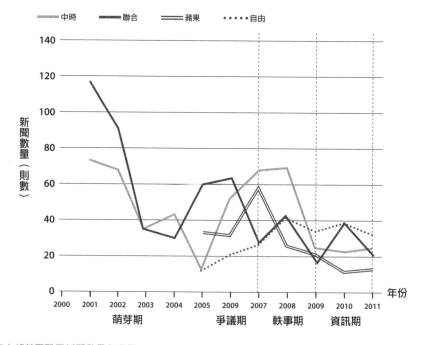

圖 1. 四大報基因醫學新聞數量與分期，2001~2011
資料來源：筆者統計繪製。

　　若以四大報資料庫 2005 到 2011 年總共 935 則基因醫學新聞進行彙整分析，有超過六成（61.3%）的報導主題聚焦於基因醫學發展的科學研究成果，包括新興研究發現及新的治療方式；其次是病患接受基因療法的報導，約占一成（11.1%）；

其他主題如風險爭議、社會事件、商業推廣、政策法規等都在一成以下。

　　進一步看 2001 到 2011 年間的報導趨勢，在基因醫學議題剛進入台灣時（萌芽期），媒體的報導主題較為豐富，之後則隨著時空背景有所變動。台灣於 2005 年起推動基因資料庫的建置，相關爭議的報導伴隨出現，包括爭議內容及對民眾的影響，此時國際上也出現基因醫學研究有關的爭議，特別是韓國科學家黃禹錫的幹細胞研究造假爭議。由於當時國內外都曾發生基因醫學爭議事件，使得 2005 到 2006 年間（爭議期）的報導主題以爭議為主。2007 到 2008 年間（軼事期），相關報導主題多以病患接受基因治療的消息為主，大多聚焦於病患在接受基因治療後，病症的改善情況；此外，這段期間的報導也出現針對基因醫學的研究者做個人背景介紹。2009 年之後的報導主題則顯得單一，偏重在新知資訊，其他主題所占的比例大多未超過一成（資訊期）。

　　整體來看，台灣媒體報導重視基因醫學議題的科學新知面向，事實上呼應了過去媒體報導新興醫療科技物的特色，反映出科技樂觀主義，即傾向於相信科學或生物科技的創新可以解決當今的問題。然而，這個現象卻也凸顯媒體呈現基因醫學議題面向上的失衡。誠如本文前述，基因醫學議題對人類健康、疾病可帶來正面改變，但也充滿風險與不確定性。可惜台灣媒體有關基因醫學議題的報導多以科學新知為主，其他主題的報導則甚少提及，缺乏關照此議題的多元面向。劉宏恩（2004）曾以與基因醫學研究有關的人群資料庫為例，指出許多國家高度重視人群資料庫所涉及的倫理與法律問題，而台灣似乎僅視人群資料庫的建置為單純的技術或產業問題，未觸及其所可能引發的社會衝擊或爭議。長遠觀之，無論是對整體國家科技政策的發展，或是民眾對科學知識的理解，都不具正面助益。媒體作為民眾認識、理解科學議題的重要資訊來源，對於具爭議性的科學議題應呈現各種面向，以利於民眾掌握基因醫學科技的面貌。

　　除了報導主題，本文也觀察四大報在基因醫學新聞中所引述的消息來源分布。整體觀之，相關報導以引述科學與醫學領域的專業人士或研究單位的比例最高

(121.1%)，超過百分之百的原因是，一則新聞多半不只引述一種消息來源；引述期刊、研究報告或媒體等占一成五 (15.9%)，雖居次但遠低於專業人士或研究單位的比例；其他消息來源如「民眾」(7.6%)、「政府官員」(7.5%)、「產業人士」(6.4%)、「民間團體」(2.0%)、「民意代表」(0.4%) 等，引述比例都在一成以下；換言之，幾乎每篇基因醫學新聞都會引述一位以上的科學、醫學「專業人士」說法；其次是引述「研究報告／媒體」；引用民眾、政府官員、產業人士、民間團體及民意代表的比例則相當低。

上述結果多少反映出記者報導科學議題時尋找消息來源的慣習：科學報導多與科學議題或科學研究相關，因此記者多採訪研究的主持人或研究者；記者也會重視消息來源的身分，普遍傾向以在特定科學領域具有一定地位的專業人士作為消息來源。然而，大量引用專業人士的說法，也呈現基因醫學議題在科學傳播過程中的問題。在強調民眾理解和參與的現代科技社會，無論是科技政策的制定或面對科技風險，都不宜僅交由所謂的特定專家來解決問題。周桂田（2005）曾指出專家經常以專業知識統馭人類社會的行動內涵，若在高度科技爭議事件中僅憑藉專家系統的權威性，則是迴避了社會民主溝通的層面。換言之，面對基因醫學議題這一類的風險，需要更大的透明參與及社會溝通來彌補。這個主張與晚近的科學傳播模式相似，現今的科學傳播研究多強調從民眾的角度出發，了解其想法並促進參與。然而，從本文的台灣基因醫學新聞內容分析可知，相關報導仍以專業人士為主要消息來源，不僅難以呈現與基因醫學攸關的爭議或風險面向，也可能阻礙民眾對於科學議題的參與。

本文接著將基因醫學新聞品質分為缺點及優點兩部分來看。整體來說，多數報導（97.6%-100%）都未出現用字遣詞誇大或聳動，出現錯誤資訊或缺漏字，僅堆砌消息來源話語未加以彙整，引用消息來源身分交代不清等，屬於基本報導要素的缺點，其中比例最高的堆砌消息來源話語僅占 2.4%。

至於基因醫學新聞內容中的優點，亦即優質溝通訊息特色部分，從表 1 第一

列可以發現，高達九成六（96.3%）的新聞對於重要名詞會加以解釋，但仍有媒體差異，其中《蘋果日報》達百分之百，《自由時報》（98.5%）與《聯合報》（97.0%）次之，《中國時報》雖然比例最低，但仍超過九成（91.2%）。排序第二的優點是清楚說明科學原理或機轉，例如，報導研究團隊成功降低幹細胞的罹癌風險，透過找尋出特定醣脂分子標記，在移植過程中剔除癌化的幹細胞以降低罹癌風險等，這部分整體的比例近六成（58.2%），但各媒體差異則呈現與解釋重要名詞可對比的趨勢，例如所有報導都會解釋重要名詞的《蘋果日報》，清楚說明科學內容的比例最低（49.5%），其餘三家媒體都在六成左右（見表1第二列）。至於基因醫學新聞對於科學新聞事件的背景脈絡（40%）、提及風險爭議（38.3%），整體上都未及五成，其中前者有較大的媒體差異，例如，《中國時報》有近六成（59.1%）的報導會提供基因醫學新聞事件的背景資訊，《聯合報》亦超過四成（43.0%），《自由時報》（26.7%）與《蘋果日報》（22.6%）則僅有二成多（見表1第三列）。最後，基因醫學新聞在提及風險的部分，是所有優點中比例最低者，各媒體間差異不大，都在三四成之間。

表 1 基因醫學新聞的優質溝通訊息特色分布（%）

優質訊息	報別	中時 (*N* = 274)	聯合 (*N* = 265)	蘋果 (*N* = 190)	自由 (*N* = 206)	總計 (*N* = 935)
解釋重要名詞	是	91.2	97.0	100.0	98.5	96.3
	否	8.8	3.0	0.0	1.5	3.7
	總計	100.0	100.0	100.0	100.0	100.0
$\chi 2 (3, 935) = 29.90, p < .001$						
清楚說明科學內容	是	60.2	59.6	49.5	61.7	58.2
	否	39.8	40.4	50.5	38.3	41.8
	總計	100.0	100.0	100.0	100.0	100.0
$\chi 2 (3, 935) = 79.45, p < .05$						
提及事件背景脈絡	是	59.1	43.0	22.6	26.7	40.0
	否	40.9	57.0	77.4	73.3	60.0
	總計	100.0	100.0	100.0	100.0	100.0
$\chi 2 (3, 935) = 81.83, p < .001$						
提及風險爭議	是	41.6	39.2	37.9	33.2	38.3
	否	58.4	60.8	62.1	66.8	61.7
	總計	100.0	100.0	100.0	100.0	100.0
$\chi 2 (3, 935) = 3.66, p = .30$						

綜合觀之，台灣基因醫學新聞在呈現基本面的訊息報導要素方面，並無高比例的缺點，但在提供相關背景、主題的脈絡與發展、相關風險部分，則有待加強，如此方能使讀者對基因醫學議題有更完整的知識，進而深化對相關議題的討論與參與。另外，本文雖然未分析但值得留意的現象是媒體對於科學研究資金來源的揭露。醫學研究涉及各種利益糾葛，可能存在醫藥新聞廣告化的現象（徐美苓 2005），亦即議題資訊背後的資金及贊助來源也值得重視。

五、結論

本文觀察台灣 2001 到 2011 年間的基因醫學新聞報導，發現媒體多以「由上對下」（專家對民眾）的方式傳播科學議題。因此，即使基因醫學議題在媒體報導中已有十年以上的歷史，但呈現方式彷彿仍在耕耘階段，並未與時俱進地強化報導的深廣度。觀察基因醫學這十一年間的媒體再現，國際與台灣社會都發生多起相關爭議事件，如 2005 年南韓科學家黃禹錫進行幹細胞研究造假，以及 2006 年台灣因政府推動建置國人基因資料庫，執行過程未善盡告知義務，在選取受試者過程中有瑕疵而引發社會討論等。換句話說，基因醫學議題在台灣社會脈絡中不能只停留在科學新知傳遞的層面，必須關注在地社會所引起的相關爭議，並透過適當管道公開討論。

傳統單向的科學傳播模式將使科學專家與民眾之間形成隔閡無法溝通，民眾僅能被動地接受科學家所認為的科學知識，此現象不利於民眾對於社會性科學議題的參與，對於科技政策也難以理解與涉入。一旦遇到重大爭議，科學專家與民眾往往在溝通上欠缺共同基礎的前提下，形成各說各話，致使爭議難以解決，誤解隨之加深的局面。

本文檢視台灣媒體對於基因醫學議題的報導，分析結果大多呼應過往學者所指出科學傳播方式的不足之處。基因醫學除了是重要科學研究及發展議題，其所涉及的眾多面向，包括：法學界對基因醫學中人體生物資料庫傷害隱私權的討論，社會學界對基因醫學可能帶來優生學的隱憂，哲學界關注基因複製對生命的意義再思等，都是現代科技社會中民眾需要理解的課題。

媒體對於社會性科學議題的報導，直接影響民眾接收與理解科學知識。作為科學傳播角色的媒體，若能豐富科學新聞的報導主題，不局限於報導科學新知；消息來源多引用社會中不同行動者的說法，並從一般大眾的角度思考與切身相關的議題資訊，方能提供利於民眾認識、理解並參與科學議題的機會。

引用文獻 |

江漢聲，2006 年，〈《醫學倫理》基因篩檢 事先諮商有必要〉。《中國時報》，A19 時論廣場，11 月 10 日。

李瑞全，2003，〈基因疾病、基因治療與醫療保健〉。頁 29-56，收錄於李瑞全、蔡篤堅編《基因治療與倫理、法律、社會意涵論文選集》。台北：唐山。

周桂田，2004，〈獨大的科學理性與隱沒（默）的社會理性之「對話」：在地公眾、科學專家與國家的風險文化探討〉。《台灣社會研究季刊》56: 1-63。

＿＿＿＿＿，2005，〈知識、科學與不確定性：專家與科技系統的「無知」如何建構風險〉。《政治與社會哲學評論》13: 131-180。

林國明、陳東升，2005，〈審議民主、科技決策與公共討論〉。《科技、醫療與社會》3: 1-49。

施靜茹、魏忻忻、宋耀光，2007，〈牡丹鄉採樣也出現爭議 過去，義診抽血 變相研究〉。聯合報，A3，4 月 2 日。

徐美苓，2005，〈新聞乎？廣告乎？醫療風險資訊的媒體再現與反思〉。《新聞學研究》83: 83-125。

徐美苓、丁志音，2004，〈小病微恙的真實再現：以「感冒」的新聞論述為例〉。《新聞學研究》79: 197-242。

陳宜中，2002，〈人類胚胎幹細胞研究的倫理課題〉。《國家發展研究》2(1): 81-110。

傅祖壇，2005，〈台灣地區基因體意向調查與資料庫建置之規劃：2005 年面訪調查〉。學術調查研究資料庫：https://srda.sinica.edu.tw/datasearch_detail.php?id=877#bibliography，取用日期：2018 年 1 月 8 日。

黃俊儒、簡妙如，2006，〈科學新聞文本的論述層次及結構分佈：構思另個科學傳播的起點〉。《新聞學研究》86: 135-170。

劉宏恩，2004，〈人群基因資料庫法制問題之研究：國際上發展與台灣現況之評析〉。《律師雜誌》303: 71-94。

＿＿＿＿，2009，〈基因研究與人權保護：以 Taiwan Biobank 之相關研究為例〉。頁 240-270，收錄於劉宏恩著，《基因科技倫理與法律：生物醫學研究的自律、他律與國家規範》。台北：五南。

蔡明霖、陳小梨、曹友平，2001，〈淺談基因治療〉。《中華民國眼科醫學會雜誌》40(3): 231-235。

衛生福利部食品藥物管理署，2002，〈基因治療人體試驗申請與操作規範〉。基因治療人體試驗申請與操作規範：https://www.fda.gov.tw/TC/searchin.aspx?q=基因治療，取用日期：2017年1月8日。

謝君蔚、徐美苓，2011，〈媒體再現科技發展與風險的框架與演變：以基因改造食品新聞為例〉。《中華傳播學刊》20: 143-179。

謝瀛春，1991，〈新聞學與科學新聞〉。頁12-13，收錄於謝瀛春著，《科學新聞的傳播：理論與個案》。台北：黎明。

Blakeslee, Sandra, Shaps Dale and Barnard Christiaan, Foundation for American Communication and Gannett Foundation, 1986, *Human Heart Replacement: A New Challenge for Physicians and Reporters*. Los Angeles, CA: Foundation for American Communications.

Bonfadelli, Heinz, Urs Dahinden and Martina Leonarz, 2002, "Biotechnology in Switzerland: High on the Public Agenda, but Only Moderate Support." *Public Understanding of Science* 11(2): 113-130.

Brechman, Jean M., Chul-joo Lee and Joseph N. Cappella, 2009, "Lost in Translation? A Comparison of Cancer-Genetics Reporting in the Press Release and Its Subsequent Coverage in the Press." *Science Communication* 30(4): 453-474.

Conrad, Peter, 1999, "Uses of Expertise: Sources, Quotes, and Voice in the Reporting of Genetics in the News." *Public Understanding of Science* 8(4): 285-302.

Conrad, Peter, 2001, "Media Images, Genetics and Culture: Potential Impacts of Reporting Scientific Findings on Bioethics." Pp. 90-111 in *Bioethics in Social Context*, edited by Barry Hoffmaster. Philadelphia, PA: Temple University Press.

Cooper, Crystale Purvis and Darcie Yukimura, 2002, "Science Writers' Reactions to a Medical 'Breakthrough' Story." *Social Science & Medicine* 54(12): 1887-1896.

Dahmen, Nicole Smith, 2008, "Newspapers Focus on Conflict in Stem Cell Coverage." *Newspaper Research Journal* 29(3): 50-64.

Hjörleifsson, Stefán, Vilhjálmur Árnason and Edvin Schei, 2008, "Decoding the Genetic Debate: Hype and Hope in Icelandic News Media in 2000 and 2004." *New Genetic and Society* 27(4): 377-394.

Jonathan, Glover, 1999, "Questions about Some Uses of Genetic Engineering." Pp. 588-590 in *Contemporary Issues in Bioethics*, edited by Tom L. Beauchamp and LeRoy Walters. Belmont, CA: Wadsworth Publishing Company.

Kahlor, LeeAnn and Sonny Rosenthal, 2009, "If We Seek, Do We Learn? Predicting Knowledge of Global Warming." *Science Communication* 30(3): 380-414.

Knight, Terry and Julie Barnett, 2010, "Perceived Efficacy and Attitudes towards Genetic Science and Science Governance." *Public Understanding of Science* 19(4): 386-402.

Kua, Eunice, Michael Reder and Martha J. Grossel, 2004, "Science in the News: A Study of Reporting Genomics." *Public Understanding of Science* 13(3): 309-322.

Levi, Ragnar, 2001, "Pitfalls in Medical Reporting." Pp. 57-72 in *Medical Journalism: Exposing Fact, Fiction, Fraud*, edited by Levi Ragnar. Ames, IA: Iowa State University Press.

Linder, Stephen H., 2006, "Cashing-in on Risk Claims: On the For-Profit Inversion of Signifiers for 'Global Warming'." *Social Semiotics* 16(1): 103-132.

Nelkin, Dorothy, 1995, *Selling Science: How the Press Covers Science and Technology*. New York: W. H. Freeman.

Nisbet, Matthew C., Dominique Brossard and Adrianne Kroepsch, 2003, "Framing Science: The Stem Cell Controversy in an Age of Press/Politics." *The International Journal of Press/Politics* 8(2): 36-70.

Petersen, Alan, 2001, "Biofantasies: Genetics and Medicine in the Print News Media." *Social Science and Medicine* 52(8): 1255-1268.

Priest, H. Susanna, 2006, "Public Discourse and Scientific Controversy: A Spiral-of-Silence Analysis of Biotechnology Opinion in the United States." *Science Communication* 28(2): 195-215.

Singer, Eleanor, 1990, "A Question of Accuracy: How Journalists and Scientists Report Research on Hazards." *Journal of Communication* 40(4): 102-116.

Smerecnik, Chris M. R., 2010, "Lay Responses to Health Messages about the Genetic Risk Factors for Salt Sensitivity: Do Mass Media Genetic Health Messages Result in Genetic Determinism?" *Psychology, Health & Medicine* 15(4): 386-393.

Tobey, Ronald C., 1971, *The American Ideology of National Science, 1919-1930*. Pittsburgh, PA: University of Pittsburgh Press.

Wilkins, Lee and Philip Patterson, 1987, "Risk Analysis and the Construction of News." *Journal of Communication* 37(3): 80-92.

教學工具箱 |

建議閱讀

Levi, Ragnar, 2001, *Medical Journalism: Exposing Fact, Fiction, Fraud.* Ames, IA: Iowa State University Press.

網站

台灣幹細胞學會，http://www.tsscr.org.tw/

問題與討論

1. 什麼樣的科學議題出現在媒體時會引起你／妳的注意？為什麼？

2. 你／妳對基因的印象是什麼？試著回想自己在大眾媒體中所看到的基因報導，多半都是什麼樣的內容主題？

3. 美國女星安潔莉娜・裘莉（Angelina Jolie）曾於 2013 年 5 月 14 日投書《紐約時報》，表示母親罹患乳癌早逝，她接受基因檢測後發現自己也擁有遺傳性乳癌的 BRCA1 基因。為了預防乳癌的發生，她決定進行預防性手術切除雙乳與卵巢。當你／妳看到這則或類似的新聞時，曾有哪些想法？對照本文所提到的新聞報導科學爭議與基因醫學議題的討論，你／妳對一般民眾閱讀此類新聞時有哪些建議？

概念辭典

社會性科學議題（socio-scientific issue）

社會性科學議題所牽涉的範圍，不僅是科學知識的問題，更是與價值、倫理、個人及社會文化等因素環環相扣，由於這項複雜多變的特質，使得社會性科學議題難以單純地透過科學家或科技專家的意見而獲得解決；其中的複雜與不確定性，實際上承載多重解釋，也使得包括專家或在地民眾，意見上的分歧與對立。

科學傳播（science communication）

在複雜的科技社會中，科學與大眾傳播間的關係已演變為相互依存。科學傳播研究領域特別關注媒體對於科學知識再現的方式，媒體如何產製科學訊息，閱聽人如何接受訊息與建構意義，以及科學與社會整體脈絡的關係。科學傳播的重要性在於建構科學與社會間溝通的基礎，尤其

在專家與民眾之間的溝通，以及增進民眾參與科學事務方面顯得格外重要。當民眾具備相關知識及能力後，相關意識與參與才可能進入科技決策的討論中。

內容分析（content analysis）

內容分析是傳播學界最常用的研究方法之一。透過「定量」的方式與「固定」的分析，運用客觀且具系統性的作法，可以描述訊息內容，分析訊息內容來源與訊息特性的關係，比較媒介內容與真實情境是否一致，評鑑特殊團體在訊息內容中的形象，以及發現傳播內容新趨勢以建立傳播內容效果研究的起點。

結語

寫在後基因體之後

Epilogue: After Post-Genomics

陳宗文

　　終於走到本書的尾聲了。這是編輯、閱讀和反思過程的一部分，不是結束。面對新興技術的運用，再多的檢討與反思都不為過。如同本書中多篇文章都提到的「潘朵拉的盒子」，似乎都有意透過這個帶著較為負面色彩的希臘神話典故，來提醒讀者要注意基因體技術運用可能造成的問題。另外，科技研究領域也常用「黑盒子」來指稱未被揭露，卻無礙於技術運用的事物，是藏在技術內容之中，不為人們熟知的那一部分。揭開潘朵拉的盒子是指稱技術災難來到後，揭開黑盒子以明知就裡，使技術運用的隱藏作用可以被理解。這兩個盒子的意義是不同的，卻同時作為本書的兩個重要面向：技術可能有害的，但如果可以更了解跟技術有關的事物，或許可以防備甚至阻止危害的發生。

　　為了總結本書的意旨，並開啟未來可能的前景，以延續本書對後基因體相關的關懷，本文將本書的主題拆開成三個部分來討論。第一個部分是「台灣」，就是關於基因體技術的在地現象。任何技術都可以具有普遍的原理與原則，但一項技術在社會中的存續與運用卻是在地的。第二個部分是關於「後基因體」這項新興技術及其引發的各種現象與問題，必須要有更深入與更廣泛的討論，以回應潘朵拉的盒子與黑盒子。第三個部分則是對「時代」的回應。時代是一種階段性的劃分，尤其冠上用以標誌基因體技術時序關係的前綴詞「後」，對照同時代開啟的各種「後」現象，需要同步且平衡地予以關心。以下即分別就這三個部分來為本書的諸篇文章做總結。

一、在台灣

（一）被忽略的主題

　　後基因體時代大張旗鼓地來到，在亞馬遜網路書局鍵入 genome 或 genomics，會出現超過五千筆書籍資料，涵蓋技術與人文社會科學領域的著作。然而，相對於此，在台灣除了本書導言〈潘朵拉的盒子解碼後〉裡提及的幾本書，並沒有多少關於基因體的專門論著。台灣社會面對基因體時代的景況是，除了幾個菁英型的國家計畫，在大部分的社會生活領域中對技術的變遷相對冷漠。即便晚近在攸關民生的前瞻計畫中有部分與生醫領域相關的投入，但對於後基因體的科研活動，並沒有太多討論，更缺乏系統性的統整，尤其在面對新興科技的社會配套方面更是一片空白。在過往主張以科技立國，對於國際科研動態相當敏感的台灣，在進入二十一世紀的後基因體時代，除了少數菁英群的科研活動，無論在應用領域或人文社會科學反思的層面，都顯得相對沉寂。

　　本書正是為了彌補上述缺口而創作。在本書的編輯過程中，我們發現其實在台灣仍有一群學者關注後基因體時代的來到，彼此之間也有許多共同的關懷。尤其是本書作者各有不同的專業學科背景，包括哲學家、科學家、法律學者、傳播學者、人類學者和社會學者等，卻都注意到在後基因體的主張背後，有著過分誇大、過於理想，以及與既有狀態不可分割的各種條件，而且在各方面的發展運用上考量並不周延，必須嚴肅以待。從最根本的名詞定義到紛雜的運用領域，甚至在政經法律與社會領域的效果，都有值得深入討論之處。

　　在台灣，大部分關於基因體的訊息是外來的，主流的論點傾向擁抱這項技術，認同其具有造福人群的潛在價值，也有經濟上可預期的龐大效益。但不可否認地，這畢竟是一項效果尚未被完全認識的新興技術，與過往其他技術的變遷歷程一般，可能帶來難以預期的傷害。目前人們能夠接觸到的，大部分是有關基因體技術的

論述，甚少觸及技術開發乃至於運用可能造成的負面衝擊。如同林筱芸、徐美伶文中所指：「整體來看，台灣媒體報導重視基因醫學議題的科學新知面向，事實上呼應了過去媒體報導新興醫療科技物的特色，反映出科技樂觀主義，即傾向於相信科學或生物科技的創新可以解決當今的問題，然而這個現象卻也凸顯媒體呈現基因醫學議題面向上的失衡。」

我們必須承認，在科研新知擴散與相關技術運用和產業的訊息傳播上，媒體與在地學者的連結是不夠的，以至於雖有本書的作者們長期關懷，卻難能在輿論上發生效果。

（二）技術的在地性

後基因體相關議題未能引人注意，原因之一在於這類技術仍未廣泛運用，而且也受到在地的「文化」作用。若從技術的發生，到最終落實到日常生活中普遍地運用，以較為系統性的全面觀點來理解後基因體現象，那麼，不僅在台灣，就連相關領域發展競爭劇烈的地域與國家，也不敢自稱能夠防患未然，對於將來的技術圖像顯然仍處於斷裂零碎的狀態，缺乏全盤的認識。此外，技術的運用涉及到在地脈絡條件，施麗雯就以產前檢查的技術為例指出：「相較於台灣的逛產檢文化，英、美和一些歐洲國家都有特定針對產前遺傳診斷的臨床指引進行建議」，而且「除了進行前的知情同意外，並且需要接受專家遺傳諮詢」，這與台灣放任懷孕婦女自行尋求諮詢很不同。「特別是當產檢後遇到選擇的難題時，幾乎都是藉由尋求其他產科醫師的第二、第三意見來做決定」，以至於技術的在地運用「由於制度設計的問題和資源上的缺乏，所有的選擇和責任都是由女性（或夫妻）獨自承擔。」

陳宗文的文章也指出在疫苗運用領域中，不同地區或國家基於條件差異，對疫苗生產和採用有非常不同的模式。台灣向來以接受技術來啟動在地創新，對於新興科技的包容度甚高，但也因此容易忽略科技的目的與功能之外的效應。洪意

凌的文章中也指出同樣的現象，亦即對痲瘋病的基因體治療爭議，並沒有在台灣發生。這些屬於技術前端的認識條件，都因為在地行動者的缺席，使得討論成為真空狀態。這些從實作面向上得到的觀察結果，都指向在地深入檢討技術現象的必要性。技術或者有全球性的標準或普遍性，但當技術與在地各種已然存在或正在開展的生活實作領域相結合，必然會建構出未曾有過的，卻是活生生存在日常裡面的技術社會（technosocial）世界，只有生活在當下此地的人們之共同參與才有的獨特性（singularity）。

（三）集體想像

　　台灣向來積極推動科學技術創新，有幾個領域的產業發展不落人後，也有許多具有在地意涵的解釋，從早年的鑲嵌自主（embedded autonomy）（Evans 1995）、發展型國家（developmental state）（Wong 2001），到晚近的社會技術想像（sociotechnical imaginaries）（Jasanoff and Kim 2015），相當程度地反映治理條件的變遷是值得更多討論的議題。在台灣的治理條件大不如昔的情況下，加上基因體技術的獨特性，集體想像成為一條可能的進路。

　　任何的技術要在一個社會中存續下去，或深入到社會生活之中，需要在地行動者的參與建構，這可以從許多層次上來理解，而最根本也是使技術能夠產生在地文化意義的條件，就是透過技術來建構集體現象。這有賴技術與在地政治結合，即如本書中蔡友月、李宛儒共同的主張：「『台灣』人體生物資料庫，英文名是 Taiwan Biobank。事實上，這種以『台灣』為範疇作為科學想像主體的浮現，必須扣連到台灣認同政治轉型的脈絡。」這也是本書何以特別主張必須考量「在台灣」的原因。

二、後基因體

　　基因體一詞呈現出一幅衝擊性圖像：把所有可能有關生命形態與功能的基因，轉以抽象的符碼元素方式來表現，並且聚集總數超過數億的符碼元素，成為一個整全的巨量集合體，以至於複雜的生命似乎可以被這複雜的符碼體系所決定。雖然這個符碼集合體的內容被解開了，但被象徵性符碼所決定的世界，如何連結到真實的生命世界？人們該如何面對這個與生命有關的符碼世界？這是人們必須面對的後基因體狀態（post-genomic conditions），也是本書大部分文章的關心所在。關於本書對「基因體」主題劃分的基本理念，蔡友月在導言中已經有所說明。以下另提出五組核心論點，藉以提供讀者在本書的論證基礎上，更進一步去思考可能的議題。

（一）希望與炒作

　　「後基因體」表現出基因體的象徵實在論（symbolic realism），也就是透過基因體這個詞，帶出一個象徵的世界，卻又如同在現實世界之中滾動，使人們感受到實在的效果，包括創造出新的利益、引發新的衝突，或更進一步塑造出新的社會結構關係。本書幾篇論文都指出不僅在科學技術本身，在許多不同的運用領域中，基因或基因體的概念運用已經超過其原本的範疇，造成一種「炒作」（hype）的現象。這與 Kaushik Sunder Rajan （Sunder Rajan 2006）所提出的生物資本以及相關生物經濟的現象近似。

　　後基因體一詞原本用以揭示基因體序列解開之後的狀態，但其衍伸的指涉意義卻不僅於此。在幾篇文章中，作者都指出後基因體時代的新名詞開啟了新的想像，包括對技術，以及對新社會與新世界的想像。甚至後學當道，基因體的發展也沾上了邊。任何名詞冠上「後」（post-）就具有超越、替代和階序的效果，儼然是前所未有、全新的狀態。任何名詞只要包含「基因體」（genomic）的成分，

就是希望的象徵、利益的保障，其中尤其是以精準醫療（precision medicine）的效果為最，如楊倍昌在文中所述：「**特別是在 2015 年，全球 Google Trends 熱門搜尋關鍵字 precision medicine 幾乎是火箭式躍升，超越 personalized medicine 與標準醫療的實證醫學**（evidence-based medicine）**。**」

精準性只是後基因體的特徵之一，其他還包括普遍性、方便性和市場性等。普遍性的意思是指基因體技術可以運用在各種不同的領域，像是醫療、食物、信息傳播、藝術等，讓此技術及衍生的意義在不同領域中擴散，並與既有的技術融合，甚至帶來超越性的效果。方便性是指這技術可以替代許多現行的工具，提供更有效率、更沒有危害的運用途徑。另外，高度的市場價值更是基因體之所以引人注目，造成風潮的主因。基於對基因體運用的高度期待，晚近有許多論點都強調此運用必然要進入到日常生活的各個層面。舉例而言，許多討論 CRISPR 技術的著作，像是 Doudna 與 Sternberg（2017）、小林雅一（2018）等，都認為透過對基因體的認識，新興的工具如基因編輯（genome editing）可用來調整動物的品質，可以把以往需耗費十年以上的基因工程生物種開發，縮短到一年以內。而且這樣的技術也開始可能運用在人體上，提供基因治療的機會，甚至可以提供 DNA 手術來替代現有的身體手術，引發無限的想像。然而，這樣的技術如何進行、在怎樣的情況下、誰來操作以及必須付出何種代價，都還沒有清楚的輪廓。

炒作可能是因為過分地樂觀，也可能是在過度悲觀的情況下，對技術的運用產生無理的抵抗或拒絕。在希望與炒作的矛盾間，後基因體可能的研究方向，必須建立在客觀與平衡的基礎上，必須研究科學的局限和極限。因此，本書雖然集合許多不同專業背景的作者，仍在不少領域有遺珠之憾，舉凡公共政策、產業經濟和風險治理等，相關議題都有待進一步去發展，尤其是公共政策的研究，攸關後基因體科研的經費投入、人才養成、機構治理等，是後基因體領域不可或缺的實作面向。即如 Sheila Jasanoff（1990）所稱，除了科學本身的研究，管制科學（regulatory science）也是科學治理中非常重要的一環。基因體科學技術與運用的

管制科學，除了本書各章所提到的治理原則與理念，更包括第一線投入政策研究與諮詢的組織機制設計，並且必須結合政府運作的實務來進行。這方面的整體考量顯然尚未實現。

針對希望與炒作，值得更進一步開展的議題如下：

1. 對既有的基因體技術持續性地總體盤點與分類，並以此為基礎，發展技術影響評估。
2. 對基因體技術與相關領域的運用，在合理性的基礎上，提出技術藍圖、預測與願景。
3. 更具有可課責性（accountability）的基因體科學與運用政策研究。
4. 科研人員的 ELSI 素養。

（二）延續與斷裂

從「基因」到「基因體」再到「後基因體」，在概念和時序上至少是有延續性的。至於利用基因體來從事各種領域的實際操作，使得各種工具與概念推陳出新的後基因體現象雖然不同既往，卻未必是一個新的典範。本書中劉宏恩就提到：「運用基因科技來了解病人個體差異的想法，並不是『後』基因體時代的概念，而是早在二、三十年前由美國官方支持進行『人類基因體計畫』（Human Genome Project）的時代就已經提出的概念。」另外，藉由基因體技術帶來相關領域的可能發展，像是再生醫學（regenerative medicine）、表觀遺傳學（epigenetics）等，尤其是表觀遺傳學這個詞既然是以 epi-（後）開始，自是比後基因體的發展更早，是在二十世紀中期就已經宣告了後基因現象，可說是後中之後，是在後基因體時代來挑戰基因不確定性的重要工作。

表觀遺傳學的研究不僅在醫療和認識生物遺傳上可能帶來新的地景，也可能改變長期以來人們對基因和遺傳的根本認知，對生命現象的解釋造成衝擊。人們關於生物與生命的知識原本就是一直在變動之中，斷裂與跳躍持續在發

生。表觀遺傳學或「後生論」（epigenesis）根本上地挑戰了基因決定論或本質論（essentialism），在思想上更動搖了康德以降的先驗論哲學傳統（Malabou 2014）。據此，後基因體的符碼化並沒有解答「生命是什麼」（薛丁格之語）的問題（Schrödinger 1945），反而開啟更多複雜的奧祕之路。這些路徑不僅是生醫科學家的前程，也必須有各種領域專家相伴而行。

事實上，光是對基因一詞的認識就有許多不同的途徑。本書第一章裡，陳瑞麟把基因分成至少在四種條件類型下的不同概念，包括：古典遺傳學、分子生物學的實體與機制功能定義、基因工程的概念，以及後基因體學時代的基因概念。與其說是新典範，不如用「多元」來予以理解更為恰當。這也更符合本書強調脈絡性的核心理念，亦即從早期基因概念到後基因體的技術雖然有跳躍性，但在實作上仍然必須回歸到脈絡的考量中。

陳堯峰的文章中就主張人類基因體的發展將族群遺傳學推入到一個新的時代，主要是因為遺傳與資訊技術的進步，使得對人類起源和演化有更清晰的理解。這種發展不僅以雙系遺傳的體染色體 DNA 研究，來彌補過去母系遺傳的粒線體 DNA 與父系遺傳的 Y 染色體 DNA 研究的不足，更能推廣到古代的族群。這是在既有的認識基礎上，以新的工具來擴展新視野，豐富且深入地去捕捉和理解生活世界中的各種現象，是延續性的，而非斷裂。

基因體造成的延續性效果不僅發生在時間軸上的族群遺傳學，更出現在跨越不同地理範疇的社會族群溯源研究之中。過往一直被社會建構論斷裂的族群起源與血緣角色，即如潘美玲等人在文中所介紹的，以親身參與交通大學跨領域團隊的研究成果，看到有重新接合的機會。在分子生物學與社會學的對話之間，族群的基因體研究可以展現時間與空間的綿延效果。流動在歷史與地理的族群生命是延續的，不是斷裂的。

因此，任何意圖輕率地讓人群斷裂、對人群分類的作法，都有必要重新思考。即如蔡友月論及社會中特定背景運動員的表現，常令人直接進入到族群刻板印象，

是建立在基因本質主義的認知基礎上。但在特定領域的凸出表現與族群基因或有關聯，卻非因果。擴大解釋或強化媒體傳播不僅助長本質論，更可能滋生社會歧視，反而應該利用基因技術回頭反思社會分類的科學意義，並進一步檢討如此分類的妥適性。

延續與斷裂是後基因體跨領域研究的基本特徵，代表這是未竟之業，必須有更多富有想像力的研究投入，以跨越對基因體現象的「認識論斷裂」（Bachelard 1938）。對後基因體的研究雖然是前瞻的，卻不能忽略歷史。一些可能得以進一步發展的論題如下：

1. 基因與基因體概念史研究的必要。
2. 基於不同本體論的科學技術史觀的對話比較。
3. 建立在歷史邏輯上的技術運用與衝擊評估。
4. 基因典範變遷的科學、文化與社會意義。

（三）效益與分配

後基因體技術的擴大運用、縮短時間，衝擊到原本應該慎思謹行的技術採用過程，使得技術造成的衝突加劇。從基因體到後基因體，即便典範未必轉移，我們仍然未有足夠的準備，來面對可能的衝擊。本書中絕大部分的文章都認為，面對新技術可能的法理、治理與倫理等面向，台灣社會依舊處於未決狀態，有待進一步去深究。其中常被提及，卻最少深入討論的關鍵議題之一，是後基因體在經濟上的效果，以及因此帶來的各種衝擊。

後基因體的產業經濟面向應該是目前台灣相關討論中最弱的一個環節。後基因體事業的開展，是各國推動「生物經濟」不可或缺的一環。以「生物資本」刺激創業，並蔓延擴展到產業規模，早已吸引眾多討論。後基因體的經濟模式已經顛覆傳統勞動力生產模式，相關議題比起後工業、後福特的生產主義更為激進，唯國內各界對相關議題仍然未有足夠的投入。例如，基因體的專利現象，從技術

的「可專利性」（patentable）、專利鑑價、專利交易與授權，到專利經濟（patent economy）基礎的生物經濟，每個環節都深刻影響到技術產業化與整體經濟表現。有鑑於後基因體技術可能帶來的財富重新分配，如何在經濟效果發生之前妥善規劃，以兼顧發展和分配，並使基因體的產業化符合本地的真正需求，是亟待處理的課題。因為基因體技術運用帶來的消費現象、新的社會階層或階級發展，也都有待進一步的研究分析。

除了傳統經濟觀點下的生產消費面向，後基因體的產業化運用有更深刻的結構效應：一方面是技術運用的範疇擴張，收編更多領域進入到醫療範疇，造成生物醫療化（biomedicalization）的效果，另一方面也因技術利用的機會不均形成垂直的階序效應，加劇社會不平等。在後基因體技術的醫療運用之下，醫療不平等的概念必須重新建立。更進一步而言，後基因體的個人差異效果一旦成為可操作的工具，將使得過往可以清楚區辨的生物性繁衍（biological reproduction）和社會性的再生產（social reproduction）開始發生交纏。透過基因編輯、基因治療與表徵遺傳等現象，社會再生產的機制很有可能進入到生物世代繁衍的歷程中。若此，當人們說「這家人的基因太強大」，或將不會僅是特殊、偶然現象的描述，而是可以被建構的事實。

關於效益與分配，可以進一步發展的議題如下：

1. 基因體新經濟的運作邏輯、價值機制與產業結構分析。
2. 基因體經濟相關的勞動體制研究。
3. 基因體經濟下的社會資源分配與機會分配，以及相關的新興階層與階級結構分析。
4. 後基因體醫療化現象。

（四）爭議與溝通

就基因科技可能的爭議而言，原本預期可以透過技術來解決的問題，反而因

為技術本身替代了問題，越過了爭議，更加推遲或根本忽視爭議的重要性。洪意凌就看到基因體的來到沒有解決根本的問題，反倒固著既有的問題：痲瘋病治療的抗藥性是一個跨世紀的問題，在基因體介入之後產生了兩股力量，一是支持抗藥性存在的力量，另一卻是持續忽視抗藥性是個問題的力量。這兩種力量使得跨世紀的問題不僅沒能得到解決，反而因為「**基因體科技的發展把『痲瘋病可治癒』的信念更黑盒化**」，直接跳過問題。

不僅如此，隨著新技術而展開的跨領域效果，更進一步複雜了社會生活。在基因體的概念擴散後，造成不明究裡、捕風捉影，甚至競逐流行的新語彙，但內容是空洞且欠缺合理性。楊倍昌即主張因為基因體而興起的「組態學」一詞及相關的概念已經不局限於生物學，在社會學、政治學、人種學等學科中，都同樣受到影響。不僅如此，在原本的技術領域內，例如癌症的治療，由於基因體技術運用之故，雖有更精準、更明確的要求，卻更難以反過身來檢視技術本身的意義，形成一種直線式的、沒有反省能力的思維模式。尤其「**當組態學被挪用到其他學門，例如，用來指涉種族、族群這類被建構的概念時，已然脫離生物科學的範疇**」，若仍在直線的思維模式下，會帶來更大的問題。

最明顯的是後基因體技術被用以支援具有建構意涵的政治主張。透過技術或科學本質的立場，造成與新技術交引纏繞的國族、認同與政治等，其間的錯綜複雜關係也有待釐清。因此，更具有科學精神，更廣泛參與的溝通模式也就更加重要，即如劉宏恩所主張的，伴隨著傳播科技的變遷，以及科技公民意識提升，互動和參與式的溝通也越趨可能，即以大型的人體生物資料庫為例，因過往「**在台灣屢屢發生爭議，應足以提醒政府及研究人員更注意相關倫理社會議題，改進目前不夠嚴謹的監督管理機制，並且重視平等而互動式的溝通，而不僅是由上而下的『科普宣導』與『教育民眾』**」。

此外，我們也會發現，即使是屬於前瞻領域的科學，在進行與社會人文相關的跨界工作時，清楚的方法論是必要的。這是使科學工作可以在社群內，甚至跨

到社群之外，產生溝通效果的基本條件。經由清楚說明研究方法與限制，才能夠凸顯研究工作的意義和價值。例如，在客家人的溯源研究中，潘美玲等人讓我們看到技術工具的進步，並不能完全替代我們賦予一項科學研究工作的詮釋和價值，反而是在研究過程中同質與異質的專業之間，透過理性的問答，使得對爭議的多元詮釋與對話成為解決爭議的最佳方法。在以基因體的科學工具來理解族群現象時，包括：是以哪一個族群為中心，用什麼方法來選擇適當的樣本，分類的標準為何、要分幾類，社會距離如何定義等，每一項工作都涉及研究者的選擇，更超出於基因體之外。

因此，面對後基因體技術的高知識門檻，在傳統科學家與常民的二元對立嚴重的情況下，科學的公共溝通更是嚴峻的挑戰。即如林筱芸、徐美伶在文中所言：「*傳統單向的科學傳播模式將使科學專家與民眾之間形成隔閡無法溝通，民眾僅能被動地接受科學家所認為的科學知識*」，這就形成了公眾對於科學議題參與的障礙，使得科技相關政策不易取得公眾的共鳴與認同，「*一旦遇到重大爭議，科學專家與民眾往往在溝通上欠缺共同基礎的前提下，形成各說各話，致使爭議難以解決，誤解隨之加深的局面。*」

基於以上對於後基因體時代關於爭議與溝通的現象討論，提出以下幾個可能的發展方向：

1. 基因體與相關技術的科研倫理，以及技術運用的社會倫理的差異認識，值得更深入的分析研究。
2. 基因體科學與技術的建構和社會建構研究。
3. 來自不同社會群體對基因體技術的多元詮釋。
4. 基因體科學與技術的公共溝通研究。
5. 基因體的新媒體現象研究。

（五）權利與治理

技術的效果，最大者莫如在社會中造成的權力重新分配，建構出與過往不同的分配樣式。基因體技術的崛起，不僅有技術落差造成的北南之別，也因為技術的引入，在既有的社會結構中產生新的等級關係，帶來不同於過往的社會正義問題。難以維持的社會平衡，不僅發生在個人利益與社會價值，以及個人權利與集體權力之間，更在於因技術運用而衍生出來的多重利益相關者，例如超越單一國家社會的跨國企業，造成更不對稱的全球與在地關係。

從私部門追求經濟利益的角度來理解，基因資料這類型的資訊資源，其實是具有高度潛在利益，以至於如張兆恬所言，雖然「國家蒐集人民身體資料的變遷……主要目的並非國家監控，而是將資料視為資源加以利用」，而且不僅是國家利用，更「擴大為來自國家以外的其他力量，例如市場或其他私人」。晚近臉書用戶個人資訊外洩的問題，如果發生在基因體資料領域，結果恐怕更嚴重。

更進一步而言，基因科技引發集體與個體之間劇烈的權力和權利衝突。朝向個人化的技術卻有著更大的集體強制力，使得服務於個體之同時，也同樣支配著個體。資訊自主權就是一種用以對抗治理的基本權利，唯有人民資訊自主權的落實，方能賦與國家大型人體生物資料庫正當性，以及確保資料庫的運作符合倫理。

這種在西方社會令人憂心的私部門控制力量，在若干威權政體中，反而成為力量強大的社會控制工具。伴隨著後基因體技術的普遍運用，若再結合其他資通科技的運用，走向全面監控的社會（société de surveillance）並非不可能（Foucault 1975）。這種控制力量若成為威權體制政府的治理工具，將比歐威爾的小說《1984》更可怕（Orwell 1945），不僅人的外顯行為，就連生物特徵都完全可以被掌握、甚至被「規劃」。

更進一步而言，在技術治理之下，人民應該全面提升對技術的基本認識，具備科技的基本素養。這是朝向雷文玫文中所提出的「科技公民」（scientific citizenship）的願景：「每個公民都具備基本的科學素養，並且能夠參與各種科技政策的討論」，不僅如此，也需要有「獨立於市場資本主義邏輯與醫療機構知識霸權之外的非營利組織」，在科技公民社會中扮演「提供資訊與示警的角色」。同時，在校園中的「科學通識教育與醫師養成教育則應該更廣泛地培養科技人文素養，以及不同專業之間傾聽與溝通的能力，才能夠及早培養前述科學溝通所需要的知識與能力」。

基於上述論證，後基因體的治理與權利至少有以下可以進一步發展之議題：

1. 生物資訊公民權的議題。

2. 個人與群體的權利和權力關係，包括從生物政治、規訓到身體自主的考量。

3. 生物民主體制與科技公民的相關議題。

從技術的分析到治理，甚至是控制，對倫理的衝擊有不同的等級程度。越是高度的規範性，就越可能有倫理上的疑慮。對於新技術的運用，不能被動地等候治理，而是必須積極投入參與。治理是建立在有素養的科技公民基礎上，具有高度的治理合理性，也是能夠帶給人們希望、可以永續、有分配正義，並有效溝通的後基因體公民社會。

三、時代

（一）後時代

編輯本書是為了拋磚引玉，為了引發人們對標記著「後基因體」特徵的時代，以及其中的各種現象付諸更多的關注。當然，本書中涵蓋的內容有限，還有許多議題值得探討。基因體只是一個概稱，這個名詞帶出來的相關知識與技術零碎且複雜，並非單一名詞可以涵蓋。在生醫科技的每個次領域中，都有個別獨特的議

題有待進一步去開展。因此，本書中多數文章的結尾，都提出對未來的期盼，或有待更多研究的投入，或期盼更多人們願意參與，都清楚地指陳對二十一世紀方興未艾「後千禧」的展望。

每個時代都有作為代表性的技術模式，而這時代是伴隨著「後」而來的。「後」可以是從拉丁文而來的 post-，也可以是從希臘文而來的 epi-，前者是後基因體用的後，後者則是這篇結語（epilogue）用的後；兩個後分別對應 pre- 和 pro-，都是「前」的意思。

「後」（post-）是從世紀末現象延續而來，是種現象未了，即又已經轉型調變的狀態。是對抗已經被定義的，卻又不滿足的，在各個不同概念世界中的矛盾、未定、無法驗明正身的處境，是典範面對危機，是正統遭逢異端，也是所謂前特異（pre-singularity）、前臨界（pre-threshold）、前崩解（pre-avalanche）的混合狀態。再往前一步，就是天明、開朗、無可置疑。但這一步跨不出去，因為危險、局勢詭譎，也因為能量不足、信心不夠、尚缺野心和意志。

技術的發生往往作為一個新時代開啟的記號，也可能因此終結前一個時代。這是線性的技術史觀中最常使用的階段模式，因此有所謂「石器時代」、「鐵器時代」，以及如今的後基因體時代。然而，如同本書各篇文章所論，後基因體現象融合了既有的，也加入了更新穎的；有真實的，也有炒作的；有個人性的，也有更嚴峻的控制……這些現象複雜難辨，也同樣是時代特徵。

（二）跨界的時代狀態

首先，號稱「後基因體」的時代，有其他同等重要的技術領域也平行發展中，並非由生醫領域獨占鰲頭。後基因體的研究應該有更廣泛的參照，不應局限於醫療相關，動物、植物、能源領域也同等重要。更何況各領域之間並非完全平行，而是有著綿密的交織與頻繁的互動關係。基因體技術絕對不是獨立的，無論在本身的發展或在跨界的運用上，例如，自從西洋棋、圍棋等標誌人類智能極限的活

動，在世界級好手接連被電腦打敗之後，人工智慧已經成為熱潮。基因體蘊含的巨量資料以及與蛋白體的複雜關係，也與人工智慧的運用連結。透過巨量資料分析來處理基因體現象，其效應遠超出基因本身的邏輯。演算法是處理基因體資料的有效工具，若就「精準醫療」和「智慧醫療」的結合來看，所產生的綜合效應當不容忽視。

生醫技術也跟建築與藝術脫離不了關係。麻省理工學院的 Neri Oxman 利用生醫技術發展出新的建築材料、提出新的建築理論，希望「**在科技和生物的交鋒處進行設計**」（參考 Oxman 的 TED 演講）。[1] 藝術領域更是老早就將生物科技納入重要的發展領域，所謂的「生物藝術」（BioArt）就是跨界的藝術實踐概念，目的在於透過藝術形式的表現，讓生命形式或生醫科技可以重新被檢視、檢討，引發更深刻的洞見。另外，不僅止於藝術表現，生醫科學家也可以利用基因編輯 CRISPR-Cas 技術，把動畫插入到基因體中。哈佛醫學院團隊在 2017 年的傑作，就是把跑馬影像訊息編碼後，植入到活菌體，再經由解碼，就可以還原出動畫來（Shipman et al. 2017），使得透過活菌來傳播影像訊息成為可能。

除了藝術領域，基因體與永續環境的關係也是一個跨界議題。張耀懋的文章雖然提到基因改造食品的議題，但基因體與環境的互動關係遠複雜於此。從元基因體（metagenomics）到巨型基因體（megagenomics），一方面符合 omics 在不同領域擴散的指稱，另一方面也象徵生物領域與環境領域的交纏，涵括最微觀到最宏觀的層次，最後也指向「人類世」（anthropocene）一類更宏大的地質歷史（Steffen et al. 2011）。唯在本書的論文範疇中，仍只限於基因體技術本身，並未有機會去討論與其他技術領域的跨界複雜現象。

再者，後基因體技術的運用還有更廣大，卻更隱匿的效應，作用在同時代的

---

[1] Neri Oxman 主講的 "Design at the intersection of technology and biology."，可見 https://www.ted.com/talks/neri_oxman_design_at_the_intersection_of_technology_and_biology/up-next

集體與個體生命之中。由於後基因體技術運用介入到日常生活，或由於技術參與建構生活，因此造成語言、行為與規範等文化變遷，其結果並回饋到技術建構過程中，更進一步造成形構技術、建構社會的循環效果。基因體的運用因此有可能成為一種被賦予新的階序意義，成為在不同文化層級之間的權力支配工具，以至於造成「後殖民」現象。這個與基因體相關的文化研究議題，也同等重要。

此外，當人類生活最終大部分是被符碼化的基因體所決定，就如同在哈洛威的賽伯格宣言中所稱，實現了物質、物種與符號三大跨界之一（Haraway 1991），要回到重新認定何謂「人」，什麼是「主體」等最根本的問題上。在後基因體的視角下，人們或將面對「不穩態的身體」（unstable body）（Colomina and Wigley 2016），在混雜了物質與符號的新身體狀態下，亦須重新思考人文主義的根本定義，而進入到標誌「後人類」（post-human）現象的時代處境（Braidotti 2013）。

因此，無論是不同技術領域之間的跨界，與藝術和環境等不同生活世界的跨界，在政策與經濟等從理念到實務運用的跨界，乃至於不同文化理念之間的跨界，與後基因體相關的諸般跨界現象是「後」時代的特徵，開啟更多「後」時代的複雜處境，都有賴後續更多的研究討論。

最後是研究方法與視野方向的檢討。基因體技術的影響絕對會在更宏觀的人口層級上反映出來，甚至是全球經濟、國際政治等。此外，應該關注的研究範疇也不限於台灣，考量到技術無國界，應該有更多的跨國比較、區域比較和整合等，使得對技術的理解可以在不同的建構條件中進一步擴展開來。

（三）後基因體之後

本書歷經交通大學出版社的三位匿名審查人費心提供審查意見，並通過教育部論文集編纂的補助，期間除了各篇文章作者的互動交流，也參與客家基因溯源工作坊，並在 2018 年台灣科技社會年會有一場發表場次，都使本書的學術密度更

飽和，在此謹向這些過程中參與的人士致上謝意。當然，作者群亦期待本書有機會成為非生醫背景的青年學子接觸學習相關領域的第一本書，故而各章最後都提供容易上手的「教學工具箱」。作為揭開後基因體技術黑盒子的這本文集，更像是被普羅米修斯從天上盜來造福蒼生的火種，提供人類看清楚這新科技在新時代的良窳，帶給人類更多的確定性，而不是恐懼與危害。這是重啟潘朵拉的盒子，把迄今仍然留在其中的，唯一有助於人們的「希望」釋放出來。

引用文獻 |

小林雅一，2018，ゲノム編集からはじまる新世界：超先端バイオ技術がヒトとビジネスを変える。東京：朝日新聞。

Bachelard, Gaston, 1938, *La Formation de l'Esprit Scientifique*. Paris: Vrin.

Braidotti, Rosi, 2013, *The Posthuman*. Cambridge: Polity.

Colomina, Beatriz and Mark Wigley, 2016, *Are We Human? Notes on an Archaeology of Design*. Zurich: Lars Müller.

Doudna, Jennifer and Samuel Sternberg, 2017, *A Crack in Creation: Gene Editing and the Unthinkable Power to Control Evolution*. Boston: Houghton Mifflin Harcourt.

Evans, Peter, 1995, *Embedded Autonomy: States & Industrial Transformation*. Princeton: Princeton University Press.

Foucault, Michel, 1975, *Surveiller et Punir*. Paris: Gallimard.

Haraway, Dana, 1991, "A Cyborg Manifesto: Science, Technology, and Socialist-Feminism in the Late Twentieth Century." Pp. 292-324 in *Simians, Cyborgs and Women: The Reinvention of Nature*. New York: Routledge.

Jasanoff, Sheila, 1990, *The Fifth Branch: Science Advisers as Policymakers*. Cambridge, MA: Harvard University Press.

Jasanoff, Sheila and Sang-hyun Kim, 2015, *Dreamscapes of Modernity: Sociotechnical Imaginaries and the Fabrication of Power*. Chicago: University of Chicago Press.

Malabou, Catherine, 2014, *Avant Demain: Epigenèse et Rationalité*. Paris: Presses Universitaires de France.

Orwell, George, 1949, *1984*. London: Secker and Warburg.

Schrödinger, Erwin, 1945, *What is Life*? New York: The Macmillan Company.

Shipman, Seth L., et al., 2017, "CRISPR-Cas Encoding of a Digital Movie into the Genomes of a Population of Living Bacteria." *Nature* 547(7663): 345-349.

Steffen, Will, Jacques Grinevald, Paul Crutzen and John McNeill, 2011, "The Anthropocene: Conceptual and Historical Perspectives." *Philosophical Trans actions of the Royal Society A* 369(1938): 842-867.

Sunder Rajan, Kaushik, 2006, *Biocapital: The Constitution of Postgenomic Life*. Durham, NC: Duke University Press.

Wong, Joseph, 2001, *Betting on Biotech: Innovation and the Limits of Asia's Developmental State*. Ithaca, NY: Cornell University Press.

1. 李宛儒

國立中山大學社會學系助理教授。英國蘭開斯特大學社會學博士。曾擔任中央研究院社會學研究所博士後。研究興趣為科技與社會、科技治理與公民參與。博士論文為　Promising Taiwanese: Future, Imaginaries and Communities in the Life of Taiwan Biobank。

2. 林筱芸

畢業於國立政治大學新聞研究所，大學期間到處修習不同領域課程，包括社會學、心理學、國際關係、醫學概論、中東文化等均有涉略，發散式的學習無法精通各科，但也從中逐漸收斂、凝聚出自身的研究興趣；考進研究所後，關懷面向聚焦於健康與風險傳播議題，有感於醫療科技發展對於人類健康與疾病治療的影響，盼透過書寫與研究為科學發展的傳播議題盡份棉薄之力，也從中擴展自己的生命視野，學習運用更寬闊的眼光解讀發生在身邊的事件。

3. 洪意凌

國立清華大學社會學研究所助理教授。因為社會學而找到了一條探索自己與世界之關係的道路。曾書寫便利商店民族誌。近期則以台灣瘋病醫療、瘋病病人的生命經驗與社群為書寫重點。

4. 施麗雯

台北醫學大學醫學人文研究所助理教授。英國蘭開斯特社會學博士。關注性別與健康議題，目前的研究主要是在女性生殖上，包含產前（產檢科技）、生產（生產模式）到產後照護。也是台灣生產改革行動聯盟成員，提倡多元友善的孕產照護政策。

5. 徐美苓

國立政治大學新聞學系特聘教授、國立政治大學傳播學院傳播碩士學程科學與風險傳播專業召集人。美國密西根大學安娜堡校區傳播博士。曾任中華傳播學會理事、監事，《新聞學研究》期刊主編，美國哈佛大學公衛學院、香港中文大學新聞與傳播學院、及美國耶魯大學森林與環境研究學院氣候變遷傳播中心訪問學者。研究興趣在環境與風險傳播、健康傳播、說服溝通以及民意等方面，著作散見 Communication Research、Public Opinon Quarterly、AIDSCare、Asian Journal of Communication、Media China、《新聞學研究》、《中華傳播學刊》、香港《傳播與社會》、《台灣社會研究季刊》等期刊，並有英文專書章節分別由英國 Routledge-Curzon、新加坡 World Scientific 及荷蘭 John Benjamins 等出版社出版，著作《愛滋病與媒體》（2001）則獲曾虛白新聞研究獎，並獲選為政大百大專書。

6. 陳宗文

國立政治大學社會學系副教授。法國巴黎高等政治學院社會學博士、政治大學科技管理博士、交通大學電子碩士、倫敦大學伯貝克學院結構生物學碩士，研究領域涵蓋科技、經濟和創新社會學，關心生醫、資通和無形科技在現代社會中透過不同的媒介、以不同的形式發生在生命治理層次上的諸般現象。曾經出版多篇以疫苗為主題，探討其技術創新、產業發展和採用治理等相關議題之學術論文。

7. 陳堯峰

慈濟大學人類發展與心理學系副教授。國立台灣大學工商管理學系商學士、美國亞利桑那州立大學人類學博士。曾任慈濟大學人類發展學系主任、花蓮縣大比大家庭關懷協會理事長。為了瞭解人類的起源與演化，大學畢業後出國學習遺傳人類學。博士論文研究的是美洲印地安人的族群遺傳學，回台任教後研究台灣原住民的族群遺傳學，之後又將研究領域擴展到人類膚紋學。

8. 陳瑞麟

國立中正大學哲學系講座教授。現任 Asia-pacific Philosophy of Science Association 委員會主席、PSA 議程和 ISH 發展委員會成員。曾任台灣科技與社會研究學會理事長（2013-2016）、《科技、醫療與社會》期刊主編（2006-2012）、國內外期刊編委。專長為科學哲學、科技與社會研究、自然哲學與科學史，也探索台灣思想史。著有國內國際期刊與專書論文近七十篇，以及七本著作如《認知與評價：科學理論與實驗的動力學》（台大，2012）。近來與 Otavio Bueno 和 Melinda B. Fagan 合編科學形上學專書 *Individuation, Process, and Scientific Practice* (OUP, 2018)。

9. 張兆恬

國立交通大學科技法律研究所助理教授。美國賓州大學法學博士。專長為生命倫理與法律、公法，目前研究所關注的主題包括：審議民主理論於科技治理上的應用、隱私權、高齡社會的法律議題等。

10. 張耀懋

台北醫學大學衛生政策中心、醫管系副教授，借調嘉義市政府衛生局長，台大公衛學院兼任副教授。台大健康政策與管理研究所博士、波士頓大學法學碩士、東吳法學碩士、中國醫大醫管碩士。哈佛公衛學院 TAKEMI PROGRAM 研究員、哈佛法學院 EALS 訪問學者。退伍後即在民生報及聯合報服務達廿餘年，熱愛新聞工作，曾獲金鼎獎、吳舜文新聞獎、曾虛白新聞獎、卓越新聞獎及傑出新聞人員研究獎等獎項暨入圍卅餘座。著有《醫 23 事》、《健保備忘錄》，及合著《發現台灣公衛行腳》、《馬背上的白袍騎士》、《無界花園》等書。也主持青年返鄉史懷哲 2.0 計畫、偏鄉親子閱讀、醫療奉獻獎及國際醫療典範獎等。

11. 雷文玫

國立陽明大學醫學系公共衛生暨醫學人文學科副教授。美國耶魯大學法學博士。跟醫學生與不同領域的同儕，一起思考醫療體制的未來應該如何？法律、倫理或政策應該扮演什麼角色？研究的興趣包括生殖科技、基因科技的倫理法律議題，以及人體研究的研究倫理。

12. 楊倍昌

國立成功大學醫學院教授。1957 年台灣出生，在台灣受完整的大學教育。德國杜賓根大學自然科學博士。美國富爾布萊特訪問學者，台灣 STS 學會會員。教書、研究是主業，寫書是副業。正規的專長是微生物學、免疫學；偏愛的而不知道算不算專長的特長是生物科學史、科技與社會。個人網頁：http://myweb.ncku.edu.tw/~y1357/yang.html

13. 蔡友月

中央研究院社會學研究所副研究員，原唸護理後改念社會學，曾擔任報社新聞部與醫療版編輯，學術經驗包括：美國哈佛醫學院醫學社會學系研究員、加州大學聖地牙哥校區科學研究中心與社會系博士後、威斯康辛大學（麥迪遜分校）社會系 Fulbright 資深訪問學者。目前研究興趣關注 Taiwan Biobank、台灣原住民基因與認同政治、台灣溯源基因檢測公司的受試者等等。著有《達悟族的精神失序：現代性、變遷與受苦的社會根源》一書，與學界友人主編《不正常的人？台灣精神醫學與現代性的治理》一書，以及紀錄片「病房 85033」、「Commitment！練馬可老師與台灣社會學 1955 ～ 1999」。

14. 劉宏恩

國立政治大學法律科際整合研究所副教授。美國史丹福大學法律科學博士。大學時原本就讀理學院心理系，快畢業時教育部首度公告雙學位辦法，決定跨修法律系而從此走向跨領域學習之路。做法律教學與研究時不喜歡只談法條，比較喜歡多探討法律制定及運作的背景與原理。最怕看到學生變成「遇見社會組就覺得自己自然組比較優越」或是「因為自己社會組就覺得可以做科學白痴」的人。研究計畫主要集中在生物醫學倫理與法律的議題上。臉書：http://facebook.com/markliu8

15. 潘美玲

國立交通大學人文社會學系教授。美國杜克大學社會學博士。目前兼任國立交通大學人文與社會科學研究中心主任。曾擔任交大 STS 中心執行委員，中央研究院社會學研究所訪問學人。專長學術領域為經濟社會學與發展社會學，長期關注產業全球化與社會制度的關聯與社會後果，近年來進行有關移民與難民的求生策略與族群經濟研究與比較，發表多篇學術論文。新近加入台灣客家基因溯源的跨領域研究。

國家圖書館出版品預行編目 (CIP) 資料

台灣的後基因體時代：新科技的典範轉移與挑戰 / 陳瑞麟等作；
蔡友月，潘美玲，陳宗文主編．
-- 初版．-- 新竹市：交大出版社，rp 民 108.01
面； 公分
ISBN 978-957-8614-23-9(平裝)

1. 遺傳工程 2. 生物技術

368.4   107022381

台灣的後基因體時代：新科技的典範轉移與挑戰
Post-Genomic Taiwan: Shifting Paradigms and Challenges

編　　者：蔡友月、潘美玲、陳宗文
作　　者：陳瑞麟、楊倍昌、雷文玫、林筱芸、徐美苓、施麗雯、陳堯峰、劉宏恩、蔡友月、
　　　　　李宛儒、陳宗文、潘美玲、張兆恬、洪意凌、張耀懋
責任編輯：程惠芳
封面設計：黃毓智
內頁美編：theBAND・變設計

出 版 者：國立交通大學出版社
發 行 人：張懋中
社　　長：盧鴻興
執 行 長：簡美玲
執行主編：程惠芳
編務行政：陳建安、劉柏廷
製版印刷：華剛數位印刷有限公司
地　　址：新竹市大學路 1001 號
讀者服務：03-5736308、03-5131542
　　　　　　　（週一至週五上午 8:30 至下午 5:00）
傳　　真：03-5731764
網　　址：http://press.nctu.edu.tw
e - m a i l：press@nctu.edu.tw
出版日期：108 年 1 月初版一刷
定　　價：450 元
I S B N：978-957-8614-23-9
G P N：1010800032

展售門市查詢：
交通大學出版社 http://press.nctu.edu.tw
三民書局（臺北市重慶南路一段 61 號））
網址：http://www.sanmin.com.tw　電話：02-23617511
或洽政府出版品集中展售門市：
國家書店（臺北市松江路 209 號 1 樓）
網址：http://www.govbooks.com.tw　電話：02-25180207
五南文化廣場臺中總店（臺中市中山路 6 號）
網址：http://www.wunanbooks.com.tw　電話：04-22260330